THE COMPLETE
BOOK OF
PRODUCT MANAGEMENT

プロダクト
マネジメント
のすべて

事業戦略・IT開発・UXデザイン・
マーケティングからチーム・組織運営まで

及川卓也　　曽根原春樹　　小城久美子
Takuya Oikawa　Haruki Sonehara　Kumiko Koshiro

SHOEISHA

まえがき

世界で一番魅力的な職業

　現在、世界で一番魅力的な職業はプロダクトマネージャーではないだろうか。

　欧米やアジア諸国でプロダクトマネージャーは花形職種として引っ張りだこである。IT を活用したプロダクトが事業のコアとなり、企業の存続さえも左右するようになった一方で、ユーザーが抱える課題は複雑化し、いま何が求められているかがわかりにくくなっている。

　プロダクトの重要性が増すうえに、プロダクトづくりがますます難しくなっている状況下で、プロダクトを成功に導ける職能がプロダクトマネージャーである。そのため、ビジネスの世界で希少人材となっているのである。

　世界最大級のメガバンクの 1 つである HSBC を例にプロダクトマネジメントの成功例を見てみよう。2014 年からの 3 年間、HSBC はミレニアル世代におけるシェアを少しずつ落としていた。同時に、中国本土で急激に普及しつつあったキャッシュレス決済アプリの Alipay や WeChat Pay が脅威になりつつあった。そこで同社はミレニアル世代のニーズに対応するために、2016 年にプロダクトマネージャーから提案のあったアプリの開発を検討し始めた。

　HSBC の重要なマーケットの 1 つである香港の若者の行動を見ると、食事などの付き合いの場面で金銭のやりとりが課題となっていることがわかった。この課題を検証するために、ユーザーインタビューを繰り返し、アンケートにより数値化を行った。

　対象がミレニアル世代であり、食事などのソーシャルなアクティビティに紐づく決済であることから、ソーシャルペイメントアプリとしての体験や口コミによる拡散効果（バイラル効果）を生み出すための工夫をアプリに施した。

　プロダクトマネージャーの発案から 1 年あまりでこのアプリ（PayMe）は市場にローンチされ、その後、当初目標の 300% 以上のユーザーを獲得し、そのうち50% が HSBC の新規加入ユーザーであるという目覚ましい成果を上げた。いまでは香港在住の 3 分の 1 以上の人が使うアプリにまで成長している。

このように1つのプロダクトがビジネスを変え、社会を変える時代において、プロダクト自体は注目を集めるが、プロダクトマネージャーが世の表舞台に出ることはあまりない。しかし、成功したプロダクトの背後には必ず優れたプロダクトマネージャーがいる。エンジニアやデザイナー、マーケターといったプロフェッショナルをまとめあげて方向づけし、ユーザーに使われ続けるプロダクトを育てながら、事業収益も向上させるのである。

　読者の皆さんも子どもの頃に割り箸と輪ゴムでおもちゃの鉄砲つくったり、色鉛筆でぬり絵をしたりすることに夢中になったことがあるだろう。自分の手がけたものが思い通りに動き、表現できたことにワクワクしたことを思い出してほしい。大人に褒められたり、友だちと競い合ったりして、さらに難しいものにチャレンジする気になったこともあったはずだ。
　それがやがて、誰かの役に立ったり喜んでもらえたりしたら、その手ごたえは一層大きくなったと思う。ものづくりとはこのように本来楽しいものであり、誰かの役に立つことでさらにその喜びは大きくなる。
　子どもたちが将来に就きたい職業ランキングに「エンジニア」がランクインする時代となった。確かにエンジニアはものづくりに欠かせない人材である。しかし、人や社会にプロダクトを届け、商業的な成功も含めて責任をもつプロダクトマネージャーがいてこそ、持続的に面白いものづくりが可能になる。音楽や映画制作において、アーティストや役者、監督といった人材の力を十二分に引き出し、ビジネスと作品の両面での成功に責任をもつプロデューサーの役回りと共通するところが多い。

　プロダクトが成功した姿だけを見ると、プロダクトマネージャーは華やかな職種に見えるかもしれない。だが実際は、プロダクトを成功に導くためには学ばなければならないことが膨大にあり、一つひとつを着実に粘り強くこなさなければならない泥くさい仕事である。時には責任者として、批判の矢面に立たされることもあるだろう。
　しかし、安心してほしい。最初から完璧なプロダクトマネージャーなどいない。初めはある特定の領域のスキルをもっているだけでいい。プロダクトを成功さ

せたいという強い意志をもって、皆さんのプロダクトマネジメントを始めてほしい。

本書の対象読者

本書はプロダクトマネージャーを目指す人から、新米プロダクトマネージャーやすでにプロダクトマネージャーとして働いている人、さらにプロダクトマネジメントに関わるエンジニア、デザイナー、マーケター、事業推進者までを対象としている。

プロダクトマネージャーを任されたものの途方に暮れている人、我流で進めているプロダクトマネジメントにいま一つ自信がもてない人、他のプロダクトマネージャーの仕事の進め方に興味がある人にとって拠り所となり、またプロダクトマネジメント全般の理解を深めたい人にとっても格好の入門書である。

プロダクトマネージャーがすでにいる組織で本書を活用してもらえば、プロダクトチームメンバーやステークホルダーの理解促進につながり、プロダクトの成功に近づくに違いない。プロダクトマネージャーがいない組織であったとしても、プロダクトマネジメントをどのように組織で活用するかを考えるきっかけになるはずだ。

このようにプロダクトマネジメントに関わるあらゆる人を対象としているため、本書ではプロダクトマネジメントとプロダクトマネージャーの仕事を網羅的に解説している。さまざまな種類のプロダクトに幅広く活用できる内容となっているが、IT 領域におけるソフトウェアを活用したプロダクトを中心に記述している。

本書の構成

本書は 6 つの PART から構成されている。PART Ⅰ ではプロダクトマネジメントの役割と目的、PART Ⅱ と PART Ⅲ ではプロダクトマネージャーの具体的な仕事、PART Ⅳ ではプロダクト特性の違いによって気を付けなければならない事柄を詳述している。PART Ⅱ の各 Chapter 末にはケーススタディを用意し、実際にプロダクトマネージャーになったつもりで読み進めていただけると理解が深まるようになっている。

PART Ⅰ から PART Ⅳ で基礎をおさえたうえで、PART Ⅴ ではプロダクトマネジ

メント組織全体として、およびプロダクトマネージャー個人として成長する方法を述べている。

PART VIでは、プロダクトマネージャーとして知っておきたいビジネス、UX、テクノロジーの基礎知識について紹介した。具体的には収益・コスト構造、デザイン、ソフトウェア、セキュリティ、知的財産などについて記載している。

すでに理解しているところ、あるいは理解が足りないところを認識して、さらなる学習に役立ててほしい。なお、本書の中で使われるプロダクトマネージャーという職種はプロダクトマネジメントを生業とするプロフェッショナル職のことを指す。

プロダクトづくりは苦労することも多いが、「いつも使ってます」「もう手放せません」「これがあって人生が変わりました」といったユーザーの言葉を聞くだけで、すべての苦労が吹き飛ぶ。

プロダクトマネージャーはさまざまな領域にまたがるスキルが要求され、多くの人とも関わる難しい仕事ではあるものの、それでもプロダクトマネージャーを志す人が絶えないのは、プロダクトマネジメントが楽しく、やりがいに満ちている仕事だからだ。

本書を通じて、プロダクトマネジメントの考えがより多くの企業に認知され、活用されるようになることを願っている。そして、プロダクトマネジメントを専門とするプロダクトマネージャーが職種として確立し活躍するようになることが、よりよい社会につながると信じている。

2021 年 2 月

　　　　　　　　　　　　　　　　　　　　　　　　　　及川　卓也

プロダクトマネージャーの働きぶり

　本編に入る前に、プロダクトマネジメントを担うプロダクトマネージャーの働きぶりの一コマを紹介する。スタートアップのアプリリリースと大企業の新規事業の2つの例からプロダクトマネージャーという職能のイメージを膨らましていってほしい。

スタートアップにおけるプロダクトマネージャーの働き ───

「スマホアプリなんて、プログラマに依頼すればつくれると思っていた。いや、実際につくることはできた。広告も出している。しかし、どうして誰も使ってくれないんだ」

　あなたの前で学生時代の知人が頭を抱えている。彼は昨年まで不動産事業を行う会社に勤務していたが、不動産の売り手と買い手をマッチングする事業を始めた。前職のつながりを使って売り手を集めることには成功しているが、買い手向けのスマホアプリのユーザー数が伸び悩んでいる。

「そのプロダクトでユーザーにどんな変化を生み出したいの？」

　プロダクトマネージャーであるあなたの問いかけに、彼はぽかんとした。買い手は経済合理性だけで動くと思っていたようだ。中間業者を経由せずに買い手と売り手が直接取引すれば買い手は安価に家を購入することができる。そのビジネスモデルと彼の人脈による売り手との関係性、そして彼の人柄に魅力を感じて、あなたはそのプロダクトの改善を引き受けることにした。

　彼との議論を重ねて、プロダクトのコンセプトをつくり直した。誰のためのアプリで、どんな課題を解決したいのか。どうして人はお金を払ってまで仲介業者を使っていたのか、いまのプロダクトが解決できていないユーザーのニーズは何なのかをユーザーインタビューを実施して調査もした。小さな改善を繰り返し、少しずつプロダクトを介したマッチングが増えてくる手応えがあった。

　転機は突然やってきた。SNSで「適正価格でよい物件に巡り合うことができた」というプロダクトを紹介する投稿が拡散され、買い手が爆発的に増えた。しかし、喜んでいる暇はない。このペースで買い手が増えれば、売り手はあっという間に

足りなくなってしまう。今後は売り手がもっとスムーズに不動産を紹介できる体験に注力しなければならない……。

　うれしい悲鳴を上げる彼を横目に、あなたはプロダクトマネージャーとして力になれたことの喜びを噛みしめている。

大企業の新規事業におけるプロダクトマネージャーの働き ──

「ユーザー数が伸び悩んでいるのでテコ入れしてくれないか？」

　EC事業担当の役員からよび出された。あなたは、エステやリラクゼーションサロン向けのオンライン予約サービスのプロダクトマネージャーとして働いている。サービスが軌道に乗り始めたことに胸をなでおろしたのも束の間、企業の基幹であるEC事業の立て直しとなれば、引き受けないわけにはいかない。

　EC事業はアパレルからスタートし、最近ではコスメやヘルスケア領域にまで手を広げている。他社にはないセレクトショップ的な独特の品揃えが好評を博し、これまでは順調に業績を伸ばしていたが、担当役員がいうように、最近は伸び悩んでいた。競合他社の追い上げも厳しいようだ。

　翌日から早速プロダクトチームに合流し、プロダクトの現状を把握することから始めた。コールセンターに寄せられたユーザーの声やプロダクトの利用ログの分析を行ったところ、商品は魅力的であるものの、ユーザー体験がそれに見合ったクオリティには至っていなかった。

　たとえば、ネット検索から流入したユーザーが最初に見るページが検索した商品とは関係のないページになっていて、ユーザー自らが再度ECサイト内で検索する必要が生じていた。また、商品ページの情報量が多いうえに、関連商品も所狭しと並べられていたため、ユーザーがカートに入れる商品を間違えて選択していることもあった。

　プロダクトチームのデザイナーから教えてもらってわかったことは、ユーザーの変化に合わせてプロダクトの進化を行っていないことだった。過去の成功したページ構成に引きずられ、いまのユーザーの期待に応えられなくなっているようだ。

　そこで、プロダクトチームとプロダクトのビジョンを再確認した。ユーザーの

どんな期待に応えたいのか、その結果、どんな社会を目指したいのか。

　とっつきやすい目の前の問題解決を図る前に一度立ち止まり、直視したくない現実にも焦点をあて、あらためて自分たちの進むべき道を徹底的に議論した。プロダクト全体を俯瞰したうえで、個々のユーザー体験を設計する視座を一つ得られたような気がした。

　まずはユーザーインターフェースを変更することになり、1つの変更点を AB テストとしてリリースした。瞬く間に予想以上の成果が現れ、プロダクトが目指すべき方向に一歩近づいていることがチームとして共有できた。

　これからやらなければならないことは山積みだが、プロダクトチームのメンバー全員がやる気に満ち溢れている。事業の立て直しという難題を抱えながらも、あなたはプロダクトマネージャーという仕事の面白さと誇りをいままさに感じている。

目次

まえがき ………………………………… ii
プロダクトマネージャーの働きぶり … vi

PART I
プロダクトの成功 ………… 1

Chapter 1
プロダクトの成功とは ………… 2

1.1 プロダクトの成功を定義する 3 要素 … 2
　1.1.1 ビジョン ………………………… 2
　1.1.2 ユーザー価値 …………………… 3
　1.1.3 事業収益 ………………………… 3
1.2 プロダクトの成功はバランス ……… 3
1.3 プロダクトステージごとの成功 …… 5
　1.3.1 プロダクトマーケットフィット … 5
　1.3.2 プロダクトのステージとその成功 … 6

Chapter 2
プロダクトマネージャーの役割 ……… 8

2.1 プロダクトマネージャーの 2 種類の
　　仕事 ………………………………… 8
　2.1.1 プロダクトマネージャーに
　　　　必要な 3 つの領域 …………… 9
2.2 プロダクトとは ………………………… 10
　2.2.1 プロダクトとプロダクト群 … 10
　2.2.2 事業とプロダクトの関係 …… 12

　2.2.3 プロダクトとプロジェクトの違い … 14
2.3 プロダクトをつくるチーム ……… 15
　2.3.1 プロダクト志向のチームとは … 15
　2.3.2 機能型組織とプロダクトチーム … 16
　2.3.3 代表的なプロダクトチームの
　　　　メンバー …………………… 17

Chapter 3
プロダクトマネージャーの仕事と
スキルの全体像 ………… 20

3.1 プロダクトを網羅的に検討するた
　　めの 4 階層 …………………………… 21
　3.1.1 プロダクトの Core、Why、What、
　　　　How ……………………………… 21
　3.1.2 各階層に整合性をもたせる Fit
　　　　& Refine ………………………… 23
3.2 プロダクトマネージャーに必要な
　　スキル ………………………………… 25
　3.2.1 発想力 …………………………… 25
　3.2.2 計画力 …………………………… 26
　3.2.3 実行力 …………………………… 26
　3.2.4 仮説検証力 …………………… 26
　3.2.5 リスク管理力 ………………… 27
　3.2.6 チーム構築力 ………………… 27

PART II
プロダクトを育てる ………… 29

Chapter 4
プロダクトの 4 階層 ………… 30

4.1 プロダクトの Core：ミッションとビ

ジョン、事業戦略 ························ 30

4.2 プロダクトのWhy：「誰」を「どんな状態
にしたいか」、なぜ自社がするのか ·· 31

4.3 プロダクトの What：ユーザー体験、
ビジネスモデル、ロードマップ ··· 33

4.4 プロダクトの How：ユーザーインタ
ーフェース、設計と実装、Go To
Market など ···························· 33

4.5 プロダクトの 4 階層の中における仮
説検証 ································· 34

4.6 プロダクトの方針を可視化する ··· 35

　4.6.1 リーンキャンバス ············· 35

　4.6.2 マイルストーン ················ 37

4.7 プロダクトをつくる心構え ········ 38

　4.7.1 仮説検証の重要性 ············· 38

　4.7.2 MVP とは ······················ 39

　4.7.3 新しいアイデアを発想する ·· 40

Chapter 5
プロダクトの Core ················ 44

5.1 プロダクトが向かうミッションと
ビジョン ································ 45

　5.1.1 プロダクトの世界観とは ····· 45

　5.1.2 プロダクトの世界観のつくり方 ··· 46

　5.1.3 プロダクトを成功させるため
のルール ··················· 47

5.2 事業戦略 ·························· 49

　5.2.1 全社戦略と事業戦略 ··········· 49

　5.2.2 事業戦略とは ················ 50

ケーススタディ：
　　プロダクトの Core の検討 ······ 52

Chapter 6
プロダクトの Why ················ 54

6.1 ターゲットユーザーと価値の組合
せを選ぶ ································ 55

　6.1.1 バリュー・プロポジションキャン
バス——カスタマープロフィー
ルを書く ···················· 56

　6.1.2 バリュー・プロポジションキャ
ンバス——バリューマップを
書く ························ 58

6.2 なぜ自社がするのか ··················· 59

　6.2.1 外部環境を分析する ··········· 59

　6.2.2 強みと弱みを分析する ········ 60

　6.2.3 ターゲットと価値の方針を定める - 62

6.3 ペインとゲインの仮説検証 ········ 66

　6.3.1 ペインとゲインを仮説検証す
るユーザーインタビュー ······ 66

6.4 プロダクトの Core との Fit & Refine ·· 72

　6.4.1 プロダクトのWhyをまとめる ··· 72

　6.4.2 Fit & Refine を確認する ········ 73

ケーススタディ：
プロダクトの Why の検討 ·················· 76

Chapter 7
プロダクトの What ················ 90

7.1 解決策を発想する ······················ 90

7.2 何をつくるのか——ユーザー体験
···91

　7.2.1 ユーザー体験とは ··············91

　7.2.2 ユーザーを理解する ············· 93

　7.2.3 ユーザーのゴールを知る ······ 95

7.2.4 ユーザーの行動や期待値を知
る──メンタルモデルダイアグ
ラム ………………………… 96

7.2.5 カスタマージャーニーを設計する …· 98

7.2.6 ワイヤーフレームを描く …· 100

7.3 何をつくるのか──ビジネスモデ
ル ………………………………… 101

7.3.1 ビジネスモデルキャンバスとは - 102

7.3.2 ソリューションを仮説検証す
るユーザーインタビュー …· 104

7.4 どのような優先度で取り組むか · 107

7.4.1 ロードマップを策定する …· 107

7.4.2 プロジェクトのマイルストー
ンを可視化する ……………… 109

7.4.3 評価指標を立てる …………… 111

7.5 プロダクトの Why との Fit & Refine … 117

7.5.1 プロダクトの What 検討後に気
をつけるべきポイント ……… 118

ケーススタディ：
プロダクトの What の検討 …· 122

8.2.3 マーケティング施策を検討する … 147

8.2.4 営業やサポート体制を整える · 149

8.3 リリースの前にすべきこと ……… 150

8.3.1 実装が終わったら成果物に触る · 150

8.3.2 障害に備える ………………… 150

8.4 プロダクトの What との Fit & Refine … 155

8.5 リリースする ………………………… 156

8.6 次の改善のために ………………… 157

8.6.1 KPI レポート ………………… 157

8.6.2 ユーザーフィードバックレポート … 157

8.6.3 リリースのふりかえり ……… 158

8.6.4 仮説に答えを出す …………… 158

8.6.5 プロダクトの Core、Why、What、
How を見直す ……………… 158

ケーススタディ：
プロダクトの How の検討 …………… 160

PART III
ステークホルダーをまとめ、
プロダクトチームを
率いる ……………………… 163

Chapter 8
プロダクトの How …………………… 134

8.1 プロダクトバックログをつくる · 134

8.1.1 プロダクトバックログとは - 135

8.1.2 プロダクトバックログアイテ
ムに優先度をつける ………… 136

8.1.3 プロダクトバックログアイテ
ムを見積もる …………………… 139

8.2 ユーザーにプロダクトを提供する
仕組みを整える（GTM）………… 141

8.2.1 プライバシーポリシーと利用
規約 …………………………… 142

8.2.2 プロダクトの価格を決める …· 144

Chapter 9
プロダクトマネージャーを取り巻く
チーム ……………………………… 164

9.1 代表的な他の役割との責任分担 · 164

9.1.1 ステークホルダーとの関係性 … 165

9.1.2 プロダクトチームとの関係性 ·· 166

9.1.3 プロダクトマーケティングマ
ネージャーとの関係性 ……… 168

9.1.4 その他の機能型組織のマネー
ジャーとの関係性 …………… 169

9.2 プロダクトマネージャーの組織 · 171

9.2.1 プロダクトマネージャーの組織でプロダクトを分担する····· 171
9.3 「ステークホルダーをまとめ、プロダクトチームを率いる」とは······ 175
9.3.1 リーダーシップとは何か · 175
9.3.2 マネジメントスタイルの違いを理解する····················· 176
9.3.3 影響力の獲得····················· 178

Chapter 10
チームとステークホルダーを率いる 180

10.1 多拠点がある場合の情報共有で注意すべきこと ····················· 180
10.2 プロダクトに関する情報の透明化················· 180
10.2.1 コミュニケーションを可視化する ································ 180
10.2.2 プロダクトの全体像を可視化する ······················ 181
10.2.3 いつ、何を、どの優先度で実施するのかを可視化する · 182
10.2.4 プロダクトの現在の進捗を可視化する ······················ 182
10.3 チームビルディング ················ 183
10.3.1 よいチームと心理的安全性· 183
10.3.2 心理的安全性のつくり方·· 184
10.3.3 内製度の違いを理解する·· 185
10.3.4 チームの発展段階に応じたチームづくり ····················· 187
10.3.5 関係者間のキックオフ······ 189
10.3.6 「プロダクトコンセプト」のキックオフ──インセプションデッキ ································ 192

10.3.7 開発を「どのように進行するか」のキックオフ ················ 196
10.3.8 共通の目標に向かう (OKR) ··· 197
10.3.9 ふりかえり ······················· 199

Chapter 11
チームでプロダクトをつくるためのテクニック ················· 202

11.1 ドキュメンテーション ·············· 202
11.2 コーチング ···························· 204
11.3 ファシリテーション ················ 205
11.4 プレゼンテーション ················ 207
11.5 ネゴシエーション ···················· 210

PART IV
プロダクトの置かれた状況を理解する ···························· 213

Chapter 12
プロダクトステージによるふるまい方の違い ··························· 214

12.1 プロダクトのライフサイクルの捉え方························· 215
12.1.1 プロダクトライフサイクル · 215
12.1.2 カスタマーアダプション ·· 217
12.2 ステージごとの違いを理解する·· 220
12.2.1 0→1：イノベーター系プロダクトマネージャー ··············· 221
12.2.2 1→10：グロース系プロダクトマネージャー ···················· 223

12.2.3 10 → 100（100 〜）： タウンビ
ルダー系プロダクトマネージ
ャー 224

12.2.4 終焉 227

Chapter 13
ビジネス形態によるふるまい方の違い 232

13.1 BtoC プロダクト 232

13.1.1 BtoC プロダクトの特徴 232

13.1.2 BtoC のプロダクトマネージャ
ーに求められること 234

13.1.3 BtoC プロダクトの成功の測定 235

13.2 BtoB プロダクト 236

13.2.1 BtoB プロダクトの特徴 236

13.2.2 BtoB のプロダクトマネージャ
ーに求められること 239

13.2.3 BtoBプロダクトの成功の測定 ... 240

Chapter 14
未知のビジネスドメインに挑む 242

14.1 なぜビジネスドメイン知識が必要
なのか 242

14.2 未知のビジネスドメインに挑むと
きのふるまい方──グローバル展
開 244

14.2.1 サプライチェーンに由来する
こと 244

14.2.2 プロダクトの市場に由来する
こと 245

14.2.3 海外企業の日本進出に由来す
ること 246

14.2.4 グローバル展開を考えるとき
に必要なこと 246

14.2.5 参入対象国の選び方 248

14.3 未知のビジネスドメインを学ぶ方
法 249

14.3.1 プロダクトランドスケープ 250

14.3.2 モチベーション分析 251

14.3.3 対立スコープ 251

14.3.4 トレードオフを発見する .. 252

14.4 ドメイン知識をプロダクトチーム
で理解する 252

14.4.1 ランチ・アンド・ラーン 253

14.4.2 クラッシュコース 253

14.4.3 テックトーク、エキスパート
トーク 253

14.4.4 ファイヤーサイドチャット ... 254

14.4.5 ファイブ・イン・ファイブ .. 254

14.5 ビジネスドメインの法規制を理解
する 254

Chapter 15
技術要素の違いによる
ふるまい方の違い 256

15.1 ハードウェアプロダクト 257

15.1.1 ハードウェアプロダクトの特徴 ... 257

15.1.2 ハードウェアと IoT 258

15.1.3 ハードウェアのプロダクトマネ
ージャーに求められること .. 259

15.2 AI プロダクト 261

15.2.1 AI プロダクトマネージャーに
求められること 262

15.2.2 AIプロダクトの成功の測定 ... 262

PART V
プロダクトマネージャーと組織の成長 ……… 265

Chapter 16
プロダクトマネジメントと組織 ……… 266

16.1 プロダクトマネジメントを組織に
導入する方法 …………………… 266
16.2 プロダクト志向組織への移行ステ
ップ ………………………………… 267
16.2.1 プロダクトの4階層をつくる · 269
16.3 ジョブディスクリプションにより
責任範囲を明確にする ………… 270

Chapter 17
プロダクトマネージャーのスキルの
伸ばし方 …………………………………… 272

17.1 プロダクトマネージャーになるた
めの方法 …………………………… 272
17.1.1 立ち位置を決める ………… 272
17.1.2 自分なりのプロダクトマネー
ジャー像を組み立てる ····· 272
17.1.3 プロダクトマネージャーの
1日 ………………………………… 273
17.1.4 プロダクトマネージャーへの
ステップを踏み出す ……… 276
17.2 プロダクトマネージャーとしての
スキルの育て方 ………………… 277
17.2.1 「土壌」を選ぶ ………………… 277
17.2.2 スキルを育てるために必要
な好奇心の3軸 ………… 278

17.2.3 プロダクトマネージャーと人
材モデル ………………………… 279
17.3 プロダクトマネージャーに求めら
れる知識の適度な深さとは …… 280
17.3.1 プロダクトマネージャーは知
的総合格闘家 ………………… 280
17.3.2 知識の深さをチェックする3
つの視点 ………………………… 281
17.4 知識やスキルをアップデートする
方法 ………………………………… 282
17.5 W型モデルで自分のスキルをマッ
ピングしてみよう ……………… 284
17.5.1 プロダクトマネジメント組織
の成長 …………………………… 286

Chapter 18
プロダクトマネージャーのキャリア … 290

18.1 プロダクトマネージャーの肩書と
役割 ………………………………… 290
18.2 プロダクトマネージャーを務めた
あとのキャリア ………………… 292

PART VI
プロダクトマネージャーに
必要な基礎知識 ……………… 293

Chapter 19
ビジネスの基礎知識 ……………… 294

19.1 収益、コスト、ビジネス環境の基

　　礎知識 ……………………… 294
19.1.1 ビジネスの基本構造 ……… 294
19.1.2 収益モデル ………………… 295
19.1.3 収益モデル選定の際に気をつ
　　　　 けるべきこと ……………… 301
19.1.4 収益を拡大するための手法 303
19.1.5 コストの考え方 …………… 306
19.1.6 ビジネス環境の変化を知る 307
19.2 パートナーシップを構築する … 311
19.2.1 パートナーシップとは …… 311
19.2.2 パートナーエコシステムの型 … 313
19.2.3 プロダクト戦略に合わせたパー
　　　　 トナーシップを構築する …. 316
19.3 指標を計測し、数字を読む …… 317
19.3.1 プロダクトでよく使われる代
　　　　 表的な指標 ………………… 317
19.3.2 サブスクリプションモデルで
　　　　 よく使われる指標 ………… 324
19.3.3 データを収集するための技術
　　　　 的な知識 …………………… 328
19.3.4 データを読み解くための統計
　　　　 的な知識 …………………… 331
19.4 知的財産の扱い ………………… 338
19.4.1 基本的な知的財産権 ……… 338
19.4.2 知的財産権を保護する …… 342

Chapter 20
UX の基礎知識 …………………………… 344

20.1 UI デザイン、UX デザインの基礎知
　　 識 ………………………………… 344
20.1.1 デザインを学ぶときのマイン
　　　　 ドセット …………………… 344
20.1.2 デザイン 6 原則 …………… 346
20.1.3 ビジュアルの階層化 ……… 350

20.1.4 デザイナーとのコミュニケー
　　　　 ション …………………… 352
20.2 マーケティング施策 ………… 354
20.2.1 マーケティングとは ……… 354
20.2.2 マーケティング・ミックス 355
20.2.3 消費行動モデル …………… 356
20.2.4 メディアの種類 …………… 357
20.3 プライバシーポリシーと利用規約
　　 をつくる ……………………… 358
20.3.1 プライバシーポリシー …… 359
20.3.2 利用規約 ………………… 361

Chapter 21
テクノロジーの基礎知識 ………… 364

21.1 プロダクトの品質を保つ ……… 364
21.1.1 プロダクトの品質との向き合
　　　　 い方 ……………………… 364
21.1.2 品質の基準をもつ ……… 365
21.1.3 ソフトウェアテスト ……… 369
21.1.4 QA 担当者とのかかわり …. 370
21.1.5 技術的負債 ……………… 371
21.2 開発手法の基礎知識 …………… 372
21.2.1 DevOps ………………… 372
21.2.2 ウォーターフォール開発とア
　　　　 ジャイル開発 …………… 373
21.2.3 プロジェクトマネジメント … 377
21.3 ソフトウェアの基礎知識 ……… 379
21.3.1 ソフトウェアの中の仕組み … 380
21.3.2 ネットワーク技術の基本 .. 384
21.3.3 データベースの基本 ……… 386
21.4 セキュリティを強化する ……… 389
21.4.1 セキュリティとは ……… 389
21.4.2 セキュリティの基本 ……… 390

21.4.3 セキュリティインシデントへ
の対応 ·············· 395

21.4.4 セキュリティを理解しておく
べき理由 ················· 399

Appendix 1 プロダクトマネージャーの
ためのセルフチェックリスト ········ 402

Appendix 2 プロダクトの 4 階層とフレ
ームワークの対応表 ····················· 403

Appendix 3 推薦図書と講座 ············· 404

あとがき ·· 406
謝辞 ··· 408

索引 ··· 409

会員特典について ······························· 414
本書に関するお問い合わせ ·············· 415

凡例
本文中の記号➡は当該項目をより深く
理解するための参照先を示している。

PART

I

プロダクトの成功

Chapter 1 プロダクトの成功とは

Chapter 2 プロダクトマネージャーの役割

Chapter 3 プロダクトマネージャーの仕事と
スキルの全体像

Chapter 1

プロダクトの成功とは

1.1 プロダクトの成功を定義する 3 要素

　プロダクトマネージャーの仕事を一言で述べると、「プロダクトを成功させること」に尽きる。まずは、「プロダクトが成功している」とはどのような状態であるかを考えてみよう。本書では、プロダクトの成功を生み出すのは以下の 3 つの要素であると定義する。

① ビジョン
② ユーザー価値
③ 事業収益

1.1.1 ビジョン

　ビジョンとは、プロダクトを通してつくり出したい未来の世界観のことである。プロダクトのビジョンの実現こそがプロダクトの存在理由である。いくらユーザー価値が大きく事業収益を生み出しているプロダクトであったとしても、ビジョンの実現に向かっていなければ成功しているとはいえない。

　一方、プロダクトのビジョンを意識せずにプロダクトをつくっているチームが多くあるのも事実である。あなたのチームでは、プロダクトのビジョンをチーム全員がいえるだろうか？　目指すビジョンは同じだろうか？　「プロダクトによってどんな世界をつくりたいのか」をチームの目標として意識することでプロダクトの成功に近づくだろう。　➡5.1 プロダクトが向かうミッションとビジョン

1.1.2 ユーザー価値

プロダクトはユーザーに価値があると感じてもらい、使い続けてもらうことが重要である。プロダクトをつくるときに、プロダクトマネージャーはまず価値を提案するユーザーを定義する。

多くの場合、初めにビジョンに含まれるユーザーの一部をターゲットに価値を提案し、仮説検証を繰り返しながら少しずつユーザー層を広げていくことになる。ビジョンだけを追って理想像を描き続けるのではなく、どのユーザーにどんな価値を提案するのかをも選定し、その価値検証を通して、ユーザーが本当に価値を感じるプロダクトを目指していく。

➡ 6.1 ターゲットユーザーと価値の組合せを選ぶ

1.1.3 事業収益

プロダクトは継続してビジョンの実現に向かいながら、ユーザーに価値を提供するために事業収益を得なければならない。事業収益があることで優秀なチームをつくり、必要な投資をすることができる。ビジョンを実現するまで継続してプロダクトを成長させるために、市場を観察し、競合とは異なる戦略を打ち出してビジネスモデルを構築する必要がある。

➡ 7.3 何をつくるのか──ビジネスモデル

1.2 プロダクトの成功はバランス

ユーザー価値と事業収益は時に同時に満たすことが難しくトレードオフの関係になりうる。たとえば、プロダクトに広告を載せることでプロダクトは収益を得ることができるが、ユーザーがプロダクトを使ううえで不要な情報である広告はないほうがユーザーが感じる価値は高まるだろう。

あるいは、ユーザーがつい視線を奪われてしまう派手な広告を多く配信するこ

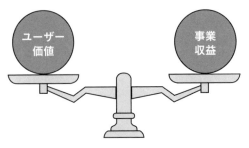

図表 1-1　ユーザー価値と事業収益の両立をめざす

とで一時的には収益を上げることができるが、やはりユーザー価値が下がってしまう。

　そこでユーザー価値と事業収益がトレードオフの関係ではなく、両立するところを探さなければならない（図表 1-1）。たとえば、派手な広告の代わりにプロダクトが提供するコンテンツと関連度が高く、ユーザーにとって有益な広告を配信するとどうだろう。

　ユーザーにとって関心が高く、不快感のない広告を配信することでユーザー価値を損うことはなく、また広告のクリック率も向上し収益も見込めるため、ユーザー価値と事業収益が両立するようになる。このような状態をつくることは難しいが、そこがプロダクトマネージャーの腕の見せどころでもある。

　また、ユーザー価値と事業収益が向上しているとつい安定して成長していると感じてしまいがちになる。しかし、ビジョンの実現も忘れてはならない。ビジョンとは理想の未来のことである。現実に最適化しすぎていては未来はつくれない。いまのユーザーに価値を届けるだけではなく、ビジョン実現のためにはユーザーをも変化させることが時には必要である。

　このようにビジョン、ユーザー価値、事業収益の 3 要素は互いに影響を及ぼし合う。どれか 1 つが欠如すると途端にプロダクトがほころび始めてしまうため、3 要素のバランスを意識しながらプロダクトを成長させていかなければならない。プロダクトマネージャーの仕事は、プロダクトを成功させるためにこの 3 要素のバランスを保つことであるともいえる。

1.3 プロダクトステージごとの成功

　プロダクトには、プロダクトが置かれたステージごとに達成すべき目標がある。ステージごとに前提条件や目指すべき地点、捉えるべき視野が異なるからである。たとえばプロダクトを0から立ち上げたとき（0 → 1 ステージ）、まず目指さなければならないのは次項で述べるプロダクトマーケットフィット（Product Market Fit：PMF）の状態である。PMF が達成されなければプロダクトを通してビジネスを続けることができない。

　PMF が達成されたあとはユーザーがどんどん増えていく時期が来る（1 → 10 ステージ）ので、ビジネスや組織の成長スピードとプロダクトに対するユーザーの期待値をうまくコントロールしなければ破綻してしまう。プロダクトが大きく成長したあと（10 → 100 ステージ）には市場の中で確固たるポジションを確立することになるが、プロダクト自体も非常に大規模かつ複雑になっているであろう。その中で継続的に成長するためには立ち上げ期とは比較にならないほどさまざまな要素を勘案しなければならない。このようにプロダクトの成功といってもステージごとに考えなければならない視点は異なる。

　　　　　　　　　　　　　　→ 12.2 ステージごとの違いを理解する

1.3.1 プロダクトマーケットフィット

　プロダクトマーケットフィット（PMF）はアンディー・ラフレフによって提唱された。彼は Twitter、Uber や eBay などの名だたる企業に投資をしたベンチャーキャピタル（VC）である Benchmark Capital の創業者である。彼は PMF を以下のように定義している。

　　PMF とは強力な価値仮説を見つけることである。価値仮説とは、なぜユーザーや顧客が
　　あなたのプロダクトを使うのかを説明しうる重要な仮説のことである。[1]

※1　12 Things about Product-Market Fit（https://a16z.com/2017/02/18/12-things-about-product-market-fit/）

ユーザーがプロダクトを「使いたい」と思う理由は、プロダクトに「価値」を感じているからであり、ユーザーと価値が結びついたときに PMF が成立する仮説が検証できたといえる。プロダクトやビジネスモデルによるが、プロダクトが提供する価値への対価として収益を上げられること、つまり価値に対して想定した価格でユーザーが購入して初めて、ビジネスとして成立することが証明できる。

　PMF はスタートアップのみならず、大企業などで新規事業を立ち上げるときにも非常に重要な考え方である。PMF を乗り越えて初めてプロダクトのライフサイクルが本格的に始まるといってもよい。逆に PMF を見つけられない状態では、プロダクトの成功はおぼつかないだろう。

　大企業で新規事業を考える際は、すでに収益を出しているプロダクトの後継となるものをつくる場合がある。こういった場合、顧客からの後継への期待は大きいかもしれないが、ときにマーケットよりも「革新的な製品」の開発に焦点をあてる必要がある。たとえば、初期の Facebook に投資し大成功を収めたことでも有名なベンチャーキャピタリストであるピーター・ティールの著書『ZERO to ONE』には、「革新的な製品であるためには既存のプロダクトやソリューションよりも 10 倍よいものを目指すべし」という重要なメッセージが含まれている。

　いまユーザーが手にしているものよりも価値の輪郭がはっきりしていないと革新的な製品とはいえず、ユーザーを引きつけることができない。スタートアップに限らず大企業などでの事業開発も含め、これまでの「あたり前」の部分に対して疑問をもち、「現状維持でよい」という組織内の慣性に挑んでいかないと、既存のものよりも 10 倍よいといえるようなプロダクトにはたどり着かない。こうした姿勢がユーザー価値を高めることにつながる。

　マーケットがあり、革新的なプロダクトのアイデアもある場合、あとはそれを形にして PMF に向けて実行していく人（立ち上げチーム）が欠かせない。ファウンダー（創業者）や事業立ち上げメンバーに実行力がなく、それを形にするエンジニアに技術力がなければ絵に描いた餅で終わってしまう。

1.3.2 　プロダクトのステージとその成功

　プロダクトのステージを 0 → 1、1 → 10、10 → 100 の 3 つに分ける（図表 1-2）。

まずは 0 → 1 とよばれる何もない状態からプロダクトを立ち上げるステージがある。ここでは前述のように PMF を目指す。

1 → 10 は立ち上がったプロダクトをきちんと収益化して成長させていくステージである。10 → 100 は時にはグローバル展開などを見据えてもっと多くのユーザーにプロダクトを届けていくステージとなる。10 → 100 のステージは、100 に達したら終わりということではない。プロダクトを開発し、ユーザーに新しい価値を提供することはステージに関係なく、終わることなく続いていく。プロダクトのビジョンとはそうした飽くなき姿勢を追求するための道しるべである。

図表 1-2　ステージ別のプロダクトの成功例

ステージ	プロダクトの成功
0 → 1	プロダクトの価値がユーザーに受け入れられるかの価値検証を繰り返して、PMF を見つけること
1 → 10	ユーザーに期待される機能を提供し、安定した事業収益を得ること
10 → 100	多くのユーザーに使われる責任のある堅牢な仕組みをつくること

なお、このステージをプロダクトライフサイクルとして捉えることや、カスタマーアダプションという切り口でプロダクトの成長を表すこともある。

➡ 12.1 プロダクトのライフサイクルの捉え方

Chapter 2

プロダクトマネージャーの役割

2.1 プロダクトマネージャーの2種類の仕事

　プロダクトマネージャーには2種類の仕事がある（図表2-1）。プロダクトを育てることと、ステークホルダーをまとめプロダクトチームを率いることである。プロダクトマネージャーは、中長期の戦略立案、ビジョンの構築、プロダクトのビジネス、開発、UX(User Experience：ユーザー体験) のすべてのプロセスに携わり、ステークホルダーの承認を得たうえでプロダクトに関係する意思決定に責任をもつ。

　しかし実際に、プロダクトマネージャーが1人ですべての意思決定をするとなると、そこがボトルネックになってしまう可能性がある。それを支えるのがプロダクトチームの存在である。プロダクトマネージャーはプロダクトチームに意思決定の権限を委譲して、チームとして最善の意思決定ができる基盤を整える。

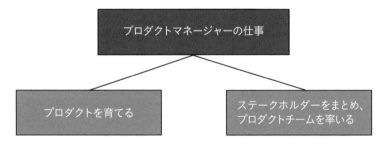

図表2-1　プロダクトマネージャーの2種類の仕事

PART I

PART II

PART III

PART IV

PART V

PART VI

　プロダクトを成功に導くためにプロダクトマネージャーが幅広い役割と責任範囲をもつことから、「ミニCEO」とよばれることがある。実際にはプロダクトマネージャーとCEOの役割には大きな差があるが、両者に共通して求められるのは、プロダクトの成功のために必要なことすべてに目を配り、こだわり抜くことである。

　大企業のように事業に多くのメンバーが関わる場合にはCEOが自ら手を動かすことはほとんどないが、スタートアップの場合にはCEOが自ら手を動かすことも多いだろう。たとえば、専門性が必要とされるタスクがあったときにスタートアップのCEOが取るべき手段は、専門性があるメンバーを外から探すか、自分も含めた誰かが専門性を身につけるかの二択となる。専門性の獲得方法を主体的に検討しなければならない。同様に、プロダクトマネージャーもプロダクトを成功させるための武器が足りない場合には主体的に探す姿勢が求められる。

　一方で、プロダクトマネージャーとCEOでは権限とその責任範囲が異なる。CEOは経営事項すべての責任を担い、そのための権限を有する。最終的には社員の採用や育成と評価、会社の組織戦略の立案と実施、企業活動を行うための資金確保も含めたすべての責任をもつ。プロダクトマネージャーは人事権を有さず、予算獲得のために外部からの資金調達を単独で行うことはできない。

　つまり「プロダクトマネージャーはミニCEOである」とは、「プロダクトマネージャーはCEOのようにプロダクトの成功を自分ごととして成し遂げる情熱や強い興味、好奇心をもつ役職である」ということである。したがって、CEOのような経営や財務にまで及ぶ幅広い知識がなくてもプロダクトマネージャーは務まる。

2.1.1　プロダクトマネージャーに必要な３つの領域

　プロダクトマネージャーの仕事に必要な領域はビジネス、UX、テクノロジーの３つである（図表2-2）。ビジネスはプロダクトが市場でユーザーを獲得し、収益を上げることができるかを判断する領域。UXはユーザーが本当に求めているものを発見し、使われる形で提供するための領域。テクノロジーはその実現可能性を判断する領域である。

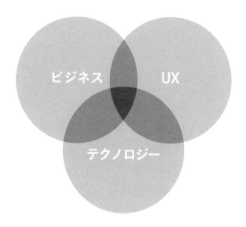

図表 2-2　プロダクトマネージャーの仕事に必要な 3 つの領域

　プロダクトマネージャーの役割はこの 3 つの交差領域であるともいわれ、これらの領域に基づいてプロダクトを舵取りしていくことがプロダクトの成功への近道となる。

 プロダクトとは

2.2.1　プロダクトとプロダクト群

　プロダクトマネージャーの仕事はプロダクトを成功させることである、と述べた。では、そもそもプロダクトとは何か。本書では、プロダクトを「市場において顧客となりうる個人や団体に価値を提案するもの」と定義する。

　主に IT を活用したプロダクトに焦点をあてて解説をしており、ソフトウェアのみならずパソコンやスマートフォンのようなハードウェアや OS、ブラウザ、さらにはクラウド技術などにも幅広く適応できるようなプロダクトマネジメントについて取り扱う。

　また、1 つのプロダクトはユーザー価値の違いによって複数のプロダクトに分割できる。加えて、プロダクトには複数の機能が含まれ、共通のビジョンをもった複数のプロダクトをプロダクト群としてまとめることもある。

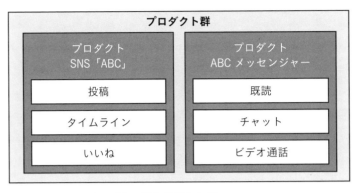

PART I

PART II

PART III

PART IV

PART V

PART VI

図表 2-3　ある SNS プロダクト群を分解した例

　ある SNS プロダクトを例に考えると、このプロダクトの中には、文章や写真を投稿する機能、友だちの投稿をタイムライン上で閲覧する機能、投稿に「いいね」でリアクションをする機能などがあるとする（図表 2-3）。また、SNS 上でつながっている友だちと個別にメッセージのやりとりをする機能もある。この場合、開かれた関係性でのコミュニケーションを目的とする SNS としてのプロダクトと、閉じた関係性でのコミュニケーションを目的とするメッセンジャーとしてのプロダクトの 2 つを 1 つのプロダクト群として一括することができる。

　1 つのプロダクトを複数に分割したり、プロダクト群として一括に扱ったりすることで、1 人のプロダクトマネージャーがもつ責任範囲を限定することができる。たとえば、プロダクト群全体に責任をもつ A さん、SNS は B さん、メッセンジャーは C さんといった要領で、複数のプロダクトマネージャーで分担できる。

　また、新人のプロダクトマネージャーには SNS プロダクト中の「いいね」機能のみをプロダクトと見立てて担当してもらうのもよいだろう。ミニ CEO として小さなプロダクトを成功させる経験を重ねることで、やがて大きなプロダクトの意思決定ができるプロダクトマネージャーとして素早く自立していくことができる。

　プロダクトマネージャーが複数人いる組織の中では、どのプロダクトマネージャーがどこまでの範囲を管理するのかを明確化することも重要となる。プロダクトマネージャーの役割分担については PART IV で改めて述べる。ここでは、プロダクトとは大きなプロダクトやプロダクト群だけを指すのではなく、複数人で分

担してつくり上げていくものであることも知っておいてほしい。

➡ 9.2 プロダクトマネージャーの組織

(2.2.2) 事業とプロダクトの関係

　近年、プロダクトは事業であるともいわれるようになった。従来は、事業の中にプロダクトをつくる開発部署をもつことが一般的だったが、IT が事業の中心で活用されるにつれて事業とプロダクトの垣根が曖昧となってきた。

　たとえば、これまでのカスタマーサポートはユーザーからの問い合わせ一つひとつに対して、人間が回答するのが一般的であり、プロダクトをつくる開発部署とは別の部署だった。しかし、プロダクト自体にユーザーのオンボーディング（初回利用）を補助する機能や、チャットボットがユーザーの質問に答えるフォームをつけることで、ユーザーはカスタマーサポートに問い合わせる代わりに、プロダクトを利用する体験の中で戸惑いを解消するようになった。

　この新しいカスタマーサポートの概念は、サポートの域を超えて能動的に働きかけることからカスタマーサクセスとよばれている。このように、従来はプロダクトの外で別の組織が担当していた業務が、IT 活用によって自動化され、より効率よく運用できる仕組みとしてプロダクトの中に取り込まれることで、プロダクトの範囲が広がっていった。これにより、ユーザーはプロダクトの中で体験を完結できるようになり、プロダクトの外の組織が担当していた業務は最適化され、よりユーザー価値を高めるための仕事に専念できるようになった。

　本書では、過去にプロダクトとよばれていたプロダクトチームによるアウトプットである成果物を狭義のプロダクト、現在のように事業との垣根がなくなったカスタマーサポート部署や成果物を販売するための営業部署を含めたほうを広義のプロダクトとよぶ（図表 2-4）。たとえば、カスタマーサポート部署の従来の仕事は機能として狭義のプロダクトに多く含まれるようになったが、そこで解決できなかった特異なケースに対応するためのカスタマーサポート部署は広義のプロダクトの中に含まれる。

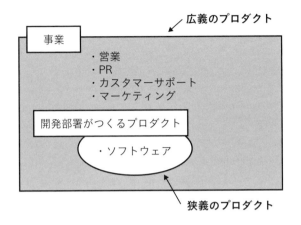

PART I

PART II

PART III

PART IV

PART V

PART VI

図表 2-4　狭義のプロダクトと広義のプロダクト

　一般的にプロダクトといったときに、成果物単体を指している狭義の意味で使われていることもあれば、アウトプットとそれに付随する広義の活動すべてを指していることもあるため、どちらの意味を指しているかは注意してコミュニケーションを取るようにしてほしい。本書で取り扱うプロダクトは広義のプロダクトである。つまり、プロダクトマネージャーは事業（≒プロダクト）の成功に責任をもたなければならないことになる。

　プロダクト≒事業であるなら、プロダクトマネージャー≒事業責任者（事業部長）なのだろうか。その答えは、組織によって最適なものを探してほしい。事業収益の土壌となるプロダクトをつくることと、実際にそのプロダクトをもって営業し売上を拡大することは役割を分けることもできる。その結果、売上を含む事業責任をプロダクトマネージャーの責任外とする組織もあれば、そうでない組織もあり、各メンバーのスキルセットやプロダクトの特性に応じて責任範囲を決めるとよいだろう。

　しかし、すべてをプロダクトマネージャーが背負い込むとプロダクトマネージャーがボトルネックになることがある。たとえば、売上に関する責任をプロダクトマネージャーに求める場合には、エンジニアチームとの関わりに別の担当を置くなど、最適なメンバーに権限を委譲することも意識しなければならない。

➡9.1.2 プロダクトチームとの関係性

2.2.3 プロダクトとプロジェクトの違い

　プロダクトとプロジェクトは混同されやすい。どちらもPから始まり、プロダクトマネージャー、プロジェクトマネージャーともに日本ではPMとよばれることから対比して語られることも多いが、そもそも概念が異なるため比較するものではない。

　プロジェクトはある目的のもと、開始時期と終了時期が定義された活動のことを指す。プロジェクトの管理対象は品質（Quality）、費用（Cost）、納期（Delivery）の頭文字を取ってQCDとよばれる。プロジェクトの管理を中心としたプロセスがいくつか体系化されており、それに則って活動を管理することをプロジェクトマネジメントとよぶ。

　一方、プロダクトにはプロジェクトでは必須となる終了時期があらかじめ定められていない。価値を提案し続ける、終わりがないプロダクトが理想であり、企画段階でプロダクトの終了時期を考えることはない。

　プロダクトはプロジェクトを内包する概念である。たとえば、プロダクトに新しい機能を追加するとき、その新機能の企画から提供までのプロセスはプロジェクトである。図表2-5に示すように、プロダクトの成功に向けて複数のプロジェクトを実施していくことになる。

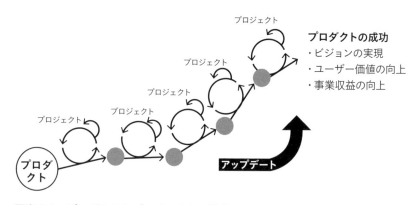

図表2-5　プロダクトとプロジェクトの関係

プロダクトの成功のためにはプロジェクトが成功していることが望ましい。プロジェクトマネジメントはプロダクトマネジメントの一部であるともいえる。

　日本ではプロダクトマネージャーが新しい概念であり、プロジェクトマネージャーのあとにできたといわれることがある。しかしプロダクトマネージャーはIT業界に限らず古くから存在しており、IT業界でもいまから40年以上前から存在する。

　プロダクトマネージャーが注目されるようになったのは、ソフトウェアによって事業を大成功させた企業が多く出現するようになった1990年代からであろう。MicrosoftやGoogle、Facebookなど米国のIT企業の成功秘訣を探る中、それらの企業にプロダクトマネージャーがいたことが大きなきっかけである。また、日本ではプロジェクトマネージャーのことをPMとよび、プロダクトマネージャーもPMあるいはPdMとよぶ人もいる。一方、欧米ではプロダクトマネージャーをPM、プロジェクトマネージャーをPJMとよんでいる。

　こうした背景を踏まえて筆者は、プロダクトマネージャーをPM、プロジェクトマネージャーをPJMとする呼称を採択している。

2.3　プロダクトをつくるチーム

2.3.1　プロダクト志向のチームとは

　プロダクトはその企画や企画の意図通りに動作する機能、ユーザーの操作性を考えたデザインなどから構成される。それぞれの担当者が自分の担当領域に責任をもって遂行するのはもちろん必要だが、それ以外の領域には一切興味がない状態ではよいプロダクトは生まれない。

　チームメンバー全員がプロダクトをまるで自分の子どものように愛し、自分の担当領域だけではなく、プロダクト全体のことを考えることを「プロダクト志向」とよぶ。たとえばエンジニアならば、ソフトウェアとしての設計や実装だけでなく、自分の書いたプログラムがどのようにユーザーに使われ、事業に価値を与えるかを考える姿勢のことを指す。

プロダクトを成功させるチームは、プロダクト志向のチームである。メンバー全員がプロダクトを自分ごととして捉え、プロダクトをよくしていくことにこだわり抜く。プロダクトに愛着をもち、「これは私のプロダクトだ」といってあちこちでプロダクトを宣伝して回る。電車の中で見ず知らずの人が自分たちの手がけるプロダクトを使っていると喜び、知人が競合のプロダクトを使っていると悲しむ。日々の生活の中で、自社のプロダクトを使ってもらうためにはどうすればよいか考え、その考えをチーム内で議論してプロダクトに反映することができる。

　こうしたプロダクト志向の組織では、部署の目標とプロダクトの成功がつながっている。部署ごとの目指す方針に差異がなく、プロダクトの成功に非協力的な部署もない。営業はプロダクトがターゲットとするユーザーかどうかを判断し、ユーザーからの要望であったとしてもプロダクトの成功につながらないものにはNO といえる。開発はプロダクトの価値を高めるための方法を模索し、カスタマーサクセスはどうすればユーザーがヘルプ機能に頼らずにプロダクトを使いこなせるのかを考える。部署を越えてチーム全員がプロダクトの成功に能動的に関わるが、意思決定をする人は決まっており、その決定は尊重される。

　また、プロダクトをよくするためのチャレンジを厭わない。チャレンジしたことが称賛され、失敗することも当然だと考えられている。プロダクトをよくするための試みが仮説と検証であることを理解していて、素早く仮説を検証し、小さく失敗を繰り返しながら失敗を次に活かしていく。そのためにチーム全員が協力し、ユーザーに受け入れられることがなかった仮説も次の学びを得るための必要な仕事であったと受け入れられる。　　　　➡ 9.1.2 プロダクトチームとの関係性

(2.3.2) 機能型組織とプロダクトチーム

　一般的にプロダクトマネージャーは各機能型組織から必要なメンバーを獲得して組織に横串を通すようなプロダクトチームを構成する（図表2-6）。プロダクトチームのメンバーに対して人事権をもつのは機能型組織の上司であり、プロダクトマネージャーは人事権をもたない。

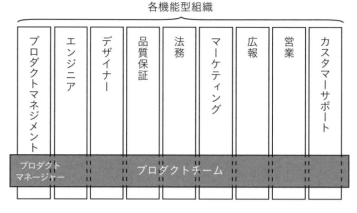

各機能型組織

プロダクトマネジメント｜エンジニア｜デザイナー｜品質保証｜法務｜マーケティング｜広報｜営業｜カスタマーサポート

プロダクトマネージャー　プロダクトチーム

図表 2-6　機能型組織とプロダクトチーム

　そのために、プロダクトマネージャーは各機能型組織のマネージャーと議論を
して、チームメンバーを割りあててもらい、そのメンバーとともにプロダクトを
つくっていく。

　ただし、組織がプロジェクト型組織とよばれるような、機能型の組織体制では
ない場合にはプロダクトマネージャーが人事権を有してピープルマネジメントを
担うこともある。その際は、本書で述べるプロダクトマネージャーとしての役割
とピープルマネージャーとしての役割を兼任している状態となる。なお、本書で
はピープルマネージャーの役割については取り扱わない。

➡ 9.3.1 リーダーシップとは何か

2.3.3　代表的なプロダクトチームのメンバー

（1）プロダクトチームのメンバー例

　プロダクトをつくるために必要なメンバーの全体像や各メンバーが担うべき役
割については明確な正解がなく、組織によって異なるのが現実である。ここでは、
プロダクトチームの1つの例となるメンバー構成を紹介する（図表 2-7）。実際の
組織でどのように役割を分担するのかについては、プロダクトの特性やチームメ
ンバーの適性に応じて検討してほしい。たとえば、アジャイル開発のスクラムを

採択する場合には、プロダクトオーナーやスクラムマスターといったメンバーも必要になる。 ➡ 21.2 開発手法の基礎知識

　たとえば、1人の担当者が図表2-7に記載されている複数の役割を兼務することや、反対に1つの役割を複数人で担うこともあるだろう。もし1人で複数の役割を担うときには、チームに対してどの役割としての意見をいっているのかを明確にすることや、特定の視点が失われてしまわないように役割を切り替えて考えることを意識してほしい。

（2）ステークホルダーの例

　プロダクトマネージャーがプロダクトに関して意思決定できる十分な権限をもつことが望ましいが、プロダクトマネージャーだけでは意思決定できない事項も多い。その際には、プロダクトマネージャーの報告経路および決裁経路をたどり、最終的には経営陣やそれに相当する意思決定者の判断も仰がなければならない。また、ステークホルダーとよばれる図表2-8のような役割をもつ人とのコミュニケーションが必要になる。

図表2-7　プロダクトチームのメンバー例

メンバー	役　割
プロダクトマネージャー	プロダクトを成功させることに責任をもつ。プロダクトに関係する意思決定を実施し、プロダクトチームを率いる
事業責任者	プロダクトの事業収益に責任をもつ。チーフプロダクトオフィサーや最高プロダクト責任者が実質の事業責任者となることもある
UX デザイナー	プロダクトのデザインなどを通じて一気通貫した UX を検討する
UI デザイナー	実際にユーザーが触れる UI（ユーザーインターフェイス）を設計する
UX リサーチャー	プロダクトの UX を考えるために、ユーザーの課題やニーズを見つける
エンジニア	プロダクトの実現に必要となる技術に責任をもつ。どのように実現するのかを検討し、実装する
プロダクトマーケティングマネージャー（PMM）	プロダクトのビジョンを実現することができるユーザーを探し、プロダクトをそのユーザーに届ける
QA 担当者	プロダクトのすべての品質保証（Quality Assurance）に責任をもつ
プロジェクトマネージャー（PJM）	プロジェクトの品質（Quality）、費用（Cost）、納期（Delivery）に責任をもつ

カスタマーサポート	ユーザーと接点をもち、ユーザーのプロダクト利用上の障害を解決する
カスタマーサクセス	ユーザーと接点をもち、プロダクト利用上の障害を能動的に解決し、継続利用を促す
営業	プロダクトの売上を最大化するために、ユーザーにプロダクトの価値を伝え、販売する
法務	プロダクトが法令や条例、ガイドラインなどに則っているかを確認する

図表 2-8　プロダクトをとりまくステークホルダーの例

役　割	概　要
最終意思決定者 （CEO など）	プロダクトが紐づく事業の最終的な意思決定を下す。事業収益や事業成長のための組織など、事業全般に関しての責任をもつ。スタートアップであれば、一般的には CEO である
意思決定関与者 （CTO、CPO など）	意思決定をする最終意思決定者が正しい判断をするために意見を述べ、影響を与える。スタートアップであれば、CTO（Chief Technology Officer：最高技術責任者）などの C 職（他の Chief 職であり所管の業務の最高責任者）や株主など
機能型組織の マネージャー	プロダクトチームへのメンバーのアサインなど、プロダクトチームメンバーの人事に関係する意思決定を実施する

➡ 9.1.1 ステークホルダーとの関係性

Chapter 3

プロダクトマネージャーの仕事とスキルの全体像

　1つの思考実験として、コーヒー飲料のプロダクトマネージャーになった場合を考えてみよう。コーヒー飲料にミルクをいれるべきか否かが議論されている。ミルクが入っていたほうがカルシウムを摂取でき、リラックス効果も期待できるだろう。

　一方で、コーヒーはブラック派だというユーザーも一定数存在するに違いない。それでは、どのように意思決定をすればいいだろうか。

　ブラックコーヒー、カフェオレ、カフェモカのいずれもが、狭義のプロダクトとしてはすべてすばらしい。しかし、コーヒー飲料を誰が、どんな目的で飲むのかによって、正解となるプロダクトは異なる。

　Chapter 1「プロダクトの成功とは」で解説をした通りプロダクトのビジョンに向かって、ユーザー価値と事業収益を同時に満たすプロダクトを模索しなければならない。

　では正解となるプロダクトをどのように探索していくとよいのだろうか。コーヒー飲料のターゲットユーザー、ターゲットユーザーが抱えている課題、コーヒー飲料に対する期待、そしてコーヒー飲料による解決策を定めて正解となるプロダクトを定義することはできるが、このすべてが仮説にすぎない。もし、ターゲットユーザーの設定が間違っていた場合には、課題も期待も解決策もすべて再検討が必要になる。

　このように、プロダクトの一つひとつの意思決定には、その根拠となる仮説が連鎖している。この仮説の連鎖を紐解き、根本となるものから順番に検討していくことで一気通貫したプロダクトをつくることができる。

3.1 プロダクトを網羅的に検討するための4階層

3.1.1 プロダクトの Core、Why、What、How

プロダクトの仮説の連鎖を可視化するために、図表3-1のようにプロダクトを大きく4つの階層に分解して捉えるとよい。上から順にプロダクトの Core、Why、What、How から構成される。階層の上にあるものが、その下の階層の前提条件となり、上の階層に変更があった場合にはその下の階層は再検討が必要となる。

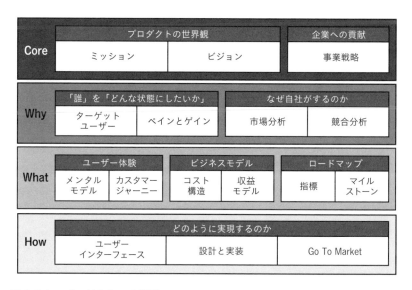

図表3-1　プロダクトの4階層

各階層には図表3-2に示す要素が含まれる。これらの要素はプロダクトの状況に応じて変更してもよい。たとえば優れた機械学習の技術が強みの企業では、その技術で何ができるのかをもとにプロダクトを設計しなければならないだろう。本来、どの技術を採択するべきかという仮説はプロダクトの How にあたるが、こ

の場合にはプロダクトの Why である「なぜ自社がするのか」にあてはめてもよい。基本となる 4 階層をもとに、各々のプロダクトに合わせてどの要素をどの階層として扱うかはカスタマイズして読み替えてほしい。

図表 3-2　4 階層における各要素

プロダクトの4 階層	概　要	協業先
プロダクトのCore	プロダクトの世界観となるミッションやビジョンと、プロダクトとして企業にどのような貢献を期待されているかを表す事業戦略	プロダクトマネージャーが主にステークホルダーと協議をして検討する
プロダクトのWhy	誰のどんなペイン（障害）とゲイン（期待する結果）を、なぜ自社が満たすのかという理由	プロダクトマネージャーが検討を推進し、主にプロダクトマーケティングマネージャー(PMM) や事業企画部署、UX リサーチャーと協議をして検討をする
プロダクトのWhat	プロダクトの Why を実現する狭義のプロダクトが示す解決策。ユーザー体験、ビジネスモデルの2 種類がある。また、それらの実現順序となるロードマップや指標も含まれる	ユーザー体験の What は UX デザイナーと協議をして検討をする。ビジネスモデルの What については事業企画部署と協議をして検討をする
プロダクトのHow	What を実現するための実現方法（狭義のプロダクト）	技術面ではエンジニアのリーダー、マーケット施策については PMM、カスタマーサポートについてはカスタマーサポートやカスタマーサクセスなど各部署の担当者が中心となって方針を決定していく

　プロダクトマネージャーはプロダクトの 4 階層すべてに責任をもつ。ただし、プロダクトの How については、プロダクトマネージャー自身が積極的に手を動かすのではなく、UI であれば UI デザイナーにその進行を任せることになるだろう。仕事をさまざまなプロダクトチームのメンバーに委譲するために、プロダクトの Core、Why、What を明確に言語化しドキュメントとして残すことで、プロダクトチームのメンバーは全体を理解したうえで仕事をすることができ、強い軸の通ったプロダクトになる。階層ごとにプロダクトチームのメンバーや協業先が異なるために、4 つの階層に分けてプロダクトの検討を進めることで、責任範囲がより明確になるだろう。

プロダクトの4階層は、プロダクトをつくることは仮説検証をすることと同義であることを示している。1つの機能をリリースすることは、プロダクトのHowで実装した機能に紐づいた一連の仮説を検証することにほかならない。もし、その機能が期待していたほどユーザーに受け入れられなかった場合には、どの階層の仮説から誤っていたのかを見定め、新たな打ち手を考えることが重要になる。たとえば、プロダクトのWhyが間違っていることが検証できたなら、速やかにそのプロダクトのWhyに紐づいているプロダクトのWhatやHowの方針変更も検討しなければならないだろう。

➜ 6.1.1 バリュー・プロポジションキャンバス──カスタマープロフィールを書く

（ 3.1.2 ） 各階層に整合性をもたせる Fit & Refine

　4階層は上にある階層がその下にある階層の前提条件になっていると述べた。つまり、4階層の中ではプロダクトのCoreの抽象度がもっとも高く、Why、What、Howと下に行くほど抽象度は低くなる。だからといって、上から順番に検討することを推奨するわけではない。4階層は上から下へ、下から上へと行ったり来たりしながら徐々にブラッシュアップしていくことで、仮説検証の効果を発揮できる。
　コーヒー飲料の例に戻ろう。コーヒー飲料の企業に勤めていて画期的な新製品をつくらなければならない場合、プロダクトのWhatがコーヒー飲料であることは決定事項だろう。プロダクトのWhatにコーヒー飲料を据え置いたあとに、プロダクトのWhyとして他のコーヒー飲料が達成できていないペインやゲインを検討するのがよい。また、コーヒー飲料の企業に勤めているのではなく、新たにフードテック企業の立ち上げを想定していて、「人が集中できるモノをつくりたい」という強いビジョンをすでにもっているなら本当につくるべきものはコーヒー飲料ではないかもしれない。Coreから順番に考えていくのがいいだろう。
　どこの階層から考えるとしても4つの階層に一貫性をもたせるために、1つの階層の検討が終わり、次の階層に進むときにはFit&Refineという作業を実施してほしい（図表3-3）。
　Fitとはぴったり合うという意味で、1つの階層を検討したあとにそこより1つ上の階層と適合しているのかを確認する作業である。プロダクトに関わる人数が

多くなったり、機能についての議論が白熱したりすればするほど、気がついたときにはユーザーの課題とこれからつくろうとしている機能が適合しないことが起きてしまいがちである。1つの階層を検討したあとには目の前の成果物に執着せずに、一度落ち着いて抽象度が1つ高い階層と見比べることを忘れないでほしい。

　Refine とは洗練するという意味で、1つの階層を検討したあとに、そこより1つ上の階層をブラッシュアップする作業である。たとえば、プロダクトの What の階層で機能を考えることを通してターゲットユーザーの理解が進み、ユーザー像をより具体的に書くことができるようになることや、プロダクトの Why の階層でペインとゲインを検討することで市場の理解が進み、Core であるビジョンをより洗練させることができる。抽象度を変えながら思考の解像度を上げて、プロダクトをアップデートしていく姿勢が重要である。

　このように、Fit&Refine を繰り返すことで4つの階層間でのズレを取り除き、4つの階層が仮説の連鎖を反映するつくりとなり、プロダクト全体に一気通貫した強い軸をつくることができる。

　つまり、プロダクトの4つの階層は一度並べて終わるものではない。4つの階層

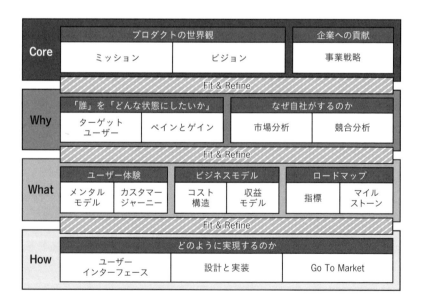

図表 3-3　プロダクトの4階層における Fit & Refine

のおおまかな仮説を立案し、素早く How となるプロダクトをつくることも重要だが、必要な仮説や事実が出揃っていてプロダクトに強い軸が通っていると自信をもつことができるまで抽象度を上げたり下げたりしながら、Fit&Refine を繰り返していくことも欠かせない。プロダクトライフサイクルを通して、プロダクトの 1 つの階層を変更したときにはプロダクト全体に影響があることを忘れず、4 つの階層の仮説が連鎖しているかを確認してほしい。

3.2 プロダクトマネージャーに必要なスキル

プロダクトマネージャーには、大きく 6 つのスキルが求められている（図表 3-4）。これらのスキルを発揮することで、ユーザー価値と事業収益を向上させ、最終的にビジョンの実現を目指すことができる。

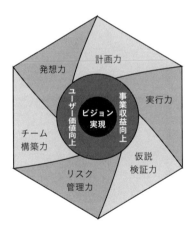

図表 3-4　プロダクトマネージャーに必要な 6 つのスキル

3.2.1 発想力

プロダクトマネージャーはプロダクトが進むべき方向を指し示し、一歩を踏み出さなければならない。ビジネスモデルを創出すること、既存の機能を組み合わ

せて新しい価値を提案すること、ステークホルダーとのよいコミュニケーション
の取り方など、すべては新しい発想によって行われる。発想をするために、つね
に情報感度を高くしておくことや思考をめぐらせておくことにより、プロダクト
をさらに進化させるアイデアを発想する力を高めることができる。

→ 4.7.3 新しいアイデアを発想する

3.2.2 計画力

　プロダクトマネージャーには発想したものを計画する力も求められる。発想し
たものをすべて実行するのではなく、ユーザーに提供できる価値が大きくなるも
のから順番に優先度づけをする必要がある。ここでいう計画力とはガントチャー
トを作成したり、リリースまでのマイルストーンを組み立てたりすることなどで
はない。これらはプロジェクトマネージャーに求められるものである。プロダク
トマネージャーに必要な計画力は中期的なロードマップの作成や指標の立案など、
プロダクトを着実に成功へと向かわせる力である。

3.2.3 実行力

　プロダクトマネージャーはプロダクトを設計するだけではなく、プロダクトの
Core から How までのすべての階層に責任をもたなければならない。プロダクト
マネージャー自身がプログラミングしたり、UI をデザインしたりすることはなく
とも、基礎的な知識をもっておく必要がある。また、大きな絵を描くだけではな
く、多くの人の力をまとめて実現させる力も欠かせない。机上の空論で終わらせ
ず、どんなハードルがあったとしても実行することが求められている。

3.2.4 仮説検証力

　プロダクトに関わるすべてのものは仮説である。プロダクトマネージャーの仕
事は新たな仮説をつくり、それを検証する作業の繰り返しといえる。すべてが仮
説であることを理解し、小さなリスクを取って素早い仮説検証サイクルを回すこ

と、そして何が仮説で何が検証済みの事実であるのかを論理的に考え、さまざまな数字と向き合う力もプロダクトマネージャーの必須スキルである。

PART I

PART II

PART III

PART IV

PART V

PART VI

(3.2.5) リスク管理力

プロダクトのリスクを見積もり、対処する力も求められる。どれだけ魅力的なプロダクトであったとしても、法に触れていたり、倫理にもとっていたり、脆弱性がある場合にはサービスの継続が難しい。一方で、リスクばかり気にして石橋を叩いて渡り続けていてはスピード感を失ってしまう。各意思決定にどれだけのリスクがあるのか、リスクを軽減する方法はあるのかを把握し、プロダクトのライフサイクルに合わせて適切にリスクを管理する必要がある。

(3.2.6) チーム構築力

どれだけ優秀なプロダクトマネージャーであったとしても1人ではプロダクトをつくることはできない。プロダクトマネージャーはピープルマネージャーではないが、ステークホルダーをまとめプロダクトチームを率いることが求められているため、チーム構築力も必須である。チーム構築のスキルはソフトスキルとハードスキルからなる。ソフトスキルとは、リーダーに必要なコミュニケーションスキルである。心理的安全性についての理解や、他者とのネゴシエーションスキルも含まれる。ハードスキルについては、エンジニアと協業するためのソフトウェア開発プロセスやDevOpsなどの運用手法の理解などが含まれる。

プロダクトチームの特性やプロダクトのステージによって、これら6つの中で必要になるスキルのバランスは変化する。プロダクトマネージャーとしてこれらのスキルを身につける努力をすることが望ましいが、すべてのスキルがなければプロダクトマネジメントができないわけではない。各スキルの伸ばし方については Chapter17「プロダクトマネージャーのスキルの伸ばし方」で述べるので、まずは本書を読み解くことでプロダクトマネージャーが6つのスキルを活かしてどんな仕事をするべきであるのかを学んでほしい。

PART

II

プロダクトを育てる

Chapter *4*　プロダクトの 4 階層

Chapter *5*　プロダクトの Core

Chapter *6*　プロダクトの Why

Chapter *7*　プロダクトの What

Chapter *8*　プロダクトの How

Chapter *4*

プロダクトの4階層

PART II では「プロダクトを育てる仕事」、すなわちプロダクトの4階層（図表 3-1）であるプロダクトの Core、Why、What、How の仮説を立て、その検証をしていくことについて解説する。

 ## 4.1 プロダクトの Core：ミッションとビジョン、事業戦略

プロダクトの Core は、その名の通りプロダクトの核となるものを表す。具体的な成果物は、プロダクトのミッションとビジョンや事業戦略である。Chapter 1「プロダクトの成功とは」でも述べた通り、プロダクトの成功はユーザー価値と事業収益だけではなく、プロダクトのビジョンの実現も目指さなければならない。「プロダクトを実現する意義」となるプロダクトのミッションとビジョンを設定する。合わせて、プロダクトに与えられた事業戦略もプロダクトの Core の一部として管理しておくとよい。

 ## 4.2 プロダクトの Why：「誰」を「どんな状態にしたいか」、なぜ自社がするのか

プロダクトの Why は、プロダクトを実現する目的を表す。ユーザー側の目的である「誰」を「どんな状態にしたいか」と、プロダクト側の目的である「なぜ自社がするのか」の大きく2つの側面がある。

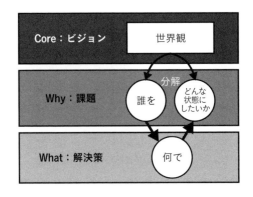

図表 4-1 「誰」を「どんな状態にしたいか」

「誰」を「どんな状態にしたいか」はプロダクトの Core であるビジョン（世界観）から導かれる（図表 4-1）。ビジョンを達成するための「誰」（ターゲットとするユーザー）と、「どんな状態にしたいか」（そのユーザーの課題が解決されている状態）の組合せは何通りもあるはずである（図表 4-2）。その組合せの中からどれを選ぶことでもっとも大きなユーザー価値と事業収益を生み出すことができ、同時にビジョン達成に貢献するのかを優先度づけして選択することでプロダクトの方針を決定することができる。

　プロダクトの方針を検討するにあたって、プロダクトの価値を提供したい対象

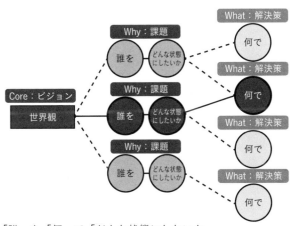

図表 4-2 「誰」を「何」で「どんな状態にしたいか」

者を選ぶことから始める。本書ではここまでプロダクトの対象者を指すために、ユーザーという言葉を用いてきた。ユーザーとはその言葉の通り、プロダクトを利用する人のことを指す。1つのプロダクトの中に、複数の種類のユーザーが存在することもある。たとえば料理レシピの共有サービスであれば、レシピの書き手と読み手の2種類のユーザーがいる。スマートフォンアプリのストアでは、アプリを開発する企業のユーザーとアプリを利用する個人のユーザーがいる。プロダクトが対象とするユーザーを選ぶときには、すべての種類のユーザーに価値を提案できるものになっているかどうかを確認してほしい。

ユーザーとは別に、決裁権をもち支払いを担当する対象者のことを本書では顧客とよぶ。たとえば企業向けのプロダクトであれば、導入を意思決定する社内システム部を顧客、実際に利用する各事業部をユーザーと区別する。他にも、子ども向けに勉強をサポートするプロダクトである場合、顧客は親であり、ユーザーが子どもとなる。

ユーザーと顧客の定義の違いは広く知られたものではあるが、明確に用語を使い分けていないこともある。本書で紹介する一部のフレームワークではユーザーのことをカスタマーとよんでいるものがあるため、フレームワーク内の固有名詞を紹介するときに限ってカスタマーという言葉を用い、それ以外の部分ではユーザーと顧客という言葉を上述の定義に従って使い分ける。

プロダクトの方針を決定するうえで「なぜ自社がするのか」という視点は欠かせない。他社ではなく自社だからこそ提供できる価値とは何か、その価値の源泉となる自社の強みは何かを理解しておくことで他社には真似できず、自社の強みを存分に活かした強いプロダクトをつくることができる。

プロダクトの Why を検討するために、本書では以下の方法論を紹介する。

①「誰」を「どんな状態にしたいか」

・MVP

・バリュー・プロポジションキャンバス

・プロダクトのペインとゲイン

・ユーザーインタビュー

②なぜ自社がするのか

・PEST 分析

・ファイブフォース分析

・SWOT 分析、クロス SWOT 分析

・STP 分析

4.3 プロダクトの What：ユーザー体験、ビジネスモデル、ロードマップ

　プロダクトの What とは、プロダクトによる解決策を表す。主にユーザー体験とビジネスモデルから構成される。これら 2 つをどの精度でどの順番に達成していくのかを表す指標とロードマップも含まれる。

　プロダクトのユーザー体験とビジネスモデルを設計するうえでもっとも重要なことは、この 2 つの検討をするときに同じ前提条件を用いることである。ユーザー体験とビジネスモデルを検討するときにそれぞれ別のユーザー像や課題を想像していてはプロダクトに整合性が取れなくなる。そのため、ユーザー体験とビジネスモデルは足並みを揃えて設計しなければならない。

　プロダクトの What を検討するために、本書では以下の方法論を紹介する。

・ペルソナ

・メンタルモデルダイアグラム

・カスタマージャーニーマップ

・ビジネスモデルキャンバス

・ロードマップ

・指標（KPI と North Star Metric）

4.4 プロダクトの How：ユーザーインターフェース、設計と実装、Go To Market など

　プロダクトの How は、プロダクトの具体的な実現方法を表す。この階層では、プロダクトマネージャーが主体的に手を動かすことはないがプロダクトの Core から How までのすべてに責任をもたなければならない。本書ではプロダクトマ

ネジメントをするうえで、意思決定に関わる以下の要素を紹介する。

- ユーザーストーリーとユーザーストーリーマッピング
- プライバシーポリシーと利用規約
- 障害に備える

4.5 プロダクトの 4 階層の中における 仮説検証

プロダクトの 4 階層はそれぞれの階層の仮説が連鎖していると述べた。プロダクトの How となる機能をリリースしたあとに、ユーザーからのフィードバックを得ることで一連の仮説を検証することができる。そして、ユーザーにリリースする前にインタビューを実施することも可能である。リリース前に仮説検証をすることで、手戻りが少ないプロダクトマネジメントができるようになる（図表 4-3）。

実施する 1 つ目のタイミングはプロダクトの Why の検討が終わったあとである。ターゲットとするユーザーが、解決しようとしているペインとゲインを実際に抱いているのかを検証するとよい。2 つ目のタイミングはプロダクトの What の検討をしたあとである。提供しようとしている解決策でユーザーのペインとゲインが解決されるかをインタビューするとよい。

初めに決めたスケジュール通りにプロダクトの Core から How を実施することを目指してはならない。ステークホルダーとの調整があるとスケジュールを守ることを重視してしまいがちになるが、プロダクトをつくることは仮説検証であることを思い出してほしい。

あらかじめ想定していた仮説が間違っていることがインタビューで検証されたなら、スケジュールを優先して開発フェーズに進んだとしてもその機能は無駄になってしまう。ユーザーに価値を届けるための仮説検証の姿勢を忘れないためにも、階層間のユーザーインタビューは重要である。

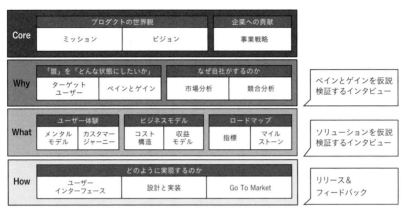

Core	プロダクトの世界観		企業への貢献
	ミッション	ビジョン	事業戦略

Why	「誰」を「どんな状態にしたいか」		なぜ自社がするのか		
	ターゲットユーザー	ペインとゲイン	市場分析	競合分析	ペインとゲインを仮説検証するインタビュー

What	ユーザー体験		ビジネスモデル		ロードマップ		
	メンタルモデル	カスタマージャーニー	コスト構造	収益モデル	指標	マイルストーン	ソリューションを仮説検証するインタビュー

How	どのように実現するのか			
	ユーザーインターフェース	設計と実装	Go To Market	リリース&フィードバック

図表 4-3　プロダクトの 4 階層での仮説検証

4.6　プロダクトの方針を可視化する

　実際にプロダクトの検討を始めると、長期にわたり膨大な作業が生じる。そこで、検討した結果を 1 枚にまとめ、俯瞰して全体を意識しながら検討できるフレームワークを用意しておきたい。フレームワークを使うと検討されていることと検討されていないことが一目瞭然となり、プロダクトチームが働きやすくなる。決まったことだけではなく、まだ決まっていないことも可視化していくとよい。

4.6.1　リーンキャンバス

　プロダクトの方針を 1 枚にまとめるには、リーンキャンバスが最適である。リーンキャンバスは、『Running Lean』の著者アッシュ・マウリヤにより提唱された。キャンバスの左側にプロダクト、右側に市場についての情報を記載して、プロダクトと市場が一致しているかを確認することができる（図表4-4）。リーンキャンバスは図表4-5 に示すように 9 つの項目から構成されている。各項目を記述し、各々のつながりを見ることでプロダクトを網羅的に検討することができる。

課題 Problems	ソリューション Solution	独自の価値提案 Unique Value Proposition (UVP)	圧倒的な 優位性 Unfair Advantage	カスタマー セグメント Customer Segment
既存の代替品 Existing Alternatives	主要指標 Key Metrics	ハイレベル コンセプト High Level Concept	チャネル Channels	アーリー アダプター Early Adopters
コスト構造 Cost Structure			収益の流れ Revenue Streams	

図表 4-4　リーンキャンバス

図表 4-5　リーンキャンバスの各項目

項　目	内　容
課題	右端の「カスタマーセグメント」が抱えている課題について記載をする。また、「既存の代替品」の欄にはその課題を現在解決している代替の手段を記載する　　➡ 6.1 ターゲットユーザーと価値の組合せを選ぶ
ソリューション	どんな機能でユーザーの課題を解決するのかを記載する。 ➡ 7.1 解決策を発想する
主要指標	ソリューションを提供するうえで指標となるもの。すべての指標を記載するのではなく、主要なもののみ記載する　➡ 7.4.3 評価指標を立てる
独自の価値提案	プロダクトが提案する価値が何であるのかを記載する。また、「ハイレベルコンセプト」には独自の価値提案がユーザーに一言で伝わるコピーを記載する
圧倒的な優位性	ソリューションが簡単に真似されるものではなく、自社だから提供できる優位性を記載する　　➡ 6.2 なぜ自社がするのか
チャネル	「カスタマーセグメント」にアクセスするための手段を記載する ➡ 7.2.2 ユーザーを理解する
カスタマーセグメント	ターゲットにするユーザーについてセグメントを記載する。また、「アーリーアダプター」にはカスタマーセグメントの中でも、もっとも早く利用を開始する層を記載する　➡ 6.2.3 ターゲットと価値の方針を定める
コスト構造	プロダクトを実現するために必要な初期投資やランニングコストを記載する　　➡ 19.1.5 コストの考え方

PART I

PART II

PART III

PART IV

PART V

PART VI

収益の流れ	プロダクトを実現することによって得られる収益と、その支払元を記載する　　　　　　　　　　　　　　　　　➡ 19.1.2 収益モデル

　リーンキャンバスとプロダクトの Core、Why、What は図表 4-6 のような対応関係になる。リーンキャンバスの中心に Core があり、その両側に What、両端にWhy が位置する。

　リーンキャンバスを記載するときもただ枠を埋めるのではなく、Fit & Refine と同様に項目間に整合性が取れているかを意識するとよい。

Core		Why		What
課題 Problems	ソリューション Solution	独自の価値提案 Unique Value Proposition (UVP)	圧倒的な 優位性 Unfair Advantage	カスタマー セグメント Customer Segment
既存の代替品 Existing Alternatives	主要指標 Key Metrics	ハイレベル コンセプト High Level Concept	チャネル Channels	アーリー アダプター Early Adopters
コスト構造 Cost Structure			収益の流れ Revenue Streams	

図表 4-6　リーンキャンバスとプロダクトの Core、Why、What の対応関係

4.6.2　マイルストーン

　リーンキャンバスをまとめたらスケジュールとゴールも作成しておく必要がある。図表 4-7 はリーンキャンバスを作成するまでの大まかなスケジュールをプロダクトの Core から How に分けて記載したものである。四角は各階層における締切と必要な意思決定を表し、「F&R」と記載した矢印は階層間の Fit を確認し、Refine することを表している。

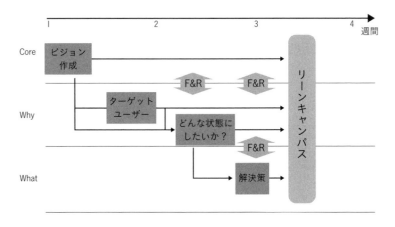

図表 4-7　リーンキャンバスを作成するまでのマイルストーン

　ここで作成するマイルストーンは、計画にすぎない。実際にユーザーインタビューを実施して新しい気づきを得た場合にはマイルストーン通りに進行することよりも、必要な仮説検証を十分に実施することを優先してほしい。チームでどれくらいの時間をかけてどんな成果物をつくっていくのかをあらかじめ合意することは議論を円滑にするため、マイルストーンは用意しておきたい。

 プロダクトをつくる心構え

4.7.1　仮説検証の重要性

　本格的にプロダクトをつくり始める前に、なぜ仮説の構築と検証が必要であるのかを改めて述べておきたい。プロダクトに何か1つの機能を追加する意思決定をするとき、その機能は必ずプロダクトの成功への一歩になっているはずである。しかし、私たちは未来を予知することはできず、どれだけ頭の中で考えたとしても本当にその機能にユーザーが価値を感じるのか、最終的にビジョンの達成に近づくのかは提供したあとにしかわからない。
　つまり、プロダクトを成長させるための一つひとつの意思決定は仮説である。

実際にユーザーに提供したあとは、その仮説が正しかったのかどうかを検証して、引き続き同じ仮説に則ってプロダクトを成長させるのか、それとも別の仮説を新しく立てるのかを検討することが求められる。

そのため、最初からプロダクトの先々まで詳細に計画をすることはおすすめしない。大まかな長期計画を立てることはもちろん重要ではあるが、あまりにその詳細までを計画していても、その前提としている仮説が覆ってしまうと計画は意味のないものになってしまう。頭の中だけで描いた通りにプロダクトをつくるのではなく、ユーザーの声を適切なタイミングで聞きながらプロダクトをつくり上げる姿勢をもってほしい。

また、プロダクトチームとして何を仮説として置いているのか、何が検証された仮説であるのかの認識を合わせることも重要である。たとえば、プロダクトマネージャー間で想定しているターゲットユーザーが異なる場合には、UX が一気通貫せずに正しい仮説検証を実施することができない。プロダクトが生まれて間もない段階でどんなユーザーに使ってもらえるかがわからないからといって、ターゲットユーザーを決めないのは誤りである。プロダクトチームとして、どんなユーザーに価値を提供するのか、どんなユーザーを中心にプロダクトを成長させることができるのかという仮説をしっかりともって、検証を繰り返していくことが重要である。

(4.7.2) MVP とは

MVP(Minimum Viable Product) とは「実用最小限の製品」という意味である。機能をつくり込んでからプロダクトをリリースするのではなく、実用最小限の単位でプロダクトをつくり価値検証することを促すものである。ここでいう「実用最小限」とは、プロダクトの価値をユーザーに提案することができる最小限を意味する。プロダクトをリリースするときには、初めから細部までつくり込みたくなるが、プロダクトがまったく使われないものになってしまう可能性があることを考えると細部までつくり込むより先に、本当にそのプロダクトがユーザーにとって価値を提供するものであるのかを確認するほうがよい。

プロダクトマネージャーは与えられたリソースを最大限に活用するために、効

PART I

PART II

PART III

PART IV

PART V

PART VI

率よく価値検証するための優先順位を決める。可能な限り不確実性のリスクを最小化して、ユーザーに価値を提案していくことになる。そのために MVP を用いた仮説の構築と検証は不可欠となる。

4.7.3 新しいアイデアを発想する

　プロダクトの Core から How までの各階層で、プロダクトマネージャーはつねにアイデアを出すことが求められている。これは、面白い企画を発案するという意味だけに留まらず、市場でどのような戦略で戦うのかやステークホルダーと良好な関係を築いていくためのアイデアも含まれる。質がよいアイデアを数多く並べ、そこから最適な選択をすることを繰り返していくことでプロダクトをよりよいものにすることができる。

　多くの人がアイデアを考える際、課題と解決策のセットを 1 つのアイデアとして捉えている。しかしアイデアは本来、課題と解決策に分離可能である（図表4-8）。思いついたアイデアは一見きれいにまとまっているように見え、発想した本人も思い入れが強くなっていることも多いが、アイデア自体を課題と解決策に分離してそれぞれを検討することでさらに発想が広がることがある。

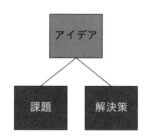

図表 4-8　アイデアを課題と解決策に分解して発想する

「課題は本当に存在するのか？」「ターゲットと考えるユーザーにとっての重要な課題なのか？」「解決策はその課題を解くための最善の課題なのか？」といったことを自分に問いかけて、アイデアを客観視するとよい。その結果、課題設定自体に問題を見つけることもあれば、よりよい解決策を考えつくこともある。画期的だと思えるようなアイデアを思いついたとしても、あえて課題を見直し、他の解

決策がないかを模索してほしい。

(1) グループでの発想法

　アイデア発想は1人で行う場合もあるが、それで完結することはあまりない。誰かにフィードバックをもらったり、複数人で一緒にブレインストーミングをしたりすることが通常であろう。このとき、アイデア発想がうまくいかない4つの罠が潜んでいる。

　1つ目の罠は「アイデアソードファイト」である。ソードファイトとは刀で斬り合うこと、つまり「自分のアイデア vs. 他人のアイデア」という視点で互いに脚を引っ張り合ってしまうことである。これでは互いに消耗し合うだけで何もよいアイデアは生まれない。

　2つ目は「批判一辺倒」である。どのアイデアも欠点がある、と徹底的にダメ出しをする。アイデア発想の段階ではリスクを考える以上に、どのようにしてユーザーにこれまでにない価値を提供するかというポジティブな視点が必要となる。批判ばかりでは発想が萎縮してしまい、保守的なアイデアばかりになってしまうだろう。

　3つ目は「自己投影思考」である。ペルソナが定まっていれば、そのペルソナが価値を感じる場面をつくっていくのがプロダクトマネージャーのすべきことだが、「自分がしたいことは……」と自分がプロダクトに盛り込みたいことを一方的に押しつけてしまう姿勢のことをいう。スティーブ・ジョブズのようにそれでうまくいってしまうこともあるが、非常に稀な例といえる。

　4つ目は「結論を急ぐ」である。アイデア発想はさまざまな視点や観点からプロダクトの価値を創造するプロセスなので、いきなり解決策を導こうとするのは早計である。解決策は十分に他の可能性も検討したうえで議論されなければ、大切なポイントを見落としてしまう可能性がある。

(2) アイデアを発想する思考の枠組み

　新しいアイデアを発想するための数多くの枠組みの中から代表的なものを図表4-9に示す。各階層で新しいアイデア発想に困ったときはこれらの思考の枠組みを活用してほしい。

アイデア発想にはこれら以外にもデザイン思考、マインドマップや5W1H法などさまざまな方法がある。詳しい解説や使用法についてはそれぞれの解説書に譲りたい。

図表 4-9 アイデア発想の思考の枠組み一覧

アイデア発想法	解　説
Ask why in a hard way「なぜ?とハードに突っ込んでいく」	「なぜ宇宙エレベーターは存在しないのか?」や「なぜ湯のみでコーヒーを飲んではいけないのか?」といったように世の中のあたり前や現状維持の姿勢、世の中に「まだないこと」に対して「なぜ?」と問いかけていく手法 その姿勢の根本にあるのは「世の中のあたり前に挑戦し、つねに現状維持に疑問をもて」(Challenge the assumption. Question the status quo.) という言葉である。「なぜ」と問う姿勢は深掘りするだけでなく、「問いかける視点」にも着目すると視野が開ける
属性分解	対象を構成する属性に分解してアイデアを発想する手法。たとえば対象を「素材」「形状」「色」「置く場所」といった属性に分解したあと、それぞれの属性に対して「素材」なら「プラスチック」「金属」「化学繊維」といった要領で分解する。それらの属性から、いままでにはなかった新しい組み合わせを見出す ポイントは、1つのプロダクトからどのような属性(切り口)を導き出せるかである。アイデア発想の段階では切り口は多ければ多いほど盲点に気づくことができる
マンダラート	多くの関連キーワードを得るための手法。9つのマス目を入れた正方形を用意し、中央に発想の対象とするキーワードを記述し、その関連語を隣接する8マスに記載する。次はその関連語に対してそれぞれ8つのキーワードを発想していき、計72個の関連語を発想することができる
SCAMPER	対象を以下のようなさまざまな行為をしてみることによってアイデアを発想する手法。これら英単語の頭文字を取ってできた言葉である ・Substitute(代替) ・Combine(結合) ・Adapt(何かに合わせる) ・Modify(拡大・縮小・変更) ・Put to another use(別のユースケースやユーザーに持ち込む) ・Eliminate(削る) ・Reverse(ひっくり返す)

ペアデザイン (Pair design)	主にデザインで用いられる手法であり、二人一組、アイデアを発散する人とアイデアを収束する人に分かれて、アイデアの発散と収束を 15 分間で行う。それぞれに次のような役割が設定される。アイデアを発散する人は、多角的にアイデアを広げることだけに集中する 一方アイデアを収束する人は言語化し、細かく合いの手を入れアイデアを収束させることだけに集中する。15 分でよいアイデアが出ない場合は、人や役割を交代することで効率のよいアイデア出しができる
よび名を 変える	人はプロダクトにすでにつけられている名前から、そのもののもつ機能などを規定してしまう。扇風機を開発すると決めたならば、羽根が回転する家電機器を想定してしまいがちである。しかし、涼風を提供するものをつくるならば、既存の扇風機の概念を大きく超えたものであってもよい。ダイソンの扇風機などは、扇風機をつくると決めていたら出てこなかったアイデアかもしれない
制約条件を 与える	プロダクトを 10% 改善するだけなら、従来の発想の延長線上で可能だろう。しかし、それが 10 倍の成長を目指すとなったら、根本から発想を変えなければならない。制約条件を与えてみることで、創造性を刺激することも時には必要である。選択肢が多くアイデアが豊富にある場合にも、制約条件があることでアイデアに締まりを出すことができる
制約条件を 外す	自分たちが無意識のうちに発想に制約をかけている心理的な制約を一度外すことで、枠にとらわれない発想も可能となる。たとえば、「もし、ネットワーク速度に制限がなかったら」「もし、自分たちが完全にビジネスリソースが揃っている世界にいたら」といった考えである

PART I
PART II
PART III
PART IV
PART V
PART VI

Chapter 5

プロダクトの Core

　プロダクトの Core はプロダクトの核となる 4 階層の中でもっとも抽象度が高い階層である（図表 5-1）。主にプロダクトの世界観（ミッション、ビジョン）と企業への貢献（事業戦略）の 2 つのことを考える。

　プロダクトの世界観はプロダクトの最後の拠り所ともなるもので、ミッションやビジョンという形で表現される。企業への貢献とは、企業の中でプロダクトが果たすべき役割を指す。全社戦略の中でプロダクトが担う戦略をここでは事業戦略とよぶ。

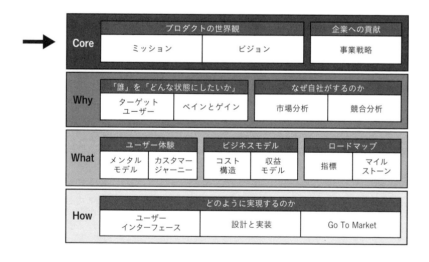

図表 5-1　プロダクトの 4 階層における Core

5.1 プロダクトが向かう ミッションとビジョン

5.1.1 プロダクトの世界観とは

　プロダクトの世界観はプロダクトマネジメントの大本である。プロダクトの方向性をプロダクトのユーザー、プロダクトのサプライヤー、プロダクトに期待する投資家、そしてプロダクトに関わる従業員に示すものである。ミッションやビジョンという言葉で表されることも多い。

　プロダクトを提供することでどのような未来をつくりたいのか、プロダクトは将来どのような姿であるべきなのかといったことを考えよう。プロダクトのアイデンティティといってもよい。

　エンタープライズソーシャルネットワークの世界的企業である LinkedIn は次のようなミッションとビジョンで自分たちのつくり出す世界とプロダクトの将来を表している[1]。

　　ミッション
　　LinkedIn は、世界中のプロフェッショナルの仕事とキャリアを支援することをミッションに掲げています。

　　ビジョン
　　LinkedIn は、世界中のプロフェッショナルをつなぎ合わせ、それらの人に経済的機会を提供することを目指しています。

　世界中のプロフェッショナルの仕事とキャリアを支援することでプロフェッショナル同士がつながり、その結果ユーザーに経済的な機会が提供される世界を目指していることがわかる。

　カナダの EC プラットフォーム提供企業である Shopify は以下のミッションを掲げている。

　　すべての人のために商売（コマース）をよくする

※1　2020 年時点。

ここには Shopify の EC プラットフォームプロダクトとしての理想の将来像が示されている。

5.1.2 プロダクトの世界観のつくり方

　プロダクトの世界観を設定する際には、その抽象度に注意したい。独自性をもたせるためには抽象度を下げて具体的な要素を含めるべきであるが、具体的すぎると世界観が小さくなる。より多くのユーザーへのインパクトを考えた場合、ある程度の世界観の広がりがほしい。抽象度が低いと立ち返る軸としても心もとない。スタートアップや新規事業では、初期の事業仮説が立証できずにピボット（戦略や方針の転換）をすることがままあり、プロダクトの世界観はその拠り所にもなる。プロダクトの世界観が具体的であると、いま手がけているものとは別の打ち手を出せず、その事業をあきらめることになる。

　プロダクトの世界観には、人の心に訴えかけるエモーショナルな要素もほしい。自分たちの手がけるプロダクトが、いかに社会や人々にインパクトを与えるかを訴えられるものになっている必要がある。人材採用の際に、候補者に共感してもらえるかどうかなどの視点で考えてもよい。プロダクトの世界観は自分たちの行き先を示すものであるが、その行き先は輝くものであり、冒険の末にたどり着くことを夢見る場所でありたい。

　プロダクトを立ち上げて間もない段階では、プロダクトマネージャーやステークホルダーなどそのプロダクトの立ち上げをもっとも望む人が、プロダクトの世界観を決めるとよい。立ち上げてすぐに策定し、そのまま何年も使い続けるのではなく必要に応じてアップデートしていくことが望ましい。

　スタートアップのように小規模な組織の場合、関係者全員でつくり上げていくことも多い。全員で自分たちのプロダクトの世界観や存在意義などについて見つめ直す時間をもち、徹底的に議論し、文言の一字一句までこだわる。

　一方、ある程度の規模がある組織の場合、少人数のコアメンバーで決めていくことが現実的となる。ほぼすべてをコアメンバーで決める場合と、コアメンバーで作成したたたき台をもとに全員で最終決定する場合がある。組織のマネジメントスタイルがトップダウン型かボトムアップ型かによっても異なる。

　議論の仕方は千差万別であるが、プロダクトのいままでの経緯をふりかえったり、議論するメンバーの想いを募ったりすることから始めてもよい。

　ここまでプロダクトの世界観という言葉でプロダクトのアイデンティティとなるものを説明してきたが、一般にはすでに説明したように、ミッションやビジョンという言葉で表されることが多い。ミッションやビジョンの定義は組織によって異なるが、本書ではビジョンという言葉をプロダクトの世界観という意味で用いる。

(5.1.3) プロダクトを成功させるためのルール

　プロダクトの成功とは、ビジョン、ユーザー価値、事業収益をバランスを取りながら満たすことであった。仮にそれがうまくいったとしても、そこに至る方法にプロダクトチームが誇りをもてなければ、チームとして成功といえるだろうか。たとえば、メンバーによっては連日続く残業で家族との時間を十分にもつことができなかったり、何かの犠牲のうえにプロダクトが成り立っていたりすることで、プロダクトに誇りをもつことができないこともあるだろう。ビジョンを達成した世界だけではなく、そこに到達する過程にもプロダクトマネージャーは気を配らなければならない。

　明確にビジョンの文言としては言語化されていないとしても、ビジョンの背景にはプロダクトチームとして誇りがもてている状態も含まれているはずである。ビジョンはプロダクトのユーザーの目指すべき状態を記載するものであるが、実際にはプロダクトチームの状態をはじめ、明確には言語化されていない要素が多くある。

　これらを拾うにはミッションとビジョンを検討したときに出てきたキーワードを書き留めて、プロダクトチームとして大切にしたい事項をリスト化するとよい。プロダクトチームとして大切にしたい事項を1〜10位まで優先度づけしたものを「大切なものランキング」とよんでいる（図表5-2）。これは、きれいごとだけではなく、実際にプロダクトを成功させるために譲れないものをチームとして決めたものとして、リアルな判断軸となるものである。

　「大切なものランキング」は後述するインセプションデッキ（プロジェクトの全

ABC プロダクトの 大切なものランキング

1. リリース半年後に、新規ユーザーの１週目継続率を 40%
2. サービスが成り立たなくなるような重篤なバグがない
3. 週の残業は 8 時間まで（リリースまで）
4. 今年 12 月までにリリースをする
5. エンジニアは 3 人（A さん、B さん、C さん）で完結する
6. 週の残業が 2 時間まで
7. 直感的にすぐ使える UI
8. 自分たちがつくったと胸をはれるプロダクトである
9. 今年 2 月までにリリースをする
10. リリース 3 ヶ月後に、新規ユーザーの１週目継続率を 40%

※ 決定事項
- この案件にかけられる予算（社内人件費を除く）は本年度 1200 万円まで
- リリース前には必ず MVP を作成し、少人数のユーザーグループに限定的にリ　　　※ 有効期限
リースをする。その結果により必要があればこのリストの優先度を再検討する　　20XX 年 9 月まで

図表 5-2　大切なものランキングの例

体像を捉え、期待をマネジメントするためのツール）という手法の中で紹介され
るトレードオフスライダー（主に品質・期間・スコープ・予算の 4 点をスライダ
ー形式で優先度をつけるもの）に似ている。トレードオフスライダーもコンパク
トで使いやすいが、大切なものランキングならではの特徴を挙げておく。

　大切なものランキングは 1 列に並んでおり、明確に優先順位がついている。図
表 5-2 のランキングであれば「10. リリース 3 ヶ月後に継続率が 40%」よりも
「9. 今年 2 月までにリリースをする」のほうが大切なので、初回リリースは継続
率が低いとしても、小さなスコープでリリースをすることがより大切であること
を表している。「3. 週の残業が 8 時間まで（リリースまで）」といった働き方に関
する指標も自由に追加することができる。これは「2. 重篤なバグがない」よりは
優先度が低いため、基本的には無理をしない開発体制を構築しつつ、何か重篤な
問題がおきたときにはその限りではないことの合意を表す。

　同じ指標の項目に対して数値を変えて複数並べることもできる。例には、「9. 今
年 2 月まで」と「4. 今年 12 月まで」のリリースに関して重複したスケジュール
が含まれている。「2 月にリリースできるとありがたく、遅くとも 12 月までには
リリースをしなければならない」といった状況はよく発生する。「9. 今年 2 月ま
で」と「4. 今年 12 月まで」の間に挟まれている項目の優先度が、「9. 今年 2 月

PART I

PART II

PART III

PART IV

PART V

PART V

まで」よりも優先度が高いことを表している。

　ランキング下部の「決定事項」はすでに決定しているため、優先度をつけて柔軟に対応できないものを表している。何があっても実施すべきことや、反対に実施しないと決めていることを記載してほしい。

「有効期限」を決めておくことも重要である。ランキングは必要に応じて変更を繰り返すものであるが、マイルストーンに合わせてつくり直す機会を設けておくとチームとして健全な状態が保たれる。

　大切なものランキングはプロダクトの意思決定を助けることにもつながる。チームで議論したことを可視化しておくことで、チームとして大切にすることの目線を合わせることができる。互いに大切にしていることを尊重し合って、どの目線での発言であるのかを理解し合うこともできるだろう。

　大切なものランキングに沿わない意思決定が必要になることがあれば、それはランキングをつくり直すときである。そのときまでの意思決定はすべてランキングに則ってされてきたことを思い出してほしい。ランキングを大きく修正するということは、これまでの意思決定の軸をすべて変更することになるのでプロダクト全体を見直さなければならない。

　プロダクトをつくる途上では大変な時期を乗り越えなければならないこともあるが、あらかじめチーム全員で大切にすることの順位づけに合意しておけば、意思決定に納得感が生まれる。チームビルディングの一貫として、キックオフ時に関係者で集まって、何を大切にするチームであるかの認識をすり合わせておくとよい。

5.2　事業戦略

5.2.1　全社戦略と事業戦略

　プロダクトのビジョンとミッションは、全社的なビジョンとミッションに紐づけてつくると説明した。同様に、プロダクトの事業戦略についても全社戦略を意識するのがよい（図表5-3）。

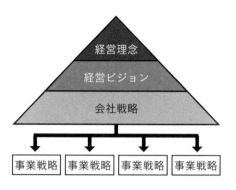

図表 5-3　全社戦略と事業戦略

　全社戦略には、他の事業との組合せとなるポートフォリオや事業間のシナジー、リソースの配分についての戦略や、企業全体としてのブランディング戦略などがある。プロダクトマネージャーは担当プロダクトの内部だけを見るのではなく、会社全体の中でそのプロダクトが求められていることや、他事業との関係性についても理解しておいたほうがよい。

　企業がどの事業に投資するのかを考えるためのフレームワークとしてプロダクトポートフォリオマネジメント（PPM）がある。社内の各事業を市場成長率と相対的市場シェアの 2 軸で整理して、「花形（スター）」「金のなる木（キャッシュカウ）」「負け犬（ドッグ）」「問題児（クエスチョンマーク）」の領域に分け、「花形（スター）」となる事業に積極的に投資をするような考え方である（図表 5-4）。

　PPM はもっともオーソドックスな手法であるが、1970 年代に提唱されたものであり、最近の IT プロダクトにはそのまま適応できない点もあるため、基礎知識として知っておくとよい。たとえば 2020 年時点のコンピュータ市場で Mac は市場シェア、市場成長率ともに低いが負け犬の戦略を取るべきではないと考えられる。

5.2.2　事業戦略とは

　事業戦略とは、プロダクトが戦うドメインとそのドメインでの勝ち筋を描くことである。事業戦略を構築するためには、プロダクトを提供するドメインを設定し、そのドメインの特性を把握し、自社の強みを活かし弱みを克服できるような

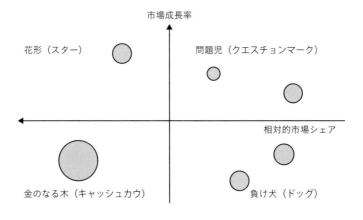

市場成長率

花形（スター）　　　　　　　　問題児（クエスチョンマーク）

相対的市場シェア

金のなる木（キャッシュカウ）　　　　負け犬（ドッグ）

図表 5-4　プロダクトポートフォリオマネジメントの例

手段を探す。

　これから新しいプロダクトを立ち上げるときには、まだドメインが定まっていないため、事業戦略を検討することは難しいだろう。検討をするための方法については、Chapter 6「プロダクトの Why」で解説する。プロダクトの Core の階層では、事業戦略の制約となるようなすでに決まっていることがあれば、それを明らかにしておいてほしい。

　たとえば、会社としてすでにカフェ事業をやっており、新しくコーヒー豆のサブスクリプションサービスをするためのプロダクトが立ち上がっている場合には、そのプロダクトのドメインは大まかに「コーヒー豆のオンライン販売」と定まっているだろう。

　他にも、何年以内にいくらの収益というように具体的に期待される時期と事業規模が決まっているとか、会社として AI を活用しているメッセージを打ち出したいとか、全社戦略に紐づいたプロダクトへの期待があるはずである。このあとの段階でプロダクトの 4 階層に落とし込み、企業の中での役割を果たすために、プロダクトの Core の階層ではそうしたことにも意識してほしい。

ケーススタディ：プロダクトの Core の検討

» ケーススタディとして取り上げるプロダクト

Chapter 5「プロダクトの Core」から Chapter 8「プロダクトの How」までの各 Chapter 末において、本ケーススタディに沿って各階層の検討事例を示していく。ケーススタディは「大手出版社で BtoC プロダクトを 0 から立ち上げる」事例とする。

この出版社では、これまで IT の活用に後れを取っていたことや、紙の出版物の売上が減少していることに頭を悩ませており、IT を活用して新たなユーザーとの接点をつくるプロダクトを立ち上げることとなった。新規事業のプロダクトマネージャーとしてどのようにプロダクトをつくっていくかを順を追って考えていく。

本書で語る内容はほんの一例にすぎないが、プロダクトマネージャーの仕事は BtoB や BtoC も、また 0 → 1、1 → 10、10 → 100 の段階であっても基本的な概念は同じなので、読者の皆さんもプロダクトマネージャーになったつもりで、一緒に考えてみてほしい。

» ミッションとビジョンと事業戦略

新規事業を進めるにあたって、まずはもっとも抽象度の高いプロダクトの Core から検討する。プロダクトの世界観は企業のものに紐づくため、この出版社のミッションとビジョンを確認すると、以下が設定されていた。

- 企業ミッション：人々の可能性を広げる
- 企業ビジョン：誰もが活躍できる未来を切り開く

これらのうち、新たにつくるプロダクトはどこを担えばよいのかを確認するために、新規事業に期待されている内容をステークホルダーに確認してみたところ、以下のような回答であった。

- これまで IT を十分に活用してきたとはいえず、IT を活用して人と書籍の出会いとなる新たなチャネルをつくらなければならない
- 出版業界は年々売上が縮小しているため、このプロダクトを通して既存事業の売上拡大につなげる

今後検討を進めながら Refine していくことになるが、プロダクトのミッションはステークホルダーの発言の中にあるこちらを採用しよう。

- プロダクトミッション：人と書籍の出会いとなる新たなチャネルをつくる

また全社戦略のキーワードは「既存事業の売上拡大につなげる」ことなのでプロダクトの事業戦略にも同様のことが求められていると理解した。しかし、会社としてITプロダクトの知見がないこともあり、売上目標や中期的な計画についてはプロダクト立ち上げのタイミングで具体的な指示はされなかった。

　今後、プロダクトのおおよその方針を定めながら内容を詰めてステークホルダーとすり合わせ、プロダクトを実際にリリースするか否かについては1ヶ月間の検討期間のあとに結論を出すこととなった。

　プロダクトのCoreのうち、ビジョンについてはプロダクトの立ち上げ経緯の中からヒントを見つけることができなかった。つまり、プロダクトが何を実現するのかがまだ何も決まっていない状況であることがわかったのである。

　しかし、企業のビジョンは「誰もが活躍できる未来を切り開く」と定まっているため、この一部をプロダクトが担うべきである。そのため、ステークホルダーに対して、「どうしてITを活用しなければ、誰もが活躍できる未来を切り開くことができないのか？」と質問してみたところ次のような回答があった。

- ITが活用される社会となり、人が知らなければならない情報の幅が広がった。一方で、そうした情報は検索すればわかる時代が到来している
- しかし、検索するという行為はその前提となる知識がなければうまくできない
- 移り変わりが激しくスピード感のある時代に対応して、人の知識のアップデートも早めていかなければならない

　この話を聞いて非常に納得感があった。プロダクトに求められていることは、ユーザーがこれから必要になるであろう知識にそれが必要になる前に触れ、そのおおまかな全体像を理解している状態をつくることであると理解をした。そのため、プロダクトのビジョンを「必要な知識を必要になる前に」と置いた。

　プロダクトの検討を始めた段階でのミッションとビジョン、事業戦略はすべて仮置きである。これからプロダクトのWhyやWhatを検討していく中で、より精度の高いものにブラッシュアップしていく。

　仮置きとはいえビジョンを設定したことで、プロダクトが目指す方向について理解が深まり、チーム内でのモチベーションの高まりも感じることができた。

ケーススタディ：プロダクトのWhyの検討へ続く➡

PART I
PART II
PART III
PART IV
PART V
PART VI

Chapter 6

プロダクトの Why

　プロダクトの Why ではプロダクトを実現する目的を検討する。成果物には、「誰」を「どんな状態にしたいか」（主にミッションとビジョンから分解される）と、なぜ自社がするのか（主にミッションと事業戦略から分解される）がある（図表 6-1）。

　「誰」を「どんな状態にしたいか」については、ビジョンを実現する中でどんなユーザー価値を提案するのかを明らかにする。ユーザーについてより詳しく知り、どのユーザーの課題を解決するのかを決定する。

　「なぜ自社がするのか」については、「誰」を「どんな状態にしたいか」で検討したユーザーの課題がなぜ他のプロダクトでは解決されていないのかを検討する。その課題をなぜ自社が解決すべきなのか、自社のどんな強みを活かすことで他のプロダクトよりもよりうまく解決できるのかを明らかにする。

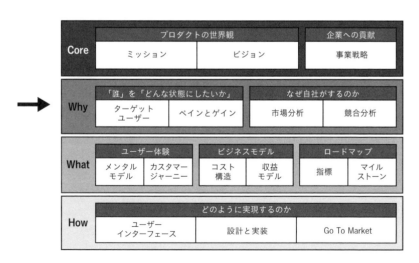

図表 6-1　プロダクトの 4 階層における Why

PART I

PART II

PART III

PART IV

PART V

PART VI

ここから先の作業は新しいアイデアを発想し、そのアイデアを仮説としてユーザーの声を聞き、検証することの繰り返しである。前提として、アイデアを出すことはとても難しい作業であると認識してほしい。すばらしいアイデアを考えついたと思っても、翌日にはそれが何の面白みもないものに思えたり、ユーザーにヒアリングした結果、まったく役に立たないといわれてしまったりすることもある。プロダクトに向き合っている間はつねに、アイデアを生み出しては否定されることの苦しみから逃れることはできない。

しかし、アイデアでこそユーザーに価値を提案できる。アイデアの芽が間違っていることを恐れずに仮説を立てて、それが本当にユーザーに価値を提案できるのかを迅速に確認し、条件に合うアイデアを絞り込んでいく必要がある。ビジョンを達成するためには、それを実現するためのプロダクトアイデアが必要となる。プロダクトの Why の階層では、何度もビジョンに立ち返り、仮説の 1000 本ノックを受け続ける心構えでありたい。　　　　➡ 4.7.3 新しいアイデアを発想する

6.1 ターゲットユーザーと価値の組合せを選ぶ

どれだけ優秀なメンバーを集め、実装と UI デザインがともにすばらしいプロダクトであったとしても、ユーザーが価値を感じるものでなければよいプロダクトとはいえない。一方で、どれだけユーザーが価値を感じるものであってもプロダクトのミッションとビジョンを満たすものでなければ、長期的にその価値を提供することは難しい。プロダクトのミッションとビジョンを満たす価値は何で、その価値に共感するユーザーは誰であるのかを検討しなければならない。

ターゲットユーザーと価値の組合せはビジョンから導き出される。ビジョン、すなわちプロダクトの世界観から「誰」を「どんな状態にしたいか」に分解する。逆に、どうしてビジョンが達成されていないのか、「どんな人」が「どんな状態に」なればビジョンが達成できるのか、という切り口から候補を挙げてもよい。

ビジョンから分解するとなったとき、新規事業の立ち上げ時にだけこの作業を実施すると誤解されてしまうことがあるが、そうではない。たとえば「EC サイ

トのユーザーの離脱率を下げる」打ち手を考えるときでも「どんな人」を「どんな風に幸せにしたいのか」に分解する考え方は同じである。離脱率を下げるために、「カートに商品を入れた人」が「住所をはじめとした情報の入力が面倒ではなくなる」というようなターゲットユーザーと価値の組合せを洗い出してほしい。

6.1.1 バリュー・プロポジションキャンバス
──カスタマープロフィールを書く

　ターゲットユーザーと価値の組合せ候補を洗い出せたら、ターゲットユーザーについてさらに想像を膨らませてみよう。このとき、バリュー・プロポジションキャンバス（VPC）というフレームワークを用いる。

　バリュー・プロポジションキャンバスは図表6-2に示すように左側にプロダクトとサービスを説明する「バリューマップ」、右側にユーザーについて説明する「カスタマープロフィール」を書くようにできている。左右の整合性を見ることでユーザーのニーズに合ったプロダクトであるかどうかを確認することができる。詳細は書籍『バリュー・プロポジション・デザイン』で解説されている。

　バリュー・プロポジションキャンバスはユーザー像ごとに記載するため、想定しているユーザー像が複数いる場合には複数枚のキャンバスを書くことになる。まずは、右側のカスタマープロフィールをつくる。カスタマープロフィールは、カスタマーの仕事、ゲイン、ペインの3つの項目で構成されている。カスタマーの仕事はユーザーが達成したい仕事、ゲインはそのカスタマーの仕事に関連してユーザーが望み期待する結果や副次的に発生してユーザーの満足度を向上するもの、ペインはカスタマーの仕事を達成するための障害をそれぞれ表す。

　カスタマーの仕事を記載するためには、BtoC向けのサービスであれば1日の行動を、BtoB向けのサービスであれば関連する業務を洗い出すことから始め、その中から必要なものを選択するとよい。代替品があれば、そのプロダクトを利用するにあたってのユーザーのタスクを洗い出すのもよい。

　自分の頭の中で考えるだけではなく、必要に応じてユーザー像に近い実在の人物から話を聞いてもよい。ユーザーはプロダクトのつくり手の予想を超える行動を取ることがあるため、自分の主観ではなくユーザーの心理と行動を書き出すよ

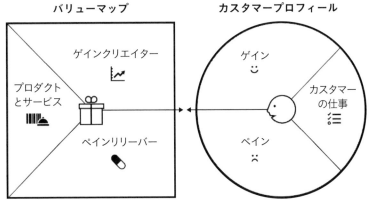

バリューマップ　　　　　　　　カスタマープロフィール

ゲインクリエイター

プロダクト
とサービス

ペインリリーバー

ゲイン

カスタマー
の仕事

ペイン

図表 6-2　バリュー・プロポジションキャンバス[1]

PART I

PART II

PART III

PART IV

PART V

PART VI

うに努めてほしい。また、ユーザーの理解を深めることが目的であるため、きれいにまとめる必要はなく、思いつく限り書き出してみるとよい。タスクを突き詰めて考え、何を達成するためにその仕事をしているのかを特定して本質的なカスタマーの仕事を記載するようにする。

　カスタマープロフィールを書き始めると、ペインとゲインが表裏一体であり、同じ内容を両項目に書きたくなってしまうことがある。たとえば「忙しくて勉強する時間が少ない」というペインは、「勉強する時間が確保できる」というゲインと同じ意味であるように思えてくる。こうしたときは「忙しくて勉強する時間が少ない」というペインがなぜ発生するのかという本質を考えてみると、ユーザーにとって勉強よりも優先度が高いタスクが多くあることや、勉強の優先度を無意識に下げてしまっていることが原因として想像できる。

　ペインが発生している理由を突き詰めて考えると、一見裏返しに思えるものにも別の理由が隠れていることに気づくことができる。「勉強する時間が確保できる」というペインを裏返したゲインは、「忙しくて勉強する時間が少ない」というペインに対する解決策であるという見方もできる。つまり、同じ勉強時間の中でもっと効率よく勉強できることでペインが解決するなら、「勉強する時間が確保で

きる」ことは本質的なゲインではないのである。

　カスタマーの仕事を書くことによってユーザーに詳しくなることができ、ユーザーのペインとゲインについての記載も充実させることができる。ユーザーが抱えているネガティブな課題だけではなく、ゲインについても目を向けることで新たな発見があるはずである。

6.1.2　バリュー・プロポジションキャンバス ——バリューマップを書く

　バリュー・プロポジションキャンバスの左側のバリューマップはプロダクトとサービス、ゲインクリエイター、ペインリリーバーの3つの項目で構成されている（図表6-2）。それぞれカスタマープロフィールのカスタマーの仕事、ゲイン、ペインに対応しており、プロダクトが提案できる価値を記載する。

　ゲインクリエイターはゲインをつくり出すもの、ペインリリーバーはペインを取り除くものである。たとえば「忙しくて勉強する時間が少ない」というペインに対して「効率よい情報収集」がペインリリーバーになる。ここでは「勉強する時間を確保する」など、ユーザーがペインを解決する方法を記載するのではなく、プロダクトとしてペインを取り除くためにできる要素を検討してほしい。バリューマップはこのように思考を深めるためのフレームワークとして活用すると強力なツールになる。

　プロダクトとサービスには、カスタマープロフィールに対応するプロダクトの機能、つまりゲインクリエイターやペインリリーバーを実現するものを記載する。「効率よい情報収集」を実現するための「質の高い情報だけを閲覧できるアプリ」がプロダクトとサービスにあたる。

　カスタマープロフィールとバリューマップの両方が書き終わったら、左右の整合性を確認する。ユーザーのペインとゲインの中で解決できていないものはないだろうか。すべてのペインとゲインを解決することはできないが、左右を見比べて他にプロダクトで解決できるものがないかを確認し、プロダクトの提案する価値とユーザーのニーズが整合しているかを確認できることがバリュー・プロポジションキャンバスを利用するもっとも力強い効能である。

6.2 なぜ自社がするのか

　ターゲットユーザーと価値の組合せが決まったらプロダクトの UX を検討した
くなるが、その前に自分たちがもっている武器と改めて向き合っておく必要があ
る。他社と同じターゲットユーザーと価値の組合せを狙うとしても、他社がまね
できず、自分たちだけの強みを活かした戦略であれば、より強いプロダクトをつ
くることができる。また、ユーザー個人だけではなく、いまの時流や市場の状況
を把握しておくことも重要である。プロダクトそのものと向き合う前に、自社と
それを取り巻く環境についての理解を深める必要がある。

6.2.1 外部環境を分析する

　外部環境を分析する方法として、主に PEST 分析とファイブフォース分析があ
る。PEST 分析は、外部環境を「Politics：政治」「Economy：経済」「Society：社
会」「Technology：技術」の 4 つの視点で洗い出すフレームワークで、各視点の
頭文字を取って名づけられた（図表 6-3）。市場全体で起きている要因を描き出し、
いまこの環境の中でどのような流れがあるのか、どんな懸念点があるのかを知る
ことができる。

Politics 政治に関する変化 例）減税、安全保障強化、規制緩和、国家 IT 戦略推進	*Economy* 経済に関する変化 例）経済成長、物価の高騰、ボラティリティの高い為替や株式相場
Society 社会に関する変化 例）少子高齢化、晩婚化や女性の社会進出、新型コロナウイルスによる外出の自粛、テレワーク推進、シェアリングサービスの見直し	*Technology* 技術に関する変化 例）AI や RPA による自動化、5G への移行、特許、技術革新

図表 6-3　PEST 分析

ファイブフォース分析は、自社に影響を及ぼす5つの力「買い手」「売り手」「新規参入者」「代替品」「競合企業」をもとに業界の構造を把握するためのフレームワークである。図表6-4に示すように、横方向の売り手と買い手との力関係を検討することで事業の収益性を分析する。縦方向の新規参入と代替品はその市場で獲得できる収益の分配先となる。縦方向から受ける力が強ければ、市場シェアを獲得することは難しいといえる。

　それぞれの力が現状どの程度あるのか、なぜ強いのか（もしくは弱いのか）、市場を少しずらすとその力を極小化できるのではないかを分析することで、これまで気づかなかった価値の芽を見つけられる可能性がある。

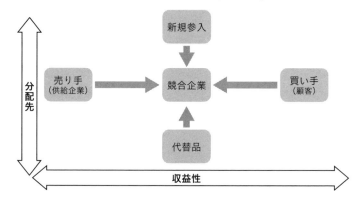

図表6-4　ファイブフォース分析

6.2.2　強みと弱みを分析する

　自社の強みと弱みを可視化するためのフレームワークとしてはSWOT分析が一般的である（図表6-5）。SWOTは「Strength（強み）」「Weakness（弱み）」「Opportunity（機会）」「Threat（脅威）」の頭文字を表している。内部環境すなわち自社内の強みがStrengths、弱みがWeaknessesであり、外部環境すなわち自社を取り巻く環境を要因として起きる事象のうち、プロダクトにとってポジティブに働くものがOpportunity、ネガティブに働くものがThreatである。「Opportunity（機会）」と「Threat（脅威）」についてはPEST分析の結果から該当するものを記載するとよい。

内部環境と外部環境の変化に追随できなかった有名な例がコダックである。か
つてコダックはどこよりも早くデジタルカメラのアイデアを基礎技術としてもっ
ていた。しかし、既存のフィルムビジネスとの兼ね合いから社内で放置され続け、
製品化したのは 21 年後、販売に本腰をいれたのがさらに 6 年後の 2001 年であ
った。こうして自社のアイデアをプロダクトへ取り込むプロセスがなく、新しい
ビジネスによる収益機会を逃したのである。カメラ＝フィルムという固定概念に
とらわれ、時流に大きく乗り遅れた同社は 2012 年に破産している。

　もしコダックが時流を見誤ることなくデジタルカメラの基礎技術をプロダクト
へと昇華できていたら、新しい価値を通して収益化を実現し、古いフィルムビジ
ネスからの脱却が図れていたかもしれない。時代の変化に取り残されると、プロ
ダクトの価格をどんなに安くしたとしても生き残ることはできない。

	Positive（ポジティブ）	Negative（ネガティブ）
内部環境	*Strength* 自社の活かすべき強み	*Weakness* 自社が克服すべき弱み
外部環境	*Opportunity* 外部環境の変化で活かせる機会	*Threat* 外部環境の変化で回避が必要な脅威

図表 6-5　SWOT 分析

　企業の現場でよく見受けられるのは、自社の活かすべき強みに偏見をもってし
まい、収益機会を失ってしまうことである。たとえば外部環境の変化で、ある新
しいテクノロジーの進展を横目で見ながらも、自分たちの既存ビジネスを食いつ
ぶすという理由で見て見ぬふりをすることや、自社のアイデアをプロダクトへと
取り込むプロセスがない、あるいは新しいビジネスを創造する決断ができないと
いったことによって起こる。

　SWOT 分析を終えたあとには、各要素をかけ合わせて強みを活かし、弱みを補
う戦略について検討する。「強み」を「機会」で活用するプロダクトや、「機会」
に「弱み」を補う方法になど、各要素をかけ合わせる方法をクロス SWOT 分析と
いう（図表 6-6）。

	Strength（強み）	Weakness（弱み）
Opportunity （市場機会）	*Strength × Opportunity* ビジネスチャンスに 強みを活かす	*Opportunity × Weakness* 機会を活かして弱みを 克服する
Threat （脅威）	*Threat × Strength* 強みを使って脅威を 回避する	*Threat × Weakness* 脅威であっても弱みの 影響を最小化

図表 6-6　クロス SWOT 分析

　これらのフレームワークの目的は市場環境をきれいに分析することではない。あくまで抜け漏れなく視点を洗い出すための手段にすぎない。フレームワークを活用し、視点を切り替えながらプロダクトをつくるための環境について深く理解をすることが重要である。

6.2.3　ターゲットと価値の方針を定める

（1）ターゲットユーザーが求める価値と自社が提供できる価値

　ユーザーにどのような価値を提供すべきかを考えるときは、これまで検討してきたターゲットユーザーと価値の組合せの洗い出しと自社が提供できる価値の2つの観点から見る必要がある。これは一般的に、マーケットインとプロダクトアウトとよばれる2つの相対する考えと近い。

　マーケットインは市場を分析し、既存のプロダクトで解消されていないユーザーの課題を探したり、競合とは別のアプローチでよりよい解決策を提案したりする方法であり、市場すなわちユーザーが主語である。一方、プロダクトアウトはプロダクトをつくる側が主語となり、自社の強みを活かしてつくることができるものや、先にアイデアがあるものをつくることを指す。これらは両極端に語られがちであるが、どちらか一方を選ぶのではなく両方の視点で検討し、プロダクトとマーケットが適合する落とし所を探す必要がある。

(2) 競合と代替品

　バリュー・プロポジションキャンバスとクロス SWOT 分析などで導いた自社が提供できるさまざまな価値を見比べて、プロダクトが目指すべき価値の方向性を定める。価値の方向性が定まると、競合と代替品について深く考えることができるようになる。競合とは同じ市場でプロダクトを提供している事業者であり、代替品とは市場は異なるが同じ価値を提供しているプロダクトである。

　一例としてタクシーの代替品を考えてみる。ユーザーがタクシーを利用するシーンが「終電を逃してしまった帰宅時」であれば、帰宅せずに睡眠を取ることができるカプセルホテルがタクシーの代替品であるといえる。自社の強みをもとにプロダクトの価値を選択したとき、他社が別のプロダクトを提示してきた場合や同じ価値を選択したが別の戦い方をしてきた場合、それはなぜなのかを学ぶために競合と代替品の分析は有用である。

　競合分析の目的は競合となるプロダクトが、「どのようなユーザー (Who)」がもつ、「どのような課題 (What)」を、「どのように (How)」解こうとしていたかを知ることである。つまり、How だけの事例を集めるのではなく、Who – What – How の3つを分析することが重要である。

　なぜなら、たとえば競合がプロダクトにある機能を追加した場合に、自社のプロダクトにその機能が必要かどうかは Who – What – How の3つの分析をしなければ判断することができない。競合がターゲットとしているユーザーが自社のユーザーと同じであるか、また自社のターゲットユーザーがその機能で解決している課題をもっているかどうかを判断する。同じ課題をもっていたとしても、競合と同じ手法で解決する必要はなく、自社の強みを活かしてユーザーの課題をどのように解決するのかを考えるべきである。

　合わせて、競合がなぜその解決策を選んだのかについても検討するとよい。その理由がわからないときほど、自分たちが気づいていない競合の戦略が隠れているはずである。自社が到底取ることができないようなリスクを取っていたり、自社がまねできないような機能が提供されたりしたときには要注意である。そのようなリスクを取ってまで実現したい世界はどんなものであるのか、自社がそのリスクを取れないことで、今後どんな差がついてくるのかをしっかりと分析する必要がある。

PART I
PART II
PART III
PART IV
PART V
PART VI

ITプロダクトは柔軟にその形を変えることができるため、競合と代替品の定義も曖昧になりがちである。同じビジョンを目指していたり、同じユーザーの課題を解決したりしている競合と代替品も含めて調査するのがよい。

　こうした競合の分析をする際にも、リーンキャンバスが効果的である。自分が競合のプロダクトのプロダクトマネージャーになったつもりでリーンキャンバスを記載すると、競合がどのような戦略でPMFを狙っているのかが見えてくるだろう。競合について調査することは困難であるがBtoCサービスであれば、たとえばアプリストアに添付されている画像や広告のクリエイティブからターゲットとしているユーザーを想像できる。競合プロダクトのユーザーに、どのようなところに価値を感じているのかを聞くことも有用である。

(3) セグメンテーション、ターゲティング、ポジショニング
　プロダクトをつくるうえでSTP分析は欠かせない。STPとはセグメンテーション（Segmentation）、ターゲティング（Targeting）、ポジショニング（Positioning）の頭文字をとったものである。自社のポジショニングをしっかりと確立して、ターゲットを絞り込むことが重要である。
① S：セグメンテーション
　セグメンテーションとは、どのユーザー層に商品を届けるのかを定義するために市場を分解することである。プロダクトが戦う市場をライフサイクルやニーズ、属性情報などで細分化する。
② T：ターゲティング
　ターゲティングとは、セグメンテーションした市場の中のどの部分を狙うかを決めることである。ここで決定したセグメントに向けてプロダクトをつくることになるため、ターゲティングはプロダクトづくりの根幹となる。セグメントの良し悪しを判断するために6Rというフレームワークがある。図表6-7に示す6つのRから始まる視点でセグメントを評価するとよい。
③ P：ポジショニング
　ポジショニングとは、ターゲットとするユーザーに対して、どのようにプロダクトを訴求するかを決めることである。ポジショニングを考えるときには競合との差別化を検討する。一般的にポジショニングは縦軸と横軸の4象限で訴求の違

いを分解して考えるとよいといわれていて、競合となるプロダクトが4象限のどこにあたるのかを位置づける。

図表 6-7　6R

6R	概　要
Rank（優先度）	セグメントに影響力の強さでランクをつけて優先度をつける
Realistic（有効規模）	マネタイズできる十分な規模があるか
Reach（到達可能性）	到達できるセグメントであるか
Response（測定可能性）	効果測定をできるセグメントであるか
Rate（成長性）	今後成長していく市場であるか
Rival（競合）	参入する余白がある市場であるか

　プロダクトの Why である「誰」を「どんな状態にしたいか」と、なぜ自社がするのかが検討できていれば、競合との差別化を含めてどのような軸で訴求すべきであるのかはすでに検討できているはずである。その軸の中でユーザーに訴求するべき、プロダクトが勝てる 2 軸を選択して競合を位置づける。

　たとえば、本書のポジショニングは「知識」と「読者のレベル」の 2 軸で実施しており、他の書籍と比べて図表 6-8 のようなポジショニングを取っている。ポジショニングを決めることは、他社との差別化ポイントを明確に決定することでありプロダクト全体に影響を及ぼすことになる。ポジショニングを設定したあとには、プロダクトの Core や Why を Refine することを忘れてはならない。

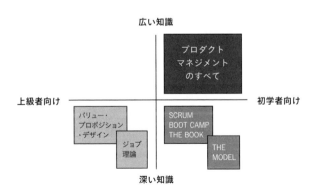

図表 6-8　本書のポジショニング

6.3　ペインとゲインの仮説検証

　ここまで、「誰」を「どんな状態にしたいか」の方針と、自社の強みや弱み、競合との違いを明確にしてきたが、それらはあくまで仮説である。プロダクトとして提供しようとしている価値をユーザーが価値と感じるのかは、実際にユーザーに聞いてみなければわからない。

　プロダクトをつくるときには少なくとも2回のユーザーインタビューが必要となる。1回は想定したペインとゲインをもったユーザーが本当に存在するのか、見えていなかったペインとゲインはないかを確認するインタビューである。詳しくは次項で述べていく。もう1回はプロダクトが固まってきたタイミングで、そのプロダクトがユーザーのペインとゲインを解決し、価値を提供できるのかを確認するインタビューである。7.3.2項「ソリューションを仮説検証するユーザーインタビュー」にて解説する。

6.3.1　ペインとゲインを仮説検証する ユーザーインタビュー

(1) インタビュー候補者を集める

　ユーザーインタビューはいくつかのステップを経て行われる。しかるべきポイントをおさえて行わないと、インタビューを行う側もインタビューを受ける側も時間の無駄になってしまうので事前の準備がとても重要である。

　まずはインタビュー候補者を集めるにあたって、セグメントの詳細化から始めよう。プロダクトのターゲットユーザーとして想定しているセグメントの中でどんな属性情報が含まれているのか、また属性情報の違いによってどんなペインとゲインの違いがあるのかを仮説立てて、インタビューを実施すべき候補者を選定する。

　ユーザーのペインとゲインの仮説検証をするためのインタビューの実施人数は、解決しようとしている課題の大きさやセグメントの広さによって異なる。プロダ

クトマネージャーとして自信をもって次の階層に進むことができる手応えをもてるまでユーザーインタビューを繰り返そう。このとき、ただ単に多くのユーザーの声を聞くのではなく、必ず仮説をもってインタビューにのぞみ、解決すべきペインとゲインを明確化することを目的にしてほしい。

(2) インタビュースクリプトを用意する

　ユーザーインタビューの効果を最大化するため、あらかじめ台本となるスクリプトを用意しておくとよい。スクリプトは、事前に説明しなければならない事柄、インタビューしたい内容と聞き方、インタビュー中に生まれた質問をする時間、インタビュー後のアナウンスなどを含み、各々に時間配分を設定しておく。

　インタビュー開始前の事前質問では、インタビューに先立ってインタビュー内容の秘密保持に関わる書面にサインをしてもらうことや、参加者の緊張をほぐすためのアイスブレイク、インタビュー目的の説明などが含まれる。もし録画・録音する場合などにはあらかじめ伝えて同意を得よう。

　ペインとゲインを仮説検証するユーザーインタビューでは、参加者が想定しているセグメントに所属しているかを確認することから始める。また、簡単な自己紹介や属性情報のヒアリングから始めると、その後の対話の理解が進みやすい。聴取する属性情報が多ければ、別途紙のアンケートを用意して記載してもらってもよい。

　想定しているセグメントに所属していることがわかれば、インタビューの目的や背景を説明し参加者が仮説としているペインとゲインをもっているか、それらを解決するためにどのような代替品を使っているのかを確認する。このとき、「あなたはこんなペインをもっていますか？」とYes／Noで答えることができるような質問ではなく、オープンクエスチョン（質問者が選択肢を提示せずに、回答者が自由に回答できる形式の質問）の形で質問することで誘導せずに参加者の実際の意見を聞くことができる。

　他にも、たとえば転職サイトのインタビューで「転職ではどのような項目を重視しますか？」と質問した際、参加者は本当は年収を重視しているとしても、お金に汚いと思われたくないという心理から年収とは答えづらいこともある。こうした場合には「これらの項目を重視している順に並べ替えてください」といくつ

PART I

PART II

PART III

PART IV

PART V

PART VI

かの項目をあらかじめ提示し、その結果をもとにインタビューをすることや、「転職サイトを使っているときの検索条件はどのようなものですか？」といった聞き方をすることで実際に即した回答を得られることもある。

　質問する事柄のみならず、質問の仕方一つで回答が変わってくることもある。ユーザーの声を聞くためのテクニックに慣れていないのであれば、どのような表現で質問するかを事前に考え、インタビュースクリプトを準備しておくことが望ましい（図表6-9）。

　おそらく、インタビューでは予想もしていなかったユーザーのペインとゲイン、その代替品に気づくことになる。新たな気づきをもとにプロダクトを再検討するために、予定していなかった質問をユーザーに聞くための時間も確保しておこう。

図表6-9　インタビューにおける悪い質問とよい質問

悪い質問例	よい質問例
・あなたはもっと運動したいですか？ → Yes ／ No で答えるクローズドな質問ではなく5W1H で問いかける →「もっと」は抽象的なので、具体的に問いかける	・普段どれくらい運動をしますか？ ・理想的にはどれくらい運動したいですか？ ・どんな問題によって理想の頻度で運動できないのでしょう？
・転職時に重視する項目は何ですか？ → 答えづらい質問は答えやすくする仕組みを用意する	・普段使っている転職サイトの検索条件を見せていただけますか？ ・これらの転職時によく使われている項目を、あなたが重視する順に並べ替えてください ・使いやすいと思った転職サイトはどれですか？　どんなところがよかったですか？
・競合の地図アプリの使いやすいところはどこですか？ → 漠然と質問せずに、プロダクトを利用する背景から理解する	・直近でこの地図アプリを使ったのはどんなときでしたか？　そのときのエピソードを教えてください。 ・そのとき、どのように感じましたか？ ・この地図アプリがないと、どんなときに困りますか？

(3) インタビューを実施する

　スクリプトの準備ができたらいよいよ参加者にインタビューを実施する。対面やビデオ会議、テキストなどいろいろやり方がある。言葉には現れない非言語の情報にもプロダクトをつくる際の重要な洞察が隠れている。そのため、チャットなどのテキストでのインタビューよりも、できるだけユーザーの生の声を聞き、

言葉だけではなく表情や声のトーンも理解できるインタビューのほうがより実りがある。

　プロダクトを使うのは人間であり、人はつねに感情をもっている。プロダクトの使い勝手が人の感情にもつながっている以上、最終的に手に触れる UI と UX はこうしたユーザーの情感の部分にも気を配る必要がある。

　インタビューには無料で行うものと、謝礼を用意する形式があるが、可能であれば謝礼を用意したほうがユーザーも真剣に質問に答えてくれるだろう。一方で回答する際に参加者が不用意に力んでしまったり、役に立たなければと思うあまり、サービス精神を発揮して実際とは異なるような発言をしてしまったりすることもある。

　インタビューの際は冒頭で無理に好ましい回答をせずに自然体でよいことを伝えたり、質問の仕方を工夫したりするなどの注意が必要になる。逆に無料インタビューではインタビューされる側にインセンティブが働かず、質の高い答えを得られないこともある点は意識しておきたい。

　また先述のように、ユーザーインタビューで正しくユーザーから考えを引き出すには技術が必要である。とくにプロダクトマネージャーはプロダクトを一番理解しているため、前提条件の説明が足りなくなってしまうことや、反対にプロダクトの背景を熱く説明しすぎてしまうこともある。

　インタビューアーが「このプロダクトは素敵なものに違いない」と思っていることが参加者に伝わってしまうと、否定的な意見をいいづらいと感じるかもしれない。とくに、インタビューで謝礼を払っている場合には、好意的な意見ばかりが出ることもある。インタビューを自説への有利な情報収集にしないためにも、予算があればユーザーインタビューを専門とする企業に依頼をすることでより多くのインサイトを得られることもあるだろう。

　このようなユーザーインタビューには、プロダクトチームは全員参加するべきである。ユーザーニーズを直接受け取ることができるため、チームが同じ方向を向くことができ、その後の議論がより活発になる。しかし、インタビューをしている部屋に大人数で押しかけてしまうと、参加者は回答しづらくなってしまうため、別室にてオンラインで見ることや録画したビデオを閲覧することが望ましい。

PART I

PART II

PART III

PART IV

PART V

PART VI

（4）インタビュー結果をまとめる

　インタビューから時間をあけずに結果をまとめるとよい。インタビューを通して得られた情報からプロダクトづくりに必要な情報を収集し、仮説検証を行う。このとき KJ 法とよばれる方法がよく使われる（図表 6-10）。これはインタビューを通して得られた情報 1 要素に対して 1 枚の付箋に記していき、全インタビュー参加者の情報と照らし合わせてグループ化したり関係性や因果関係を図式化したりしていくものである。また、親和性のある付箋をグループに分けていく親和図法も用いられる。

　会議室のホワイトボードに付箋を貼り付け、議論しながら行うことがよくあるが、メンバーが遠隔地にいる場合は Google Jamboard や miro といったツールを使えばオンラインでも同じことができる（図表 6-11）。

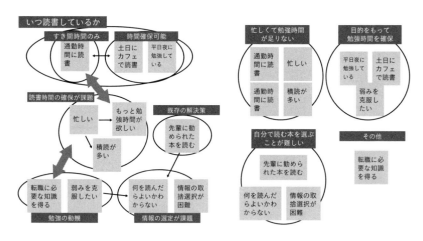

図表 6-10　KJ 法（左）と親和図法（右）

　ここで得られた結果をもとにプロダクトの Why を見直していくことになる。ただし、定性調査は得られる情報は豊かである一方で、ヒアリング対象が少人数であるため、外れ値である可能性を考慮しなければならない。

　インタビュー対象のいう通りのものをつくるのではなく、ユーザーのニーズを分析して、仮説をつねに検証しながらプロダクトを構築する姿勢は崩してはならない。ターゲットセグメントと異なる人物だと判断した場合には、意見を採択し

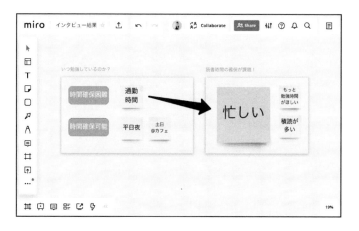

図表 6-11　miro を使ったオンライン上での議論の例

ないことも必要である。

　往々にして、1 度目のユーザーインタビューを通して残念ながら当初の仮説が間違っていたことが立証される。プロダクトをつくり出す前に間違いに気づけたことを喜ぼう。ビジョン、ターゲットユーザー、ペインとゲイン、プロダクトのアウトライン、どの仮説から間違っていただろうか。新しいインサイトを取り入れてもう一度考え直し、アイデアをブラッシュアップしていこう。

　ユーザーインタビューで多くの気づきを得たが、スケジュールが迫っているので先を急がないといけない場合もある。仮説が間違っていたため前には進めず、練り直すという判断はプロダクトチームにネガティブに映るかもしれない。しかし、間違った仮説に目をつむって前に進んでも、最終的にはプロダクトチーム全員を不幸にしてしまうだけである。仮説が間違っていることを早期に気づけたことを喜ぶべきである。プロダクトマネージャーは、本質的に価値のあるプロダクトをつくるためにステークホルダーに理解を求め、メンバーの協力を忍耐強く仰ぎ、ときにスケジュールを引き直さなければならない。

　例外があるとすると、調査コストが実装コストより大きくなる場合がある。たとえばプロダクトがまったく世の中にないものであり、一般のユーザーインタビューではユーザーがイメージを摑みづらいものなど、正しくインサイトを得ることができないことがありうる。

極端な例だが、宇宙に行ったことがないユーザーに宇宙に行って何をやりたいか、それにどんなゲインがあるかを聞いても想像の域を出ないだろう。その場合にはPoC（Proof of Concept）としてプロダクトをつくってみることや、最低限の機能を実装したベータリリースをしてユーザーの声を聞きながらアップデートを重ねることでよりよいプロダクトをつくることができる。7.3.2項「ソリューションを仮説検証するユーザーインタビュー」を参考にしてほしい。

　基本的には、ユーザー、解決する課題、その手段となる解決策のアウトラインの組合せを自信がもてるまで探し続けてほしい。そのためにも、この段階では何度も失敗できるだけのリソースをあらかじめ確保して、ステークホルダーを巻き込んでおくこともプロダクトマネージャーの仕事である。

(5) インタビュー結果を補強する定量調査

　ユーザーインタビューでは、ユーザーのことを深く知ることによって新たな仮説をもつことができる。しかしその仮説が本当に広く市場に存在するものであるのか、それともそのユーザー特有のものであるのかは確認が必要となる。そこで、多人数に向けたアンケートによる定量的な調査を実施して、その仮説を受け入れる市場があること、プロダクトを収益化できるだけの規模があることを確認しておくとよい。ただし、定量調査である以上、統計的に有意なサンプリング数を取る必要があることは覚えておきたい。

6.4　プロダクトの Core との Fit & Refine

6.4.1　プロダクトの Why をまとめる

　ここまでで、プロダクトの Why の階層で検討すべき項目は終わりとなる。いま一度、「誰」を「どんな状態にしたいか」、「なぜ自社がするのか」が抜け漏れなく検討されているか見直してみよう。

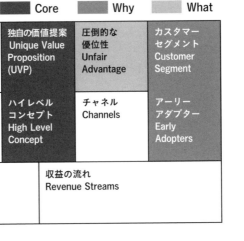

Core	Why	What

課題 Problems	ソリューション Solution	独自の価値提案 Unique Value Proposition (UVP)	圧倒的な 優位性 Unfair Advantage	カスタマー セグメント Customer Segment
既存の代替品 Existing Alternatives	主要指標 Key Metrics	ハイレベル コンセプト High Level Concept	チャネル Channels	アーリー アダプター Early Adopters
コスト構造 Cost Structure		収益の流れ Revenue Streams		

図表 6-12　ここまでの解説で記載可能なリーンキャンバスの項目

　リーンキャンバスでは、図表6-12に網かけしたプロダクトの Core、Why、What
の部分を埋めることができるようになっているはずである。プロダクトの What
にあたる「圧倒的な優位性」に関しては、What の方針を検討する中でブラッシュ
アップしていくことになるが、プロダクトの Why のタイミングでもポジショニ
ングを検討する中で方針が出てくるはずである。書ける範囲で書いておくのが
よい。

6.4.2　Fit & Refine を確認する

(1) ビジョンの Refine の重要性：プロダクトは手段である

　プロダクトの開発では、1機能であるプロダクトの What をいきなりつくるの
ではなく、プロダクトの Core となるビジョンを定め、プロダクトの Why である
ユーザーを深く理解することが重要であることを確認してきた。しかし、実際の
プロダクト開発が進むとプロダクトの What のことだけを考えてしまい、ビジョ
ンを忘れて目先のことで手一杯になってしまうことが多い。プロダクトはビジョ
ンを達成するための手段にすぎないことを忘れないでほしい。

　もちろんプロダクトの Why を検討するときにも、プロダクトの Core となるビ

ジョンを忘れてはならない。ビジョンを忘れてプロダクトの Why とプロダクトの What だけでプロダクトをつくり始めると、ただ「ユーザーを深く理解し、ユーザーがほしいものをつくる」ことになる。ユーザーを主語にして、いまのユーザーの行動に合わせて、いまユーザーがほしいものをつくることは正しいことのように思えるかもしれないが、それではユーザーのいいなりであってイノベーションを起こすことはできない。ユーザーの課題を解決するプロジェクトとして提案するソリューションに限ってはよいのかもしれないが、それではユーザーの生活は何も変わっていない。

　プロダクトの Core となるビジョンがないままに、ただユーザーの声を聞き続けているプロダクトは発散していく。たとえば、図表 6-13 に示す魚のイラストをプロダクトだとしよう。ここからより素敵なプロダクトにしていくために、次のようなアップデートを繰り返していく。

・競合プロダクトでユーザーに人気のある格好よいヒレを取り入れてみること
・他社のプロダクトは水中のみに対応しているため、独自の差別化機能として陸上を走る足を生やすこと
・「鼻をつけるともっとかわいいと思う！」というユーザーからのフィードバックを受けて鼻や眉をつけること

　このようなちぐはぐな機能改修によって、最初は魚のイラストだったものが、1年後にはもはや魚類でも哺乳類でもないものになってしまう。イラストにすると滑稽だが、Core となるビジョンがないプロダクトはこのような状態になっている。

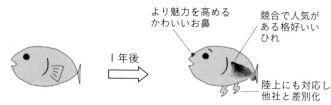

図表 6-13　Core がないプロダクトの例

　どうしてこのようなことが起きるのか。それはプロダクトの解釈が異なるからである。ヒレを生やした担当者はこのプロダクトを魚だと捉えている。足を生やした担当者は移動することが価値であると考えていて、鼻と眉をつけた担当者は

PART I

PART II

PART III

PART IV

PART V

PART VI

キャラクターだと捉えている。つまり、プロダクトを機能だけで語ると、その解釈が揺らいでしまうのである。

　ビジョンの分解は、「誰」を「どんな状態にしたいか」である。ターゲットユーザーをおざなりにしてはならないし、プロダクトが提案したい価値の軸も忘れてはならない。プロダクトマネージャーはそのプロダクトを使って、「どんな状態にしたいか」の解釈、つまりプロダクトを使ってどんな世界をつくりたいのかを定め、プロダクトチーム全体にその意味を啓蒙する必要がある。

　また、ユーザーはプロダクトの機能しか知らないため、ユーザーごとにプロダクトの解釈も異なる。ユーザーインタビューを通してニーズを汲み上げることは非常に重要であるが、ユーザーからの機能改修の提案を鵜のみにするのではなく、プロダクトの Core に見合うものであるのかを検討し、必要なものを取捨選択して正しく整形して取り入れなければならない。

　したがって、ユーザーを主語にして考える視点と、ビジョンを主語にして考える視点のどちらもが重要である。これらの視点は互いに影響し合っている。ユーザーのことをより詳しく知れば知るほど、目指す世界であるビジョンにも新しい考えが生まれ、ビジョンの解像度が上がり Refine することができる。それによって解決できるユーザーのペインとゲインも変わる。ビジョンとユーザーの両方の視点で Refine することが必要なのである。

ケーススタディ：プロダクトの Why の検討

» ターゲットユーザーと価値の組合せ

プロダクトの Core で検討したビジョンは「必要な知識を必要になる前に」、ミッションは「人と書籍の出会いとなる新たなチャネルをつくる」であった。誰をどんな状態にすることができるとこのプロダクトの世界観を満たすことができるのか。まずは思いつく限り書き出してみよう（図表 6-A）。

図表 6-A　ターゲットユーザーと価値の組合せ

誰（ターゲットユーザー）	どんな状態にしたいのか（価値）
何を学べばいいかわからない高校生	先輩が読んでよかったと思う書籍に触れることができる
就職に迷う大学生	人生の視野を広げるような幅広い本を読むことができる
いつも遅くまで働く激務の会社員	日々の業務に忙殺されアンテナを高く張れなくても、仕事に関係する読むべき本がわかる
専門的な仕事をする会社員	その業界や専門職に関する新しい書籍を日々通知される
趣味があった人	少し前にしていた趣味の関連の新しい情報を通知されることで、またやってみようと思う
向上心のある会社員	自分と似た属性の人が読んでいる書籍を知ることができる
子どもがいる人	子どもの年齢に合わせた教育系の書籍を知ることができる

思いつくままに書き出したものでは精度が不ぞろいであるため、4象限に分類してみよう。縦軸は専門カテゴリーの知識を得たいのか、幅広いカテゴリーの知識を得たいのかで分け、横軸は知識を求めているのか、心を動かすような感動を求めているかで分けた。

これらの整理をもとにターゲットユーザーと価値の組合せをマッピングしたものが図表 6-B である。たとえば、「就職に迷う大学生」には就職先の業界分析をするための書籍だけではなく、人生観に影響を与えるような書籍も必要だと考えて、横軸の中心にプロットしてある。

ここで、ビジョンである「必要な知識を必要になる前に」との Fit を確認してみよう。図表 6-B の横軸に着目すると、ビジョンとより整合するのは感動寄りのものではなく、知識寄りのものである。そのため、ビジョンの通りに検討を進行するなら、図の右側にある組合せに着目をしてプロダクトを検討するとよいだろう。

しかし、もし新たな気づきがあったのであれば、ビジョンを Refine して知識だけではなく、感動の要素を追加してもよい。今回はビジョンはそのままにして、ユーザーと価

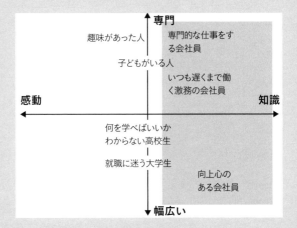

PART I

PART II

PART III

PART IV

PART V

PART VI

図表 6-B　ターゲットユーザーと価値の組合せのマッピング

値の組合せのうち、知識に寄ったものを採択することにしよう。

　知識寄りのものだけを選択すると、以下の 3 名がターゲットユーザーの候補として残る。

　①専門的な仕事をする会社員

　②いつも遅くまで働く激務の会社員

　③向上心のある会社員

　ユーザーに寄り添ってニーズを想像してみたところ、3 名の中には専門的なカテゴリーの知識だけがほしいのか、それとも幅広い知識がほしいのかというニーズの違いがあるのではないか、という仮説をもつことができた。

　たとえば、「向上心のある会社員」は明確に知識のカテゴリーを設けずによい知識を幅広く知りたいと考えているが、「いつも遅くまで働く激務の会社員」は忙しいために仕事で役に立つ知識だけを効率的に知りたいと考えているのではないだろうか。

　3 名から誰か一人を選ぼうかと思ったが、その根拠や仮説を立てることができなかったので 3 つの組合せをすべてターゲットユーザーの候補にして次の検討に移ることにした。

» バリュー・プロポジションキャンバス

（1）カスタマープロフィール

　3 人のプロフィールを掘り下げて検討し、図表 6-C、6-D、6-E のような人物像を思い浮かべた。実際にはより多くのカスタマーの仕事、ペイン、ゲインを書き出したがここでは代表的なものをいくつか記載している。

図表 6-C　専門的な仕事をする会社員（専門性高）のカスタマープロフィール

①専門的な仕事をする会社員（専門性高）	35歳IT企業でプロダクトマネージャー。平日、土日ともに時間を確保して情報を得る習慣がある
カスタマーの仕事	・SNSやメディアで取り上げられている情報を読み解く ・自ら情報を発信する
ペイン	・情報が多すぎてすべての情報をキャッチアップするのが大変
ゲイン	・プロダクトマネジメントだけでなく、UXや開発、リーダーシップ周辺知識も得られること

図表 6-D　いつも遅くまで働く激務の会社員（専門性寄り）のカスタマープロフィール

②いつも遅くまで働く激務の会社員（専門性寄り）	32歳会社員。平日はいつも朝から夜まで仕事をしていて時間がない。土日は子どもの世話
カスタマーの仕事	・通勤中にニュースアプリで情報収集 ・電子書籍を読む
ペイン	・時間がなくいつも疲れている ・本を購入するが積まれている / 最後まで読み切ることができない
ゲイン	・効率よく質の高い情報を得たい ・仕事に役立つ本が見つかること

図表 6-E　向上心のある会社員（幅広い知識）のカスタマープロフィール

③向上心のある会社員（幅広い知識）	27歳大手企業勤務。このままいまの会社に一生いてよいのか迷い、転職をぼんやり考えている
カスタマーの仕事	・通勤中にニュースアプリで情報収集 ・先輩に勧められた本を読む
ペイン	・自分にとって必要な情報が何かわからない ・興味をもてるものが少ない
ゲイン	・面白いと思える本に出会える

　属性情報としては同じ会社員であったとしても、異なる人物像を設定することでそれぞれのペインとゲインを洗い出すことができた。ビジョンとした「必要な知識を必要になる前に」に3人とも適合しているかを確認しよう。

　③向上心のある会社員を「このままいまの会社に一生いてよいのか迷い、転職をぼんやり考えている」人物像に設定した。向上心はあるが行動に結びついていない。ペイン

には「自分にとって必要な情報がわからない」としたので、「必要な知識とは何か」が定義されていない。つまり、ビジョンの「必要な知識を必要になる前に」と見比べると、③向上心のある会社員は他の2名に比べてビジョンとの一致度が低いと考えられる。

　このときとりうる手段は、このユーザーをターゲットユーザーの候補から外すか、ビジョンと一致するユーザー像につくり直すか、ビジョンをつくり直すかの3つである。③向上心のある会社員をビジョンと一致するユーザー像につくり直すとすると、何を学ぶべきかわかっていて積極的に情報を集めてくる主体的な人物像が想像できる。

　しかし、そうすると「専門的な知識ではなく幅広い知識を求めている」という特徴を失い、他の2名の人物像と違いがなくなってしまった。自分が何を学ぶべきかがわかったうえで、幅広い知識を求めるニーズもあるが、そのニーズは②いつも遅くまで働く激務の会社員ももっていることが期待できるので、③向上心のある会社員はユーザー候補から除外することとした。

　カスタマープロフィールの整理をして、今後の検討対象になるターゲットユーザーは図表6-F、6-Gの2名とする。

図表6-F　ターゲットユーザー①

①専門的な仕事をする会社員（専門性高）	35歳IT企業でプロダクトマネージャー。平日、土日ともに時間を確保して情報を得る習慣がある
カスタマーの仕事	・SNSやメディアで取り上げられている情報を読み解く ・自ら情報を発信する
ペイン	・情報が多すぎてすべての情報をキャッチアップするのが大変
ゲイン	・プロダクトマネジメントだけでなく、UXや開発、リーダーシップに関する周辺知識も得られること

図表6-G　ターゲットユーザー②

②いつも遅くまで働く激務の会社員（専門性寄り）	32歳会社員。平日はいつも朝から夜まで仕事をしていて時間がない。土日は子どもの世話
カスタマーの仕事	・通勤中にニュースアプリで情報収集 ・電子書籍を読む
ペイン	・時間がなくいつも疲れている ・本を購入するが積まれている／最後まで読み切ることができない
ゲイン	・効率よく質の高い情報を得たい ・仕事に役立つ本が見つかること ・**自分のアンテナが届いていない幅広い知識を得ること（追加）**

(2) プロダクトのバリューマップ

　この2名のバリューマップをカスタマープロフィールを満たすように図表6-H、6-Iのように作成した。スマートフォンアプリをつくり、ユーザーにとって良質な情報をプッシュしたり、抽出したりすることがアプリの価値になりそうである。

　具体的なソリューションについてはまだ荒削りであるが、プロダクトの大まかな方向性は2人のバリューマップが同じ方向性で問題ないことがわかったため、このまま先に進もう。

図表 6-H　専門的な仕事をする会社員（専門性高）のバリューマップ

カスタマープロフィール		バリューマップ	
カスタマーの仕事	・SNS やメディアで取り上げられている情報を読み解く ・自ら情報を発信する	プロダクトとサービス	・おすすめ情報のプッシュ ・質の高い情報だけを閲覧できるアプリ
ペイン	・情報が多すぎてすべての情報をキャッチアップするのが大変	ペインリリーバー	・他のユーザーに話題の情報のみを抽出 ・関連度が高い情報のみを抽出
ゲイン	・プロダクトマネジメントだけでなく、UX や開発、リーダーシップに関する周辺知識も得られること	ゲインクリエイター	・類似のユーザーがアクセスしている情報もわかる

図表 6-I　いつも遅くまで働く激務の会社員（専門性寄り）のバリューマップ

カスタマープロフィール		バリューマップ	
カスタマーの仕事	・通勤中にニュースアプリで情報収集 ・電子書籍を読む	プロダクトとサービス	・おすすめ情報のプッシュ ・質の高い情報だけを閲覧できるアプリ ・内容の要約を提供する
ペイン	・時間がなくいつも疲れている ・本を購入するが積まれている / 最後まで読み切ることができない	ペインリリーバー	・効率的に内容を学習できる ・読み終わっていない本をリマインドする
ゲイン	・効率よく質の高い情報を得たい ・仕事に役立つ本が見つかること ・自分のアンテナが届いていない幅広い知識を得ること（追加）	ゲインクリエイター	・他のユーザーに話題の情報のみを抽出 ・関連度が高い情報のみを抽出

» なぜ自社がするのか

(1) PEST 分析

　続いて「なぜ自社がするのか」を考える。この出版社のバリューマップで検討している内容に関連した PEST 分析は図表 6-J となった。

Politics	Economy
・著作権法の改正 ・再販売価格維持制度の維持 ・海賊版コンテンツの台頭 ・ソフトパワー外交 ・クールジャパン戦略 ・DX の推進	・出版業界、印刷業界の業績が悪化 ・書店の売上は減少 ・定額制サービスの増加 ・出版業界、印刷・製本業の弱体化 ・街の小規模書店の激減 ・独立型およびライフスタイル型書店の出店
Society	Technology
・個人の発信によるコンテンツの絶対量が増加 ・活字離れ ・アプリ、音声、動画コンテンツの増加 ・同人誌、二次創作の盛り上がり ・可処分時間の奪い合い ・フリマアプリの登場	・電子書籍 / 電子書籍デバイスの普及 ・電子書籍プラットフォームの乱立 ・オーディオブックサービスの増加 ・在庫管理システムの精度アップ ・ネット上コンテンツの充実 ・DTP ソフトの普及

図表 6-J　PEST 分析

(2) SWOT 分析

　SWOT 分析は図表 6-K のようになる。PEST 分析の結果が外部環境を記載するのに役立った。SWOT 分析の結果を用いて、出版社がとりうる戦略をクロス SWOT で書き出した

	Positive（ポジティブ）	Negative（ネガティブ）
内部環境	*Strength* ・書籍コンテンツをもっている ・企画、編集技術がある ・各カテゴリーの時流を理解している ・流通・決済システムをもっている	*Weakness* ・ユーザーのデータ、購買情報をもっていない ・オーディオブックに参入できていない ・IT 活用の実績がない ・他出版社のコンテンツに手が出しづらい ・業界内での人材流動性が高い ・部署を越えたコミュニケーションが少ない
外部環境	*Opportunity* ・個人が発信する時代が到来 ・書き手の可視化 ・テキストを読む絶対量の増加 ・SNS による販促の充実 ・体系化された知の相対的な地位向上	*Threat* ・活字離れ ・音声、動画コンテンツの充実 ・書籍の低価格化 ・書籍への可処分時間の減少

図表 6-K　SWOT 分析

ものが図表6-Lとなる。

「個人が発信する時代」という機会に対して、出版社の強みである企画力と編集力を活かして個人コンテンツのキュレーションを実施することや、活字離れにより光を浴びることができていない良質なコンテンツを抽出し、体系化することなど、自社の強みや弱みに起因する戦略を思い描くことができた。

	Strength（強み）	Weakness（弱み）
Opportunity（市場機会）	*Strength × Opportunity* ・発信している個人コンテンツを編集により質を高める ・時流に合わせた個人コンテンツをキュレーションする	*Opportunity × Weakness* ・個人発信のコンテンツでオーディオブックに参入する ・個人発信のコンテンツでIT活用の実績をつくる
Threat（脅威）	*Threat × Strength* ・コンテンツの要約 ・活字離れのために光を浴びることができていない良質なコンテンツを抽出する ・テキスト、動画、音声のベストミックスコンテンツの開発	*Threat × Weakness* ・活字の代替手段となっているオーディオや動画に対して、活字の方が短時間で情報を得ることを訴求する ・オーディオや動画にテキストを組み合わせ情報摂取の質を向上させる

図表6-L　クロスSWOT分析

(3) 提案する価値

①専門的な仕事をする会社員と②いつも遅くまで働く激務の会社員に価値を感じてもらえると仮説を立てたバリューマップの内容と、クロスSWOT分析をもとに読み解いた自社の強みと弱みを活かす戦略をかけ合わせ、プロダクトのWhyとして提案する価値を考える。

これまでの検討結果から「情報」とよんでいたものを「個人が発信しているコンテンツ」と位置づけ、自社の強みである編集力を活用する方針が検討できた。バリューマップの次の項目からこの価値を提案できる。

- おすすめ情報のプッシュ
- 質の高い情報だけを閲覧できるアプリ
- 他のユーザーに話題の情報のみを抽出
- 関連度が高い情報のみを抽出
- 類似のユーザーがアクセスしている情報を共有
- 内容の要約を提供する
- 読み終わっていない本をリマインドする

また、プロダクトの Core との Fit をもう一度意識しよう。最終的には書籍の売上を上げることが求められているため、個人が日常的に発信するコンテンツの拡散を出版社としてバックアップすることで書籍の購買層を広げるようなチャネルをつくる戦略を考えることにした。この戦略のもと、以下の 3 つをソリューションの方針として進行することにした。

① 個人が日常的に発信するコンテンツと書籍のうち、ユーザーにおすすめのものをプッシュする
② 他のユーザーに話題で、関連度が高いコンテンツのみを抽出する
③ 内容の要約を提供する

(4) 競合と代替品

同様の価値を提案している代替品を調査してみたところ、上述の②他のユーザーに話題で、関連度が高いコンテンツのみを抽出するプロダクトとして、EC サイトの「こんな本を購入したユーザーはこの本も購入しています」というレコメンドが該当することに気づいた。競合となりうる EC サイト A のリーンキャンバスは図表 6-M のようになる。

課題 Problems ・新しく出版された本の情報がキャッチアップできない ・いま、人気の書籍を知りたい ・書店に行く時間がない	ソリューション Solution ・ユーザーの書籍購買情報をもとに、そのユーザーが所属するクラスタ内で人気のある他の書籍を推薦する ・書籍の評価、口コミ機能 ・売れ筋ランキング	独自の価値提案 Unique Value Proposition (UVP) ・本当に購買しているユーザーの情報による信頼度の高いレコメンド	圧倒的な優位性 Unfair Advantage ・ユーザーの購買データ ・定額制サービスの提供	カスタマーセグメント Customer Segment ・EC サイト A で書籍を購入する人
既存の代替品 Existing Alternatives ・書店のランキング	主要指標 Key Metrics ・レコメンドした商品の購買率	ハイレベルコンセプト High Level Concept ライバルが読んでいる本がわかる	チャネル Channels ・電子書籍媒体 ・EC サイト	アーリーアダプター Early Adopters ・EC サイト A で書籍を購入しており、書店では購入しない ・紙媒体ではなく電子書籍を主に利用している

コスト構造 Cost Structure ・取り扱い商品の幅の広さにより、在庫コストに規模の経済性 ・電子書籍を推奨することで、物流・在庫コストを抑える	収益の流れ Revenue Streams ・定額制サービスと買い切りの 2 つのビジネスモデル ・定額制は月額 980 円 　○定額制に対象のコンテンツとそうではないコンテンツがある

図表 6-M　書籍籍系 EC サイト A のリーンキャンバス

彼らの強みは購買データである。読者が実際にコンバージョン（購入）まで至っていることがわかっているために精度が高いデータであるといえるだろう。一方でユーザーがさまざまな EC サイトを使って本を購入している場合、データの精度が下がってしまう。

そのため、彼らが電子書籍プラットフォームをつくり、ユーザーを囲い込むことは非常に理にかなっていることがわかった。また、彼らは執筆者のデータも多くもっているが、実際に書籍の内容となるデータはもっていない。

彼らは出版社にとって書籍を一緒に売ってくれるパートナーでもある。彼らとはユー

ザーを取り合うのではなく、引き続き良好な関係を維持し、可能であれば連携することも視野に入れてもよいだろう。①個人が日常的に発信するコンテンツと書籍のうち、ユーザーにおすすめのものをプッシュする、という価値において競合となるのはニュースアプリであろう。代表的なBというニュースアプリのリーンキャンバスを書くと図表6-Nのようになった。

課題 Problems	ソリューション Solution	独自の価値提案 Unique Value Proposition (UVP)	圧倒的な優位性 Unfair Advantage	カスタマーセグメント Customer Segment
・一般常識として知っておくべき話題になっているニュースを知りたい ・ユーザー自身が興味があるコンテンツを知りたい	・ニュースサイト内でよくクリックする情報をもとに、その人に合ったコンテンツをレコメンドする	・使えば使うほど、ニュースの購読情報をもとにより精度の高いレコメンドを実施する ・24時間体制のニュース編集部隊により一般的なニュースも人手で選別	・ユーザーの興味関心情報を幅広いメディアを通じて知ることができる ・強いニュース編集部隊	・テレビではなくスマホで情報収集をしたいと考える学生、社会人
既存の代替品 Existing Alternatives ・新聞社のメディア ・SNS ・RSSリーダー	主要指標 Key Metrics ・記事の購読数 ・レコメンドしたコンテンツのクリック数 ・ユーザーの興味関心情報の精度 ハイレベルコンセプト High Level Concept ・あなた専用のキュレーター		チャネル Channels ・App Store ・広告	アーリーアダプター Early Adopters
コスト構造 Cost Structure		収益の流れ Revenue Streams ・PR記事のキックバック ・広告収入		

図表6-N　ニュースアプリBのリーンキャンバス

リーンキャンバスの記述を通して、ニュースアプリBはさまざまなメディアの情報を一括して配信しているため、媒体を問わずユーザーが実際に購読したコンテンツのデータをもっていることが強みであることがわかった。彼らはメディアの記事だけではなく、話題になった個人のコンテンツも扱っているため、今回提供しようとしているプロダクトの競合であることも深く理解をした。

彼らは、ニュースアプリであることから即時性の高い情報に特化する方針を採るため、長く読まれ続けているコンテンツを改めて拾うことはないだろう。ここが彼らとの差別化のポイントになりそうである。

(5) STP

ターゲットユーザーとして①専門的な仕事をする会社員や②いつも遅くまで働く激務の会社員を考えていたので、基盤とするターゲットは「会社員」だろう。しかしいまの解決策であれば大学生、とくに就活生にもプロダクトが価値を提供できるのではないかとも考え直した。おそらくターゲットとする市場はより深い検討と調査が必要になるが、

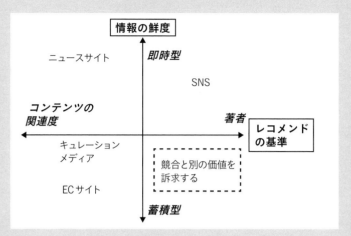

図表 6-0　ポジショニング

現状では「会社員」と「大学生」の2つをターゲティング候補に置くこととした。

　次に、ポジショニングについては競合と代替品を整理する中で自社だから提供できる価値は「レコメンドの基準」と「情報の鮮度」の2つだと発見したため、これらを軸にして整理した（図表6-O）。今回のプロダクトは書籍の購買につなげることを目的に個人が日々発信する情報に目を向けているため、競合と異なりレコメンドの基準はコンテンツの関連度ではなく誰が書いているかに比重を置くことになる。また、新しいコンテンツではなく、そのときのユーザーに合ったコンテンツを価値と据え置く。

　このように整理をしたことで、「即時型 × 著者」の領域が空いていることに気づいたが、思考を巡らせてみたところ、SNSプロダクトが即時性が高く、筆者をフォローする代替品であることに気づくことができたため、競合として追加した。

» ペインとゲインを仮説検証する

　ここまでの仮説を検証するために、会社員と大学生セグメントからインタビュー候補者を募ることになる。インタビューをするにあたって、何をどのように聞くのかを決めておきたい。「必要な情報を必要となる前に」提供するプロダクトの価値と考えられるものは以下の通りである。

①個人が日常的に発信するコンテンツと書籍のうち、ユーザーにおすすめのものをプッシュする
②他のユーザーに話題で、関連度が高いコンテンツのみを抽出する
③内容の要約を提供する

では、どのように質問すると仮説を検証することができるだろうか。単にインタビューするユーザーがどのような会社で、どんな仕事に就き、どのようなデバイスのどんなツールを使って1日をどのように過ごしているかを知るだけでは不十分である。

　たとえば①個人が日常的に発信するコンテンツと書籍のうち、ユーザーにおすすめのものをプッシュするという価値は、リモートワークが広まり通勤をすることが減ってきているユーザーもいる中で、プロダクトを使う場面にはどのようなものがあるだろうか？ プッシュ通知を受け取ったユーザーがつねに通勤電車の中で開くとは限らない。その行動は仕事中とプライベートのときでどのように変わるだろうか？ また「個人が日常的に発信するコンテンツと書籍」に関してもユーザーはどのようにその「個人」を信じるに値する情報源と判断しているのだろうか？ 単に有名だから、フォロワー数が多いからというだけで選んだコンテンツが、本当にそのユーザーにとって必要な情報なのだろうか？

　②他のユーザーに話題で、関連度が高いコンテンツのみを抽出するについては、ユーザーにとっての「他のユーザー」がどのような人々を指すのかをインタビューする。その人は同じ業界、異業種、年代や性別、地域差もあるのだろうか？ さらに自分にとって「関連度が高い」というのをユーザーはどのように判断しているのだろうか？ 対象とするコンテンツの主題とされる人や企業が自分の取引先だからだろうか？ それとも競合他社だからなのか？ 業界全体に関わるマクロなニュースだからなのか？

　このようにユーザーがどのように情報を取捨選択しているのか、そこにユーザーがどのようなストレスを感じているのかを詳らかにしていくことによって、ユーザーに対する理解を深めることができる。他にも情報収集によく使うプロダクトを挙げてもらい、それをどのように使っているか？ 使う中で不満に思っているところはどんなところか？ それはなぜか？ といった観点で深掘りしていくことも有効である。

　さて、インタビューを実施し、その結果をKJ法を駆使してまとめてみた結果、以下の洞察を導くことができたため、大学生はターゲットして適さないという結論になった。

・大学生は何が必要なのかをわかっていないため、いろいろな業界の知識がほしい
・「就活」の情報は必要だが、広告業界にもメーカーのマーケティング部署にも興味があるのでドメインはばらばら
・「就活」ドメインには代替品が多くある
・大学生は書籍は買わずに先輩からもらっている

　一方、会社員ユーザーへのインタビュー結果からは、プロダクトを活用する具体的な場面が浮かんできた。

・SNSを見てフィード上でその記事が話題になっていることは知っているがその中身

・は読んでいない
・情報がありすぎて追いきれていないと感じている
・好きなゲームや漫画の情報がほしい
・接待のために美味しいレストラン情報が必要となっている
・購読しては読まずにそのままになっている積ん読が増えていて、いつも気になっている
・毎日こまめにインプットができているが、インプットをばらばらのツールで行っているので面倒に感じる

このようにユーザーインタビューを行うと自分たちが考えていたこととユーザーが感じていたことのズレや、本当にユーザーがペインと感じていることをより具体性をもって理解することができた。プロダクトの Why が明確になってきたら、次はどんなプロダクト（What）でこうしたペインに応えていくかを考えていこう。

» リーンキャンバス

課題 Problems	ソリューション Solution	独自の価値提案 Unique Value Proposition (UVP)		圧倒的な優位性 Unfair Advantage	カスタマーセグメント Customer Segment
・インプットするための時間が十分にない ・どの情報の質が高いのか自分で見極めることができていない ・情報をインプットするためのモチベーションを維持するのが難しい	・他のユーザーに話題で、関連度が高いコンテンツのみを抽出する	・個人が日常的に発信するコンテンツと書籍のうち、ユーザーにおすすめのものをプッシュする ・内容の要約を提供する		・ユーザーの興味関心情報を幅広いメディアを通じて知ることができる ・強いニュース編集部隊	・必要な情報のドメインが明確になっている社会人
既存の代替品 Existing Alternatives ・EC サイトの書籍のレコメンド ・ニュースアプリ ・SNS	主要指標 Key Metrics	ハイレベルコンセプト High Level Concept ・必要な知識を必要になる前に		チャネル Channels ・App Store ・広告	アーリーアダプター Early Adopters
コスト構造 Cost Structure			収益の流れ Revenue Streams		

図表 6-P　ケーススタディプロダクトの Core と Why

ここまでの検討をリーンキャンバスに記載した（図表 6-P）。独自の価値提案には価値の要素で検討していたものを記載しようとしたが、「他のユーザーに話題で、関連度が高いコンテンツのみを抽出する」については既存の代替品でも実装されている機能であるためソリューションのところに記載することにした。

網かけしたプロダクトの Why 領域では、ユーザーインタビューの結果を適応して、「必要な情報のドメインが明確になっている」社会人とした。アーリーアダプターはまだ仮説を構築することもできなかったため、別に検討することとした。課題についてもイン

タビュー結果を反映させた。

» Fit & Refine

　プロダクトの Why の検討が一通り終わったので、プロダクトの Core と整合しているのかを確かめるために Fit を考えよう。改めてプロダクトの Core であるビジョンとミッションを見返してみよう。
・ビジョン：必要な知識を必要になる前に
・ミッション：人と書籍の出会いとなる新たなチャネルをつくる

　リーンキャンバスと見比べて、ビジョンとミッションに一貫したプロダクトの Why になっていることを確認でき、安心することができた。しかし、全社戦略として「書籍の売上を拡大する」ことを期待されているが、いまの方針では具体的にどのように売上を拡大するのかは検討できていないため、プロダクトと書籍販売を含めたビジネスモデルの検討が必要であることを再認識した。
　次に、プロダクトの Why を検討することでプロダクトの世界観をより解像度を高くして理解することができたため、プロダクトの Core の Refine を検討してみよう。ユーザーインタビューの結果、ユーザーにとって必要な情報には好きな漫画の新作情報やおすすめのレストランなどもあることがわかったが、これらの仕事内容と直接的に関係ない情報はプロダクトのスコープ外とした。
　そのため、つくり出したいのは世の中のすべての知識や情報が提供される世界ではなく、その中で「よりよい仕事をするために必要な知識」に特化したものになる。ここでは「成長」がキーワードになると判断したため、ビジョンを「成長に必要な知識を必要になる前に」と Refine することとした。
　また、「個人が配信するコンテンツ」に特化することをビジョンやミッションに反映することも検討してみたが、これはビジョンやミッションを達成するための手段にすぎないと考え直し、反映しないこととした。

ケーススタディ：プロダクトの What の検討へ続く➡

Chapter 7

プロダクトの What

プロダクトの What では、何をつくり、どのような優先度で取り組むのかを検討する。具体的には、「ユーザー体験」「ビジネスモデル」「ロードマップ」を作成することになる（図表7-1）。

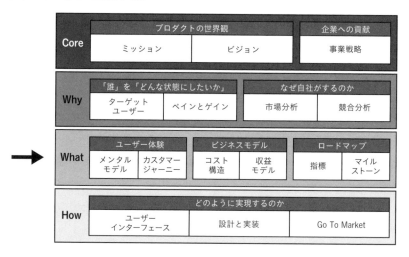

	プロダクトの世界観		企業への貢献
Core	ミッション	ビジョン	事業戦略

	「誰」を「どんな状態にしたいか」		なぜ自社がするのか	
Why	ターゲットユーザー	ペインとゲイン	市場分析	競合分析

	ユーザー体験		ビジネスモデル		ロードマップ	
What	メンタルモデル	カスタマージャーニー	コスト構造	収益モデル	指標	マイルストーン

	どのように実現するのか		
How	ユーザーインターフェース	設計と実装	Go To Market

図表 7-1　プロダクトの4階層における What

7.1　解決策を発想する

プロダクトの Why を解決するためのプロダクトの What は無数にあるはずである。前述のように、課題と解決策は分離して考え、解決策に固執せずに課題に対してもっとも有効な解決策を選択する姿勢が大切である（図表7-2）。

プロダクトの What である解決策を数多く発想し、その中でもっともよいもの
を選択するという 1000 本ノックを受ける姿勢で臨むことで 1 つの解決策に固執
することは避けられる。プロダクトのアウトラインを発想し、それぞれをユーザ
ー体験とビジネスモデルの両軸で検討を深めていきながらもっともよい解決策を
見つけてほしい。

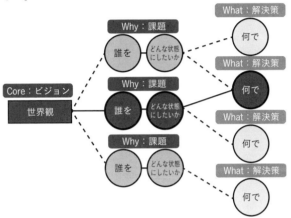

図表 7-2 「誰」を「何」で「どんな状態にしたいか」

7.2 何をつくるのか——ユーザー体験

ユーザー体験の設計がプロダクトを成功に導くといっても過言ではない。どれ
だけビジネスモデルがすばらしくても、プロダクトを通してユーザーに価値を提
案することができなければ誰にも使われないものになってしまう。プロダクトの
Why で検討したユーザーの課題にどのような解決策を提案するのかを検討してい
こう。

7.2.1 ユーザー体験とは

ユーザー体験とはユーザーエクスペリエンス（User Experience）を略して UX
ともよばれ、そのプロダクトを認知するところから使い始めて目的を達成するま

での一連のプロダクトの使い勝手、使った感触やそこに想起される感情など、ユーザーが体験したものすべてである。

　UX と似た言葉に UI がある。ウェブデザインやモバイルアプリの世界では UI や UX という言葉を耳にしたことがある人も多いと思う（図表 7-3）。UI とはユーザーインターフェース（User Interface）のことで、ユーザーがプロダクトを手にしたときに目に見える部分、触れる部分のことを示す。

　たとえばカフェでコーヒーを飲む場合、UI にあたるのはカップや BGM などのユーザーが触れるモノである。UX にあたるのは「土曜日の午後におしゃれなカフェで素敵な音楽を聴きながら、ゆっくりとカフェラテを飲む体験」である。プロダクトマネージャーはプロダクトデザインを考えるときやデザイナーと話すときに、それが UI の議論なのか、あるいは UX の議論なのかを理解しておく必要がある。

　また、プロダクトマネージャーはプロダクトの UI よりもプロダクトでどんな UX を実現したいかについて、UX デザイナーとの協議を重ねて検討を深めなければならない。たとえばモバイルアプリをつくるときに、どんなに美麗な UI であったとしても、操作するのに何度もスワイプしたりタップを繰り返したりしなければならない UX だとしたら、ユーザーは使わなくなってしまう。見やすくてわかりやすい UI と、迷わず意図した通りに動いてくれる UX が備わったプロダクトでないと、すぐにアンインストールされてしまうであろう。

UIの要素

| レイアウト | 色使い | タイポグラフィー（フォント） | ビジュアルデザイン | ブランディング（メッセージやライティングも含む） |

UXの要素

| ユーザーリサーチ | ペルソナやシナリオ | インフォメーションアーキテクチャ | インタラクションデザイン | ユーザビリティテスト |

図表 7-3　UI と UX の要素

UX を検討するときは「点ではなく、線で考える」ことが重要である。たとえば、カフェでおしゃれな服装の店員さんにおすすめされるがままにカフェラテを注文する体験がすばらしいものであったとしても、カフェスペースが漫画喫茶のような大量の漫画に囲まれるような座席であれば、ちぐはぐな印象を与えてしまう。

　おしゃれなカフェラテを飲む体験も、大量の漫画に囲まれて心ゆくままに物語を読み耽る体験もユーザーにとっては「よい」体験ではあるが、ユーザーの体験は時系列で続いていくために、点ではなくて線で UX を検討することが重要となる。

　UX を検討する範囲にも注目してほしい。カフェに行くユーザーの体験を設計するのであれば、カフェに入ってからの UX を設計するのではなく、カフェに行こうと思い立つところからの UX を検討すべきである。実際にカフェにいる時間だけではなく、それ以外の時間におけるユーザーの心情の変化にも気を配らなければならない。

　スマートフォンアプリであれば、インストールする前のきっかけとなるところや、一度アプリを使い終わったあとにどうすれば 2 回目も使ってもらえるのかというところでも UX を検討する必要がある。

　UX については UX デザイナーに任せておけばいい、というわけにはいかない。UX とは、ユーザーに提供する価値そのものである。UX デザイナーと協業をしながら、プロダクトマネージャーが自分ごととして UX に取り組むことで、プロダクトの成功に近づく。

(7.2.2) ユーザーを理解する

　UX を構築するためには、ユーザーを理解することが重要である。これは、プロダクトの価値の輪郭を定めていく重要なステップとなる。「ユーザーを理解する」とはその言葉以上に多様な角度でユーザーを見ていかなければならない。ユーザーを見る目を養うトレーニングは、仕事の中だけではなく普段の生活で目にする光景からも行える。ユーザーを理解するステップを知り、プロダクトの可能性を広げることにつなげていきたい。

（1）ユーザーとは誰か？　ターゲットセグメントとペルソナ

　プロダクトが提供しようとしている価値やUXを考えるときに誰の目線で考えるのかが重要になる。たとえば、IT に詳しいプロダクトマネージャー自身の視点でだけ検討してしまうと、IT リテラシーが高く、いろいろなプロダクトを使い慣れているユーザーにとっては使いやすいものになるかもしれないが、その他多くのユーザーにとって使いづらいものになってしまう可能性がある。

　プロダクトのユーザーを考えるためには、プロダクトの Why で解説したターゲットユーザーを決める方法としてペルソナを設定する方法がある。ペルソナとは、ターゲットとするセグメントに属する実際には存在しない仮想のユーザー像のことである。

　ペルソナを設定すると、どのようなユーザーがプロダクトを利用するのか？　という仮説をより具体的に想像して検証できるとともに、プロダクトチーム全員が同じユーザー像の視点でプロダクトを考えることができるようになる。

（2）ペルソナをつくる

　ペルソナには名前や顔写真、その人物像の属性情報となる年齢、家族構成、性別、職業などが含まれる。これらの中には、一見プロダクトを使うために関係がなさそうに思える情報もあるかもしれない。

　しかし、ペルソナはプロダクトマネージャーがプロダクトの機能を発想しレビューするための視点であるため、この人物が朝起きてから夜寝るまでの行動の中でどのようにプロダクトを使うのか、どこでどんな価値を感じるのか、といったことをありありと想像するためには必要な情報となる。そうはいってもペルソナをつくることが目的となり、たとえばその人物の年収が300万円であるのか350万円であるのかといった詳細な議論に時間をかけることは無意味である。プロダクトについて検討するために必要な情報に的を絞って議論する必要がある。

　ペルソナは実際にプロダクトを使ってくれるユーザーの定量情報をもとにユーザーを分類し、現実的なユーザーとしてつくり上げなければならない。もし、ペルソナが実際のユーザーと異なっていればプロダクトマネージャーとユーザーの距離は遠くなり、現実のユーザーに価値を届けることができなくなるだろう。「こういったユーザーがいそうである」という頭の中での人物像を言語化するのでは

なく、実際のデータに即して構築することが重要となる。

　ペルソナはプロダクトに関わる役割ごとに必要である。たとえば、出品者と購入者の役割がいる EC サイトでは出品者と購入者でプロダクトを見る視点が異なるため、出品する企業のペルソナと購入者のペルソナは別につくる。

　とくに IT プロダクトでペルソナを作成する場合は、そのスキルレベルも検討しておくとよい。スキルレベルとは、ユーザーの技術リテラシーやタスクへの習熟度のことをいう。ユーザーにとってプロダクトが要求する行動は、習得にどのくらい時間がかかるのかといった観点も考慮する必要がある。

(3)　ペルソナとターゲットセグメント

　ペルソナとターゲットとするセグメントは異なることに注意したい。ペルソナが 31 歳の女性だとしても、プロダクトのターゲットユーザーは 31 歳の女性だけではない。ペルソナはターゲットとするセグメントの中の 1 人の人物像であるので、ペルソナだけはなく、ターゲットとするセグメント全員にとって使いやすいプロダクトにしなければならない。

　つまり、ペルソナをつくり、ペルソナの視点になってペインやゲイン、それらを解決するための UX を発想し、それを仮説としてターゲットとするセグメントにもあてはまるかを検証する。しかし、プロダクトの意思決定をするときにはペルソナだけの主観にならないように、ターゲットとするセグメント全体の目線も忘れずに使い分けてほしい。

7.2.3　ユーザーのゴールを知る

　プロダクトの Why では、プロダクトのビジョンを「誰」を「どんな状態にしたいか」に分解した。「どんな状態にしたいか」は主語がプロダクト提供者であり、ユーザーではない。プロダクトはユーザーが求めるゴールを達成するまでの一連の体験を提供するため、プロダクトを設計するときには、ユーザーがそのプロダクトを使い、タスクを完了する行動の源となるモチベーションを理解することが重要となる。

　UX の文脈において、ユーザーのゴールを次の 3 つのレベルで理解することが

PART I

PART II

PART III

PART IV

PART V

PART VI

推奨されている。ユーザーが意識して考えている、あるいは無意識のうちに考えているゴールへの理解は、プロダクトを使ってもらうための重要なモチベーションをあぶり出すことになる。

①達成するもの（End goal）：ユーザーはプロダクトを使うことで何を成し遂げたいのか？

　例：売る、買う、送る、リマインドする、読む

②感じるもの（Experience goal）：ユーザーがプロダクトを使う際に大切にしている感情やモチベーションはどのようなものか？

　例：遠く離れた恋人とより深くつながっていたいのでメールよりもビデオチャットを使いたい。この場合、ユーザーが大切にしているモチベーションは「つながり」ということになる。

③人生に彩りを与えるもの（Life goal）：ユーザーの人生における究極のゴールは？　そこにプロダクトがどのように影響を与えるか？

　例：誰がいまどのような進捗にあるのか、随時アラートやアップデートがほしい。この場合、ユーザーの Life goal はチームのメンバーが何かに躓いているときいち早くそれを知って助けたい、そうしてチームで大きな成果を上げたい、ということになる。

7.2.4 ユーザーの行動や期待値を知る── メンタルモデルダイアグラム

　ユーザーのゴールを理解することができれば、その達成のために必要な行動を考えよう。「その行動に無理はないか？」「ユーザーの背景や文脈を考えたときに自然な行動か？」について検討する。

（1）メンタルモデル

　ユーザーはプロダクトを見たり触れたりしたときに暗黙のうちに「このように動くだろう」と考えている。こうしたプロダクトや体験に対する暗黙の前提をメンタルモデル（Mental Model）という。もともとは個人が世界をどのように認識し、解釈をしているのかを表す言葉であったが、主に UX の文脈ではプロダクト

に対して何か行動をしたときに、その後起きるであろうとユーザーが期待している挙動のことを指す。

たとえば、ボタンがあれば押したくなり、スライダーがあればずらしてみたくなるといったユーザーの心理である。ただし、メンタルモデルはユーザーインタビューで必ずしも明示的にわかるわけではないので、何らかの仮説や推論が必要になるときもある。

ゴールとメンタルモデルがわかると、「なぜ」ユーザーは特定の行動を取るのかが理解しやすくなる。これはユーザーが「どんな」行動を取るかを理解するよりもはるかに重要になる。

(2) メンタルモデルダイアグラム

プロダクトの体験を考えるために、プロダクトが提供する機能要素を洗い出していこう。プロダクトの機能を考えるとき、その一つひとつの機能には理由がなければならない。「一般的にまずはログインをして、その後にホーム画面がある」といったフローから機能を考え出すのではなく、ユーザーのニーズから機能に落とし込んでいくことが重要である。そのための手法として有用なのが「メンタルモデルダイアグラム」である。

もし UX デザイナーがいるのならユーザーにとって心地がよい体験の設計については任せるとよい。しかし、どんな機能による体験が必要であるのかというアイデアの創出についてはプロダクトマネージャーも責任を追うべき範疇である。

メンタルモデルダイアグラムはユーザーがプロダクトの挙動に対する期待を充足するための手法である。インディ・ヤングが著書『メンタルモデル』にて示したものである。本書ではそのエッセンスを紹介するため、詳細については上記書籍を参考にしてほしい。

メンタルモデルダイアグラムでは、図表 7-4 のように上半分にユーザーの行動、下半分にプロダクトが提供する機能を記載する。まずユーザーの行動を洗い出し、パターンを探し出してグルーピングをする。グルーピングの結果を縦に「タワー」として積み上げる。次に、ダイアグラムの下半分に上のタワーに対応するプロダクトの機能を書き出す。こうすることにより、ユーザーの行動と機能の対応が可視化され、機能が足りていない箇所やどこのユーザーの行動にもあてはまらない

PART I

PART II

PART III

PART IV

PART V

PART VI

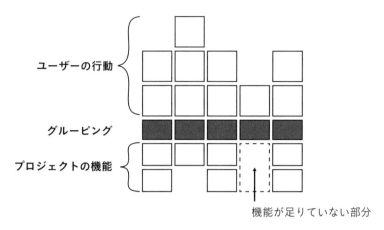

ユーザーの行動

グルーピング

プロジェクトの機能

機能が足りていない部分

図表 7-4　メンタルモデルダイアグラム

機能が見つかる。

　メンタルモデルダイアグラムをつくることによりさまざまな効果があるが、新しいプロダクトをつくるときのアイデアを得るのに非常に効果的である。プロダクトを中心に体験を設計するのではなく、ペルソナの行動をもとに必要な機能要素を考え出すことができる。

(7.2.5) カスタマージャーニーを設計する

　メンタルモデルダイアグラムではプロダクトの体験が点の状態であり、線としてのつながりはないため、ユーザーの体験を時系列に沿って設計していかなければならない。プロダクトを使うときのユーザーの体験をカスタマージャーニーとよぶ。

　カスタマージャーニーを時系列に沿ってまとめたものをカスタマージャーニーマップという。カスタマージャーニーマップはペルソナごとに作成するものであるため、複数の成果物ができる。

　カスタマージャーニーマップは横軸が時間の経過になっており、左から右へ時系列に沿ってユーザーとプロダクトの行動の移り変わりを記載する（図表 7-5）。メンタルモデルダイアグラムと違って時系列に沿うことで、シーンの推移とともに

A子さん
女性 31 歳
東京都世田谷区在住
会社員

家族構成	一人暮らし
年収	700万円
職業	プロダクトマネージャー（旅行系プロダクト）
勤務先	大手IT企業
住居	賃貸アパート、駅徒歩7分
学歴	国公立大学工学部卒業

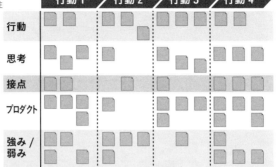

図表 7-5　カスタマージャーニーマップ

にユーザーの課題を理解して、ユーザーとプロダクトのコミュニケーションインターフェースを検討することができる。

　ユーザーの課題を理解しているつもりになっていても、可視化してみることで新たな気づきが生まれることがある。プロダクトチーム内でのユーザー理解に差があることにも気がつくかもしれない。

　カスタマージャーニーマップは上下2つの領域からなる。ユーザーの行動、思考（感情、ペイン、ゲイン）を上部に書き、下部にはそれに合わせてプロダクトが提供する機能と、それを支えるプロダクトの強みと弱みを合わせて記載する。これは、時系列ごとにバリュー・プロポジションキャンバスを書いているのとほぼ同じことをしていることになる。

　上部のユーザーと下部のプロダクトの間には、その接点をどのように構築するのかを記載する。ただし、カスタマージャーニーマップには決まった形式はないので、作成しながら適切なテンプレートをつくり出してほしい。

　カスタマージャーニーマップは、ユーザーの意思決定の理由を知ることに有用なフレームワークだといわれている。シーンが移り変わったときに、競合ではなく自社のプロダクトを利用し続ける理由は何か、あるいはなぜ離脱してしまったのかというユーザーの思考を知ることでプロダクトが提供すべき機能と向き合うことができる。

7.2.6　ワイヤーフレームを描く

　カスタマージャーニーマップが作成できたら、IT プロダクトの場合は主要画面のビジュアルを考えてみよう。実際の作業を行うデザイナーに依頼する際、言葉だけで伝えようとしても、想起されるイメージが人によって異なる可能性がある。そこで、プロダクトの UI や UX を簡易に表現するワイヤーフレームがよく使われる（図表 7-6）。

図表 7-6　ワイヤーフレームの例[※1]

　ワイヤーフレームを描くための専用ツールはいくつかあるが、ホワイトボードに手描きしたものを写真に撮って共有するだけでも十分にイメージを伝えられる。絵を描くのに自信がないという声もよく耳にするが、ワイヤーフレームでは細かい部分はある程度省略してしまってもよい。

　もしくは他のプロダクトの画面のスクリーンキャプチャーを貼り付け、その一部で代替してしまうこともよくある。また描く前にデスクトップやモバイルデバイスの縦横比やスクリーンのグリッド、文章のコンポーネント配置を揃えることを意識するだけで、ワイヤーフレームとしての可視性は見違えるほどよくなる（図表 7-7）。

　デザイナーがつくる成果物は、ワイヤーフレームで想定していたものと大きく

※1　https://cacoo.com/templates/ios-mobile-wireframe

異なるものになる可能性もある。ワイヤーフレームはあくまでもデザイナーにプロダクトマネージャーの意図を伝えるためのツールとして利用し、デザイナーにはワイヤーフレームにとらわれずユーザーにとってもっとも使いやすいデザインを検討してもらうとよい。

PART I

PART II

PART III

PART IV

PART V

PART VI

図表7-7　モバイルデバイスのグリッド分け[2]（左）とコンポーネント配置[3]（右）

 ## 7.3　何をつくるのか──ビジネスモデル

　ユーザー体験と同時に考えなければならないことは、プロダクトがビジネスとして成立するかどうかである。ビジネスモデルとは『ビジネスモデル・ジェネレーション』の著者であるアレックス・オスターワルダーおよびイヴ・ピニュールの言葉を借りれば、「どのような価値を創造し、ユーザーに届けるかを論理的に記述したもの」である。

　プロダクトの価値をきちんとユーザーに届けるためには、適切なプロセスやステップがあることを示している。

※2　https://www.creativebloq.com/how-to/create-a-responsive-dashboard-with-figma

※3　https://help.figma.com/hc/en-us/articles/360040450513-Create-Layout-Grids-with-grids-columns-and-rows

7.3.1 ビジネスモデルキャンバスとは

　ビジネスモデルキャンバスとは企業が行うビジネス活動の現状や課題を表現したり、新たにビジネスモデルをデザインしたり、事業のピボットを構想したりするために使われるツールである（図表7-8）。2005年にアレックス・オスターワルダーによって提唱され、2010年に前述の書籍に掲載された。それ以来多くの支持を集め、現在ではビジネスモデルを考えるときの基本と据えられている。

　ビジネスモデルキャンバスは現在のビジネスが、どれくらいのコストでどのように価値が創出され収益を上げているかをビジュアルに理解できる特徴をもつ。

　自社のビジネスモデルキャンバスを描いて、現状のビジネスモデルを強化する戦略を考えたり、新たな収益機会を模索したりするのみならず競合のビジネスモデルキャンバスを描いて自社と比較することで新たなビジネスのヒントを得ることもできる。ビジネスモデルの可視化という作業を通してイノベーションを触発するのがビジネスモデルキャンバスの本領といえる。

KP キー パートナー	KA 主な活動	VP 価値提案	CR カスタマー との関係	CS カスタマー セグメント
	KR 主なリソース		CH チャネル	
CS コスト構造		RS 収益の流れ		

図表7-8　ビジネスモデルキャンバス[※4]

　ビジネスモデルキャンバスは図表7-9に示すようにさまざまな要素からなり、そこに情報を埋めていくことでビジネスモデルを可視化することができる。各要

※4　Copyright by Strategyzer AG, strategyzer.com

素を見てみよう。

　ビジネスモデルキャンバスの右側にはユーザーについて書かれていて、左側にはキーとなるビジネス要素が書かれている。ビジネスモデルキャンバスもユーザー中心に設計していくために、基本的にはキャンバスの右から左へ、CS（カスタマーセグメント）→　VP（価値提案）→　CH（チャネル）→　CR（カスタマーとの関係）→　RS（収益の流れ）→　KR（主なリソース）→　KA（主な活動）→　KP（キーパートナー）→　CS（コスト構造）といった順で書いていくことを推奨する。

図表 7-9　ビジネスモデルキャンバスの各要素

要素名	内　容
KP （キーパートナー）	なくてはならない事業パートナー（逆にこのパートナーなしには価値を生み出せない。サプライヤーは含まない）
KA （主な活動）	このビジネスモデルを回していくために、毎日どのようなことがされているか？
KR（主なリソース）	人、資金、情報や特許など、価値を生み出す際に使われるもの
VP（価値提案）	ユーザーのためにプロダクトがすることは何か？
CR （カスタマーとの関係）	企業とユーザーの関係性はどこでどのように現れるか？　そしてどのように維持されているのか？
CH （チャネル）	ユーザーに価値を伝えるためにどのようなコミュニケーション手段を使っているか？　また価値をどのように伝えているか？
CS （カスタマーセグメント）	もっとも収益を上げているユーザーセグメントは？
CS （コスト構造）	KA、KR の中でもっともコストがかかっている固定費や変動費、初期投資の費用は？　規模の経済性、ビジネス多角化による経済性が効くか？　　　　　　　　　　　　　　　➡ 19.1.5 コストの考え方
RS （収益の流れ）	収益を上げている、もしくは上げることになっているビジネスモデルは何か？（フリーミアム、フリートライアルの場合もここに記載）　　　　　　　　　　　　　　　➡ 19.1.2 収益モデル

　ビジネスはユーザーに価値を提供することで成り立つものであり、ユーザーに対する理解があって初めて価値を生み出すことができる。右から左へ書いていくということは、コストやリソースは価値を実現するための手段にすぎないというビジネスの原点に立ち返ることになる。

　またこの作業をする際に、「そういえばうちのカスタマーセグメントは具体的に

PART I
PART II
PART III
PART IV
PART V
PART VI

どこだ？」となるようであれば、そもそもターゲットとするユーザーがぼやけており、結果的につくっているプロダクトやその価値が十分に力を発揮できていない状況といえる。ビジネスモデルキャンバスのチェックリストを参考に、プロダクトの Why から検討し直してほしい（図表 7-10）。

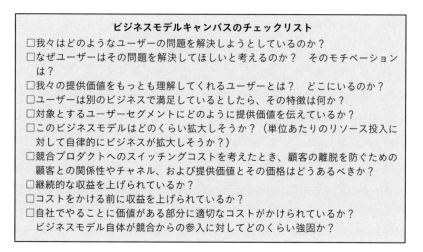

ビジネスモデルキャンバスのチェックリスト
☐我々はどのようなユーザーの問題を解決しようとしているのか？
☐なぜユーザーはその問題を解決してほしいと考えるのか？　そのモチベーションは？
☐我々の提供価値をもっとも理解してくれるユーザーとは？　どこにいるのか？
☐ユーザーは別のビジネスで満足しているとしたら、その特徴は何か？
☐対象とするユーザーセグメントにどのように提供価値を伝えているか？
☐このビジネスモデルはどのくらい拡大しそうか？（単位あたりのリソース投入に対して自律的にビジネスが拡大しそうか？）
☐競合プロダクトへのスイッチングコストを考えたとき、顧客の離脱を防ぐための顧客との関係性やチャネル、および提供価値とその価格はどうあるべきか？
☐継続的な収益を上げられているか？
☐コストをかける前に収益を上げられているか？
☐自社でやることに価値がある部分に適切なコストがかけられているか？
　ビジネスモデル自体が競合からの参入に対してどのくらい強固か？

図表 7-10　ビジネスモデルキャンバスのチェックリスト

7.3.2　ソリューションを仮説検証する ユーザーインタビュー

　UX とビジネスモデルの仮説を構築することができたら、その仮説をインタビューによって検証してみよう。UX だけでインタビューをすることもあるが、提供価格がいくらならその UX を使ってもらうことができるのか、という観点もプロダクトの今後を考えるうえで重要な要素であるため、UX とビジネスモデルの両方が構築できたタイミングでインタビューを実施するのが望ましい。

（1）ユーザーインタビューの候補者を集める
　この段階でのインタビューは、解決しようとしているペインとゲインをもっているユーザーの市場規模が十分にあり、ビジネスモデルが実現可能であることま

でを確認したあとに実施する。そのためソリューションを検証するインタビューでは、インタビュー候補者もそのプロダクトが取り組んでいるペインとゲインをもっている必要がある。

この段階で別のペインとゲインをもったユーザーの声を取り入れてしまうと、インタビュー結果として不適切となってしまうため事前にアンケートなどを用いてインタビュー候補者を絞っておくことが重要である。

ユーザビリティー工学の第一人者であるヤコブ・ニールセンによると、ユーザービリティーに関するユーザーインタビューは 5 人行えば必要なインサイトの 80 ％以上が得られるという結果がある（図表 7-11）。

適切なインタビュー候補者を集めることが大前提であるが、その数は 10 人だろうと 50 人だろうと得られる気づきに大差は出ない。まずは 1 つのセグメントあたりに 5 名程度にユーザーインタビューを実施してほしい。

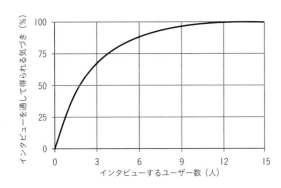

図表 7-11　インタビューにおけるユーザー数とインサイトの相関[5]

(2) ユーザーインタビューを設計する

ソリューションを仮説検証するユーザーインタビューでは、実際のプロダクトが提供する UX やビジネスモデルについて深く意見を聞くことになる。そのために、プロダクトのプロトタイプを用意してもよい。

エンジニアが簡単に実装できるようなものであれば用意してもよいが、近年は

※5　https://www.nngroup.com/articles/why-you-only-need-to-test-with-5-users

プロトタイピングツールも充実しているのでプログラミングの知識がなくてもプロダクトマネージャー自らがインタビュー用のプロトタイプを構築することもできるだろう。他にも、ユーザーの操作に合わせて担当者が裏側でプロトタイプを動かして、まるでシステムが動いているように見せる「オズの魔法使い」とよばれる方法もある。

インタビューにあたって、まずはユーザに一通りプロトタイプを触ってもらおう。プロダクトを操作するときには思っていることをすべて口に出してもらうとよい。たとえば、「設定画面を開きたいのでこのボタンを押します」といったように操作をするための背景や思いについて気軽に口に出してもらうように依頼をしておく。

その後、「あなたは、このプロダクトをどんなときに利用すると思いますか？」「いまこのプロダクトがない状態では、どのようにしているのですか？」といった質問を投げかける。ただ、「このプロダクトはよいと思いますか？」といった質問はユーザーのことを知る質問であるとはいえない。プロダクトの開発者を目の前にして「いいえ」と答えることができる人は少ない。

どういうところがよいと感じたのかや、どんなシーンで利用をすることを想定してよいと感じたのか、そのシーンで現在利用している代替案は何であるのか、いくらならそのプロダクトを利用するのか、代替案のよいところと悪いところなどを聞くなどにより、プロダクトのソリューションを評価することができる。

➡ 8.2.2 プロダクトの価格を決める

また、「この機能を利用しますか？」という質問に対しても「いいえ」と答える参加者も少ない。たとえば「インタビューを通して紹介した機能の中で一番印象に残っている機能はどれですか？」という質問や、機能リストを見せて「この中で1つ機能を外すならどれですか？」といった聞き方をすることで別の切り口からの意見を得ることができる。

もちろん、この質問の結果を鵜のみにしてユーザーが使わない機能をプロダクトのスコープから外してはならない。なぜその機能を使わないのか、その機能が必要だと考えたペインとゲインの仮説が間違っているのか、それともソリューションが間違っているのかを検証するための質問を続ける必要がある。

インタビューの最後に「このプロダクトを使ってくれそうな方にインタビュー

をしたいので紹介してくれませんか？」と問いかけるのもよい。この質問によって、どういうユーザーがどんなシーンでそのプロダクトを使うカスタマージャーニーを想像しているのか、そのプロダクトにどんな価値を感じたのかを、参加者自身の言葉で説明してくれるだろう。

7.4　どのような優先度で取り組むか

　ユーザー体験とビジネスモデルの妥当性をユーザーインタビューで確認できたら、どのような優先度で実現していくのか、また何が達成できればよいと判断できるかの測定指標を考えよう。

7.4.1　ロードマップを策定する

　ミッション、ビジョン、事業戦略からプロダクトの Why と What がしっかり定まっているなら、ステークホルダー間で納得のいくロードマップをつくり上げることができる。ロードマップとは道路などでの道順を表す地図を意味し、それが転じてプロダクト開発の開始時からビジョンを達成するまでの行程表のことを指す。

　実際には、地図のように出発地から目的地までの道順を開始時に確認することができないので、プロダクト開発におけるロードマップは詳細な手順表のことを指すわけではない。

　プロダクトを開始してから向かうべき経過地点をあらかじめいくつか設定しておき、明確なゴールの場所が定まらなくても着実にゴールに近づいていくための行程表がロードマップである（図表 7-12）。ロードマップの経過地点をマイルストーンとよぶ。

　たとえば、「ユーザー数 100 万人達成」という事業目標があったとき、初回のMVP でいきなりこれを達成することは難しいだろう。最終的に広い市場でのアプローチが必要であったとしても、「大きな市場を狙う前に若年女性層のユーザーを獲得すること」をマイルストーンの 1 つ目に置き、「セグメントの拡大」を 2

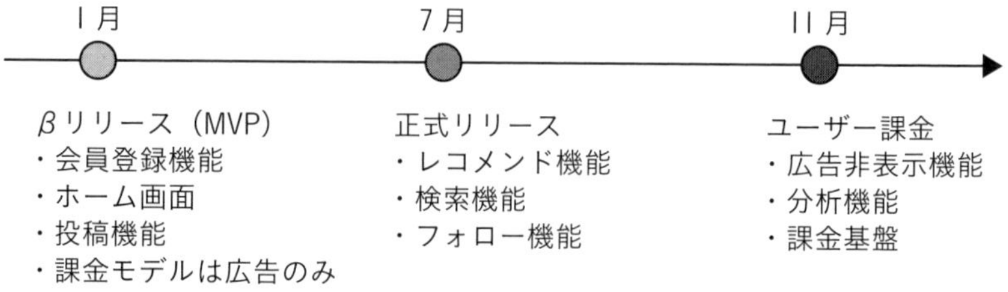

図表 7-12　ロードマップの例

つ目に置く。どのような手順で最終的な目標を達成するのかを合意しておけば、仮説検証時に目指す方向を 1 つに絞ることができる。

　ロードマップは上記のようにプロダクト開発に関わるすべての人々に対して現在地と短期から長期の見通しを示すコミュニケーションツールである。同時に、戦略を具体化するために各種の施策やプロジェクトがどのように有機的に連動しているのかを可視化するためのツールでもある。

　プロダクト開発の進行やロードマップに従って実際にリリースされたプロダクトのユーザーおよびビジネスへのインパクトを見ながら、事業として現在の投資が適切なリターンを生んでいるかを適確に知るためにも利用される。ロードマップとは戦略を絵に描いた餅で終わらせないための重要なステップなのである。

　また、ロードマップは一度計画したら終わりではなく、適切にアップデートし続けなければならない。中長期的な目標を立てたからといってその通りに進行させるのではなく、つねにユーザーと対話し、企業として投資に見合う利益を上げることができているのかを確認しながら、そのゴールが本当に正しいのか、もっと早く到達できる方法はないのかを模索してほしい。

　後述する North Star Metric とよばれる最終的に達成したい指標に対して、ユーザーが享受する便益、収益性、技術的なチャレンジ度合いなどの視点からもっとも費用対効果が高そうなものを見つけ出そう。それこそプロダクトとして優先度が高いものである。

　BtoB でロードマップを顧客に開示する場合にも、ロードマップはあくまで見通しであり、その通りの進行を約束するものではないと伝えておくことが重要となる。ロードマップを示して、プロダクトの将来やこれからリリースされる機能、

新プロダクトに期待を集めることも必要ではあるが、伝え方を間違ってしまうと自らにしわ寄せが及ぶことになる。

(1) フェージング

フェージングとは、一度にすべての機能を実装するのではなく、段階的に実装していくことである。MVPもフェージングの概念である。初めのフェーズではユーザーが価値を検証することができる最低限の機能のみを提供し、その後のフェーズでプロダクトに肉づけをするような機能を追加していくという流れを取るのがMVPの考え方であった。

このようにフェーズを1つずつ実施することで、結果をもとに次のフェーズで戦略変更をするのか、それとも計画通りに機能の拡充に進むのかを意思決定することができる。コストをかけて多くの機能を実装し終わってから、初めて間違いに気づくといった失敗をしなくて済むようになる。

チームに向けても、ロードマップの理解を求めることが重要となる。たとえばチーム内でロードマップの共有が足りておらず、チームメンバーが現在のフェーズで特定のユーザーストーリーが必須であると思い込んでしまっているとする。それではいつまで経ってもより重要な仕事の優先順位が上がらないことに不満を感じる、といったことが起きる。

これは、目指しているマイルストーンの認識があっていないことが原因であることが多い。その行程は何を目的に何を検証するのか、現在向かっているマイルストーンを達成するまでにどれくらいの期間を費やすのかを明らかにして、必要な機能がどのマイルストーンで実現されるべきであるのかをプロダクトチームで議論するとよい。

(7.4.2) プロジェクトのマイルストーンを可視化する

マイルストーンはプロダクトだけではなく、プロジェクトにも必要となる。どれくらいの時間をかけてプロジェクトを進行するかというスケジュールを立てる必要がある。たとえば何かの機能をリリースするプロジェクトの場合、リリース

までのマイルストーンを計画することになる。

「リリースまでのマイルストーン」が定められた期日、リソース、品質を満たして進行することはプロジェクトマネージャーの責務である。各フェーズでの成果物の価値を向上させることにつながる「リリースまでのマイルストーン」に従って、プロジェクトにかける時間とリソースに関してステークホルダーに承認を取り、進行についてはプロジェクトマネージャーに任せよう。

プロダクト内のどのプロジェクトであっても、リリースまでのマイルストーンが同じフローになっているとよい（図表 7-13）。プロジェクトによって特例的に追加するフェーズがあったり、スキップしたりするものがあるのはよいが、関係者全員がプロジェクトのおおよその流れに対して共通認識をもった状態でコミュニケーションをすることが大切である。

プロジェクトのリリースまでのマイルストーンが作成できたら、誰でもが見えるところに可視化しよう。プロジェクトの立ち上げ当初はどんな人を巻き込まなければいけないのか、また巻き込むことができるのかがまだ決まっていないため、明確にマイルストーンを見せる相手はいないかもしれない。しかし、開かれた場所に置いておくことで、これから必要になるメンバーを巻き込むきっかけとなる。

何より、マイルストーンを宣言することはプロダクトマネージャー自身にとってもよいプレッシャーとなる。自分を律して進行していくためにも、社内で公開していくとよいだろう。

立ち上げるプロダクトの規模が大きければ大きいほど、多くの人を巻き込んでいかなければいけない。プロダクトの価値が大きければ大きいほど、関係者の期待値も高まる。期待が大きいほどに検討は慎重になり、場合によっては「優先度が高いはずなのに進捗が悪いのではないか」「そのプロジェクトは重要なのでリソースを空けておきたいが、いつ相談してもらえるのか」と関係者を不安にさせてしまうかもしれない。

また、新しいことを始めることに保守的な人はどの組織にもいる。残念なことに「自分が知らないプロジェクト」が動いていることに嫌悪感を抱いてしまう人もいるだろう。こうしたこのすべての人たちをもこれから巻き込んでいかなければならない。

「プロダクトが始まったこと」「助けを求めることがあること」「どれくらいのス

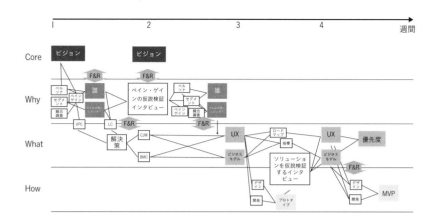

図表 7-13　プロジェクトのマイルストーン

ケジュールで進行する予定であるのか」といったことを積極的に発信しておこう。
周りに早めに知らせておくことで、手を差し伸べてくれる人も現れるはずである。
　もちろん、プロジェクトの開始時だけではなく、プロジェクトが終わるまでマ
イルストーンを管理し、つねに関係者と良好な関係を築いてほしい。

7.4.3　評価指標を立てる

　ロードマップの構築とともに、何をもってプロダクトがうまくいっているとい
えるのか、という共通認識を数字でもっておかなければならない。プロダクトの
評価指標とその計測方法について見ていこう。

(1) プロダクトと KPI

　プロダクトをリリースするにあたり、どのようにユーザーに受け入れられたか
を計測できなければ、当初設定したゴールに対して成功したのか失敗したのかが
わからない。そこでどのような指標を参照するかが、プロダクトの成功を定義す
るうえでとても重要な判断となる。
　この指標を KPI(Key Performance Indicator) とよぶ。KPI を簡単にまとめる
と図表 7-14 のようになる。

図表 7-14　KPI と KPI ではないもの

KPI	KPI ではないもの
数字 （5%、10 億円、200 万人など）	言葉 （最高品、即日配送、地域 No.1 など）
比較可能 （前年比、地域別、プロダクト別）	脈絡のない思い付きの単独の値 （100、500 個、3000 人）
時系列データ （過去 3 年、直近 18 ヶ月）	ランダムデータ （非連続データ）
自社で取得可能 （ソースが自社データ）	外部ソース依存 （マーケティングリサーチ、メディア）
社内で共通理解があり、行動可能 （何のためのデータか）	自己満足で終わっている （大きい数字で見栄えをよく）

　数字を使うと必ずしも KPI となるわけではない。KPI かどうかをチェックする SMART ルールというものがある。

S ： Specific（具体的に表現されている）

M：Measurable（数値計測が可能である）

A ： Agreeable（ステークホルダー間で同意できる。Achievable（達成可能）とも）

R ： Relevant（目標に関連している）

T ： Time-bound（期限が決められている）

　スタートアップにおいて、とくに PMF を越えて成長ステージに入ったプロダクトに関しては、成長を示す KPI を選ぶことがほとんどである。

　また、KPI には遅行指標（Lagging indicator）と先行指標（Leading indicator）の 2 種類がある。

　遅行指標とは、何かしらの投入努力の結果として現れてくる数字である。たとえば今期 10 億円の売上を達成したいというスタートアップの場合、前年度の売上や投資家との将来プランの話合いの中で 10 億円の売上という目標が設定されたとすれば、この 10 億円は遅行指標になる。

　売上 10 億円を達成するにあたって社内のさまざまな部署の努力（マーケティングによるプロダクトの認知度向上、プロダクト施策によるユーザー継続率の改善、営業サイドによる新規ユーザー獲得率の向上など）があって初めて実現でき

るからである。

　先行指標とは、遅行指標へとつながっていく先に現れてくる数字のことを示す。プロダクト施策でユーザー継続率が改善すればその「結果として」収益が上がるであろう。新規ユーザー獲得率の向上にも同じことがいえる。その意味でこれらのユーザー継続率や新規ユーザー獲得率は収益の前に現れる数字ということで先行指標となる。

　先行指標と遅行指標は相対的なものであり、上記の「ユーザー継続率の改善」を遅行指標に置くと、先行指標は「写真をアップロードする回数」や「メッセージ返信率」といったものになる。ユーザー継続率という1つの指標であってもKPIの分解によって先行指標にも遅行指標にもなりうるので、これらを混同しないように注意しなければならない。

　KPIに対してKGI(Key Goal Indicator：重要目標達成指標) という概念がある。これはビジネスの最終目標を定量的に評価できる指標として用いられ、「売上高50億円」といった収益目標や成長目標で表されることが多い。

　そのため、KGIを達成するための過程をKPIで把握するという関係性で用いられる。プロダクトの最終目標となるKGIから、それを達成するための要素となるKPIに分解したものをKPIツリーとよぶ。1つの企業や事業の中にKGIが複数あることも問題ではない。たとえば、非プロダクト部門が企業全体としてのKGIをもっていたり、企業全体のKGIとして収益目標を置いたりすることはよくあることである。

(2) 一般的な KGI／KPI の考え方の問題点

　ビジネスの成功を測定するにあたって、KGIやKPIという指標を使うことは効果的である。しかし、プロダクトと事業が不可分になった現代では、従来のKGIやKPIでプロダクトの成功を測定することが必ずしも望ましいとはいえなくなっている。

　たとえばとあるBtoCアプリのKGIとして「売上高10億円」と収益目標に置いたとしよう。売上高を上げるためにはそもそもユーザーを増やさないといけないと考えてしまった場合、派手なTVCMを打ったり、広告をあちこちに展開したりすることでアプリのインストールを誘発するきっかけをたくさんつくり、ユー

ザー獲得に走ることになる。

しかし、新規ユーザーを獲得することができても、そのユーザーがプロダクトを使い続けたり、有料ユーザーになったりするなどしなければ、売上を上げるどころか事業として成り立たなくなってしまう。

プロダクトを通して企業が実現したい目標（収益や成長目標）をKGIとするならば、そのためにプロダクトで実現しなければならない価値が継続的に生み出され、ユーザーに届いていることを別途計測しなければならない。そこで、従来のKGIという視点のみならず、プロダクトに特化したKGIを立てる必要がある。ここでNorth Star Metric（NSM）という指標が力を発揮する。

(3) North Star Metric

North Starは「北極星」を意味し、米国では「人々を迷うことなく同じ方向へと導くための光り輝く目標」という比喩表現で使われる。これをKGIの考え方と組み合わせたのがNorth Star Metric（NSM）である。

NSMは「プロダクトのコアとなる価値がユーザーに届いているかを知る、単一の指標」と定義できる。いい換えれば事業が長期的に成長しているかどうかを図る、経営・プロダクト両面で重要な指標となる。すでに多くのシリコンバレー企業で導入されている。

プロダクト面からすればどの方向にプロダクトを進化させればよいかのヒントとなり、経営面からすればこのままこのプロダクトに投資し続けるべきかといったリソース判断の根拠としても使われる。

よいNSMとして大事なポイントは以下の5つである。

①NSMの改善がユーザー体験の向上とリンクしている

②ユーザーがプロダクトにどのくらい定着しているかを示す

③NSMを目指すことでx軸に時間、y軸に収益や成長目標を取ったグラフが長期的には右上方向に進む

④収益に結びつくための先行指標である

⑤組織内で理解してもらいやすい

具体例として、ビデオ会議SaaSプロダクトのZoomを取り上げてみよう。Zoom

PART I

PART II

PART III

PART IV

PART V

PART VI

は 2021 年の会計年度では売上高 1800 億円の収益を KGI に掲げている※6。そのための NSM として「Zoom で主催された 1 週間あたりのミーティングの数」を置いている。

　Zoom のプロダクトの価値はシンプルなビデオ会議の始めやすさや使いやすさ、画像・音声品質の高さにあり、その価値は会議の主催者側だけでなく、参加者側でも感じることができる。両者が Zoom での良質なプロダクト体験を経ることで、参加者だった人が主催する会議でも Zoom を選択し、ひいては有料ユーザー化や企業導入へとつながっていく。

　Zoom の NSM を嚙み砕いてみると、図表 7-15 のようにまとめることができる。

図表 7-15　Zoom の NSM

よい NSM のためのポイント	Zoom の NSM
NSM の改善がユーザー体験の向上とリンクしている	音声画像が高品質なビデオ会議をどこよりも簡単に実施できる
ユーザーがプロダクトにどのくらい定着しているかを示す	1 週間あたりのミーティング数は新規ユーザーや既存ユーザーが増えるに従って大きく増える
NSM を通して実現する成長指標のグラフが右上方向	収益 KGI を達成するためには有料ユーザーが増えなければならず、1 週間あたりのミーティング数が増え続けると、有料ユーザー数も増えることにつながる
収益に結びつくための先行指標	1 週間あたりのミーティング数が増えないことにはそもそも収益も増えない
組織内で理解してもらいやすい	どのようなバックグラウンドの人でもわかりやすい

　したがって Zoom の NSM は上記の 5 点をすべて満たしているといえよう。収益が上がるという遅行指標を実現するための先行指標が NSM になっている。

　ここで注意したいことは、NSM は数字の操作が簡単であってはならないということである。10 億円の売上さえ立てばプロダクトは成功である、というように収益目標を NSM としてしまうと、先行指標となるプロダクトの UX の改善はおざなりになり、数字を達成するためには何でもやるということになってしまう。すると結果的に UX の改善が後回しになったり、大きな案件に飛びついたりするこ

※6　https://markets.businessinsider.com/news/stocks/zoom-expects-200-revenue-300-profit-growth-5-charts-2020-6-1029277092#

とが優先されてしまう。

　また先の例のようにアプリのダウンロード数を NSM とした場合、ダウンロード数は多大な広告費を投入することで増やすことは可能である。プロダクトそのものがよくなっているわけではないのに、プロダクトが成長していると勘違いしてしまう。

　長期的にはその姿勢がプロダクトの命取りともなるので、従来の KGI と NSM は区別して使う必要がある。収益目標や成長目標としての KGI を設定することは必要だが、プロダクトに特化した KGI としての NSM との連携があって初めて実現されるという点は理解しておこう。

(4) NSM を達成するための主要因

　NSM を設定してもそれで終わりではない。次に、どうすれば NSM を増やすことができるのかを考える必要がある。NSM を利用する場合には、NSM を上げる主要因は何か、という論理分解をする。

　先の Zoom の例で考えると「Zoom で主催された 1 週間あたりのミーティング数」を増やすためには、ユーザーが使いたくなるような機能が豊富、ユーザーがさまざまなミーティングシーンで使ってくれる、ユーザーが繰り返し使ってくれる、会議の主催者と参加者がストレスなく会議を行える、といった要素に分解できる。

　このように NSM に直接影響する要素のことを Topline KPI(トップライン KPI)とよぶ。こうした要素が漏れなくだぶりなく分解できて、ようやく KPI への落とし込みが開始できる。

　各 Topline KPI にはその指標を成り立たせるさらに細かい要素があり、Topline KPI を細分化した KPI のことを Sub KPI(サブ KPI) とよぶ。Sub KPI を深い階層にしてしまうとトップライン KPI への影響度が弱まったり、NSM への効果波及に時間がかかったりするので、必要最小限にとどめるのが望ましい。また、Sub KPI を検討したあとにはカスタマージャーニーマップ上のユーザーの行動と見比べて、抜け漏れがないことを確認しておくとよい。

　もし、KPI への落とし込みがうまくいかない、つじつまが合わないのならば切り口を変えたりして達成要因の導き方を変えてみよう。この往復作業が NSM 向上

の実現に向けての KPI を研ぎ澄ませてくれる。その次に、プロダクトがどうすれば成功しているといえるのかの指標を立てよう。

こうして NSM が定まったところで、もう一度 KGI との関係を眺めてみよう。企業全体としてある種の収益目標や成長目標としての KGI を置くことは当然である。また企業の中にはさまざまな部門があり、財務部門や人事部門のように必ずしもプロダクト開発と連動している部門とは限らない。

したがって KGI は会社全体としてのみならず、各部門としても設定されることがある。この場合、NSM はあくまでプロダクトに特化した KGI として位置づけるのが望ましい。この関係性は図表 7-16 のようになる。

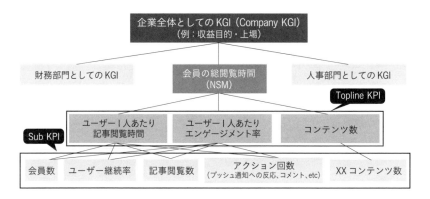

図表 7-16　KGI、NSM、KPI の関係性

このように、プロダクトの成長のためには企業全体の KGI をそのまま使うというよりも、プロダクトに特化した KGI としての NSM を置くことによって、プロダクトチームが目指すべき KPI の輪郭がよりはっきりする。その結果として、プロダクトが成功しているのか、失敗しているのかといった分析がしやすくなる。

7.5　プロダクトの Why との Fit & Refine

プロダクトの What の検討は以上となる。これまでと同様、抽象度が 1 つ高い階層との Fit と Refine を確認しておこう。たとえば、ペルソナ、メンタルモデル

ダイアグラム、カスタマージャーニーマップの作成を通じて、ユーザーのペインやゲインにより寄り添うことができたのではないだろうか。そういった気づきをバリュー・プロポジションキャンバスに追加しておこう。

ビジネスモデルキャンバスの記載を通じて、プロダクトのもっとも重要な価値やカスタマーセグメントの解像度も上がったに違いない。プロダクトのターゲットユーザーや SWOT 分析の内容も Refine として書き換えておこう。

プロダクトの What についての検討をしていると、プロダクトの Why を忘れがちになる。作成したカスタマージャーニーやビジネスモデルが本当に自分たちが設定したプロダクトの Why である「誰」を「どんな状態にしたいか」や、「なぜ自社がするのか」にあてはまるものに設計されているのかを見直そう。もし、プロダクトの Why と What が Fit していない場合にはそのどちらかの再設定が必要になる。

以下にプロダクトの What で陥りがちな失敗例や気をつけるべきポイントを記載しておくので、先に進む前に確認してほしい。

⬭ 7.5.1 プロダクトの What 検討後に 気をつけるべきポイント

プロダクトの What までの検討はプロダクトマネージャーが主体となるが、その次のプロダクトの How は各専門家が積極的に牽引していく必要がある。たとえば UI は UI デザイナー、開発についてはテックリードやエンジニアリングマネージャー、GTM(Go To Market) 戦略については PMM(プロダクトマーケティングマネージャー) やマーケティングチームが中心となる。

プロダクトの How では関わる人数が増えることになるため、検討を開始する前にプロダクトの Core、Why、What の設計に不整合がないか、また問題がないかを確認しておきたい。

(1) 技術的に実現可能か

いまもっている技術でプロダクトのビジョンやプロジェクトのゴールは実現可能だろうか。そうでない場合、アライアンスを組むことや他社から技術を購入す

ることなど、技術的に実現可能にするためのアプローチの検討が必要である。プロダクトマネージャーだけで判断できない場合は技術部門に確認を依頼し、今後の進行について検討を行う。

　また、提供価値がすばらしく、ターゲットとするユーザーに受け入れられるとしても、それを継続的に提供するリソースがなければビジネスモデルとして成立しない。提供価値やユーザーを絞ることでより持続性のあるビジネスモデルにできないか、もしくは外部リソースを利用できないかといった観点で見直すことが必要になる。

(2) 商標権や特許権を侵害しないか

　インターネットの普及などにも伴いグローバリゼーションが進んだ結果、知的財産権の競争相手も日本のみならず世界となることが増えた。そのため知財戦略については、世界市場を意識しなければならない。

　また、他者の権利を侵害していないことを最低限確認しておかなければならない。特許についてはプロダクトのアイデアだけではなく、開発時に「プロダクトをどのように実現するのか」という部分でも出願されている場合があるため、プロダクトの立ち上げ時だけではなくプロダクトの How を検討したあとも継続的に確認をしていかなければならない。

　出願できる発明があれば積極的に特許を出願していくことで、SWOT 分析での「強み」となる部分を拡充し、他社の参入障壁を上げることができる。

→ 19.4.1 基本的な知的財産権

(3) 個人情報の扱いに問題がないか

　プロジェクトにあたって、利用規約やプライバシーポリシーの範疇で可能かどうかを確認しておく必要がある。　　→ 8.2.1 プライバシーポリシーと利用規約

(4) STP が正しく設定されているか

　ビジネスモデルキャンバスは万能ツールではない。あくまで価値を提供するビジネスモデルを理解し分析するためのツールである。マーケットサイズの大小を比較するものでもない。

もともとのマーケットサイズの捉え方が小さい場合、いくらビジネスモデルが完璧なものであっても思ったより収益が大きくならない事態に陥る。STP(セグメンテーション、ターゲティング、ポジショニング) を再確認しておきたい。

(5) 事業目標を達成できるか

　どれだけ聞こえがよいビジネスモデルであったとしても、実現できないものや成功の計測指標がないものは論外である。ビジネスモデルの成功の計測は単純に収益が上がっていることだけではなく、提供しようとしている価値がユーザーの満足に値するものであるかどうかも重要となる。一般的な KGI だけではなく、NSMを設定しなければならない。

　また、検討中のプロジェクトが自社の強みを活かした戦略で NSM の達成に十分に貢献することができるのかを確認する必要がある。プロダクトの Core から How までの 4 段階の検討によって必要なコストの規模がわかるようになるため、改めて事業として成り立ち、ユーザーが対価を払ってくれるような価値が提案できているビジネスモデルになっていることを確認してから先に進もう。

　まったく新しいモデルをもち込むことでプロダクト提供者とユーザー双方が便益を得られることがある。しかし、プロダクトを展開する業界によっては古くからの慣習やユーザーの行動習慣が根づいていて、革新的なビジネスモデルが受け入れられないことがある。

　たとえば、法人ユーザーにプロダクトを提供する際にダイナミックプライシングのような価格が動的に変動するようなビジネスモデルを採用してしまうと、法人間の契約書をやりとりしている間に金額が変動し、稟議の申請を再実施する必要があるかもしれない。それにより、法人ユーザー側が新しい支払いフローを用意しなければ、プロダクトを導入できないといった問題が起きかねない。

　事前のユーザーリサーチで、そのビジネスモデルが受け入れられるのかをしっかりと検証しておくことが望ましい。　　　　　　　　　➡ 19.1.2 収益モデル

(6) 競合優位性を築くことができるか

　競合の動向も気にしておこう。かつてのビデオレンタル市場では TSUTAYA が市場を席巻していた。ビジネスモデルは、借りた本数と借りる日数に応じて値づ

けされるモデルであった。

　それに対して、Netflix は月額の定額課金で月に何度でも動画を見ることができるビジネスモデルを構築した。その結果、Netflix が大きく成長している。ビジネスモデルの選定は、競合に対して優位性を築くきっかけとなる威力も秘めている。

ケーススタディ：プロダクトの What の検討

» ペルソナの検討

プロダクトの Why に続いて、出版社の新しいプロダクトの What を検討していく。まずはペルソナの作成から始める。

ペルソナは実際のユーザーの情報をもとにつくらなければならないことはわかっていたが、まだリリース前のプロダクトであるため、定量的な情報をもとにペルソナをつくることはできなかった。しかし、ペルソナの認識を合わせなければチームでの検討が難しかったので、仮のペルソナを作成することにした。

これまでの検討をふりかえると、「専門的な仕事をする会社員」と、「いつも遅くまで働く激務の会社員」の2人のユーザー像を設定していた。ペルソナもこの2人分をつくろうかとも考えたが、いまのポジショニングで解決するペインとゲインには両者に共通するところが多いため、区別をせずに新しい1人のペルソナをつくることにした。

ちょうど、ユーザーインタビューに参加してくださった A 子さんは、仮説として立てていたペインとゲインをもっており、プロダクトに価値を感じてくれたので、仮のペルソナは A さんをもとに構築することとした（図表 7-A）。

A 子さん
女性 31 歳
東京都世田谷区
在住
会社員

家族構成	一人暮らし
年収	700 万円
職業	プロダクトマネージャー（旅行系プロダクト）
勤務先	大手 IT 企業
住居	賃貸アパート、駅徒歩 7 分
学歴	国公立大学工学部卒業

興味のあるカテゴリ	プロダクトマネジメント、UX、ビジネス、技術トレンド、旅行、登山、料理、食事、コーヒー
情報源	・ニュースサイト B 主に時事情報を目的に毎朝来ているプッシュ通知から日常的に閲覧している ・SNS（Twitter、Instagram） 仕事と趣味の情報を Twitter で収集している Instagram は趣味の情報のみ ・社内 Slack 話題になっている記事など仕事で必要な情報は主に社内の Slack でチームメンバーがシェアしたものを読んでいる
インプットの方法	人から勧められたものを学んでいる 勉強会やカンファレンスに参加して、そこで勉強すべきものが見つかったときには能動的に検索をすることもあるが、発表内で紹介されていた推薦図書を読むことが多い
アウトプットの方法	しなければいけないという課題感はあるがどうしていいかわからない
休日の過ごし方	趣味を楽しむこともあるが多くの時間をプロダクトについて考えることに費やしている。そのために必要なインプットも行う

図表 7-A　A 子さんのペルソナ

ペルソナには属性情報と、A 子さんがどのように自身の成長に必要な情報と向き合っているのかを記載した。ユーザーインタビュー時に年収や学歴を聴取していなかったが、旅行プロダクトのプロダクトマネージャーであることから、統計情報をもとに定めた。ペ

ルソナはA子さん個人ではなく、架空の人物像であるため、これが実際のA子さんの情報と同じでなくても構わない。

プロダクトチームでユーザー像としてのA子さんのイメージを伝え合い、ペルソナとしてつくり上げた。今回は実際のユーザーデータをもとにつくったペルソナではなく、存在しない人物像になっていないかが不安であったため、他のチームメンバー数人にもレビューをしてもらった。

» メンタルモデルダイアグラムの検討

メンタルモデルダイアグラムをつくるためにA子さんのタスクを付箋に書き出した（図表 7-B）。これにはユーザーインタビューで実際に実施しているタスクに加え、ペルソナとしての行動を想像したものが含まれている。

今日のニュースを読む	SNSを眺める	共有された記事を読む	記事を読んで気になったことを調べる	この記事はあとで読もうと思う	OKRのつくり方を調べる
いい記事をSNSでシェアする	本を読む	オーディオブックを聴く	OKRがうまくいかないので知見を検索する	OKRについて他のPMに相談する	他のプロダクトのOKRを見る
いい本を社内Slackで共有する	後輩にペルソナのつくり方を教える	勉強会に参加する	勉強会の登壇者をSNSでフォローする	社内勉強会で発表をする	学んだ方法を試してみる

図表 7-B　A子さんの行動

次にこれらの行動をグルーピングして、グループごとにタワーをつくり出した（図表 7-C）。行動の粒度が少し大きい気がするが、全体像を把握するためにこれらに対応できそうな機能を書き出してみることとした。

すると、「著者以外の他者からの情報を得る」ために情報を読んだ感想や情報をもとに行動した他者の学びなどを知りたいのではないか、ということに気づくことができた。そこで「議論機能」を記載した。

さらに、著者からのフィードバックがほしくなるのではないかと考え、「著者に質問機能」も追加した。しかし、いまはペルソナが実施していない行動でタワーがないため欄外に書いておくこととした。

知らないことを探す	情報を学ぶ	情報を深堀りする	他者から情報を得る	学びを実践する	学びを共有する	情報をストックする	著者をフォローする
					いい記事をSNSでシェアする		
今日のニュースを読む	共有された記事を読む	OKRのつくり方を調べる			いい本を社内Slackで共有する		
SNSを眺める	本を読む	OKRがうまくいかないので知見を検索する	OKRについて他のPMに相談する		後輩にペルソナのつくり方を教える		
勉強会に参加する	オーディオブックを聴く	記事を読んで気になったことを調べる	他のプロダクトのOKRを見る	学んだ方法を試してみる	社内勉強会で発表をする	この記事はあとで読もうと思う	勉強会の登壇者をSNSでフォローする
知らないことを探す	情報を学ぶ	情報を深堀りする	他者から情報を得る	学びを実践する	学びを共有する	情報をストックする	著者をフォローする

図表 7-C　A子さんの行動のタワー

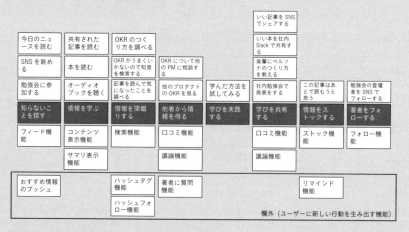

図表 7-D　A子さんのメンタルモデルダイアグラム

　書き出してみると、「他者から情報を得る」ための機能と「学びを共有する」ための機能が一致しており、著者側からの情報を共有したいニーズと、読者の学びたいニーズを結びつけるコミュニティ機能の提供が価値になりそうだと感じた（図表7-D）。

　また、「学びを実践する」という行動に紐づく機能がないことに気がついたが、具体的な機能を発想することができなかったので、「学びを実践する」というユーザーの行動はプロダクトのスコープ外とすることにした。

» カスタマージャーニーの検討

　このプロダクトが仮定している価値の1つに「ユーザーにおすすめの情報をプッシュする」ことがある。ユーザーごとのおすすめを判定するためには、ユーザーが何に興味があるのか能動的に入力する動作がもっとも重要であると考えた。

　そのため、メンタルモデルダイアグラムで書き出したうちユーザーが必要な情報を渡しながら、プロダクトとしてユーザーにとって何が必要なのかを蓄積することができる「情報を検索する」のカスタマージャーニーを書いてみることとした（図表7-E）。

	検索	ハッシュタグ検索	コンテンツ閲覧	コンテンツをストック
行動	アプリを開き検索欄に OKR と入力する	候補に自由文の OKR の他に #OKR があり、そちらをタップ	1つ目に表示されていた記事を購読	そのコンテンツをストックする
行動	深く知りたいことがあり、質のよい検索がしたい	より精度の高い結果を期待してハッシュタグを選択	初心者向けの記事ではなく実践的な知見を読みたい	よい記事であったため、後ほど見返しながら実践したい
接点	ウェブサイト／検索画面	ウェブサイト／検索画面	ウェブサイト／検索画面	ウェブサイト
プロダクト	・検索機能 ・検索履歴を記録	・ハッシュタグでの検索機能 ・コンテンツにタグづけ	・検索結果の最適な表示順 ・閲覧情報の記録	・ストックするためのプラグイン
強み／弱み	購読、ストックされているコンテンツを利用するため検索サービスより高精度	質の高いコンテンツには人手でタグづけを実施し、精度の高い検索を提供	別タブを開いてしまうと離脱してしまう可能性が高い	写真のクリエイティブ 家族情報を考慮しないレコメンド

図表 7-E 「情報を検索する」カスタマージャーニーマップ

　ペルソナがどのように検索するのかを想像する。たとえばペルソナが「OKR」について知りたいとき、どんな結果が表示されるとよいだろうか。ペルソナはすでにプロダクトマネージャーとして働いているため、OKR の基本的な定義などは知っているだろう。基本を説明する記事ではなく、実践的記事が出てくると嬉しく感じるはずである。

　しかし、これが「OKR」ではなく何かの記事で読んだ知らない3文字の略語であれば基本的な定義を解説するコンテンツを読みたいかもしれない。そうすると、コンテンツ閲覧画面には教科書的な解説と実践的な情報の両方が必要ではないだろうか。

　また、これまでモバイルアプリを想定していたが実際の利用場面を想像すると、検索やストックは仕事中に実施されるのではないだろうか。そうすると、PC を利用するほうが自然であると感じた。しかし、おすすめ情報のプッシュについては通勤時間などの隙間時間にも活用してほしい。つまり、PC でもスマートフォンでも連携して利用できることが必要かもしれない。

PART I

PART II

PART III

PART IV

PART V

PART VI

» ワイヤーフレームの検討

　カスタマージャーニーマップを通して、ユーザーの目線になってプロダクトと向き合い、必要な機能や仕様をより深く検討することができた。カスタマージャーニーマップをもとに、ハッシュタグで検索したときのワイヤーフレームを図表 7-F のように書いた。

図表 7-F　ハッシュタグでの検索画面のワイヤーフレーム

　検索結果画面の上部には、OKR という言葉を知らないユーザーのために基本的な解説をする領域を置き、その下に検索結果を表示する領域を置いた。この検索結果は新着順ではなく多くストックされている順に表示することを書き込んだ。このワイヤーフレームは UI デザインとして活用することはできない品質であるが、どんな機能が必要であるのかをチームで認識を合わせるのに有用であった。

» ビジネスモデルキャンバスの検討

　プロダクトのユーザー価値と並行して事業収益についても検討しよう。このプロダクトのミッションは書籍の売上を上げることなので、まずはこのプロダクト経由で書籍を販売したときに手数料を取る広告モデルがシンプルだろう。しかし、プロダクトが単体としても収益を上げるために別のキャッシュポイントも考えてみたい。

　プロダクトの登場人物は、コンテンツを提供する執筆者とコンテンツを消費する読者の大きく2つに分けられる。シンプルに考えると、収益モデルとしてはこのどちらかの登場人物に追加的に課金をしてもらうことになるだろう。

読者によるコンテンツの消費者が増えるほど、広告モデルの売上が上がる。読者を増やすには多くの良質なコンテンツを提供することが求められ、コンテンツの執筆およびコンテンツ量を増やすことが必要になる。つまり、コンテンツの読者と執筆者の増加は鶏が先か卵が先かという関係性になっており、このサイクルを阻害すると本来の目的である書籍の売上向上ができなくなるため、注意が必要である。

いい換えると、このプロダクトはプラットフォームである。執筆者と読者をプロダクトがつなぎ、プラットフォームとして場を維持し続けることが必要になる。プロダクトがユーザーに提供している「つなぐこと」以上の価値があれば、そこが収益モデルの候補になりうる。

具体的には情報を要約することや、コンテンツ上での議論、執筆者とのコミュニケーションなどは、このプロダクトの追加的な価値となりうる。図表 7-G にそれぞれのメリットとデメリットを整理した。

図表 7-G　各機能を実装するメリットとデメリット

候補となる機能	執筆者のメリット○／デメリット×	読者のメリット○／デメリット×
情報の要約	○多くの人に情報の認知を取ることができる ×すべてのコンテンツを読んでもらえない可能性がある	○多くの人に情報の認知を取ることができる ×すべてのコンテンツを読んでもらえない可能性がある
読者間のコンテンツ上での議論	○多くのフィードバックを得ることができる ○コンテンツが一過性ではなく長く話題にあがる ×批判されたり、対応が必要になったりする可能性がある	○1人の意見ではなく、他の人の意見も知ることができる ○コンテンツにあった新しい手法の実践例など、関連したより深い情報を得られる可能性がある
執筆者とのコミュニケーション	○読者からのフィードバックを得ることができる ×対応が必要になる可能性がある	○執筆者に直接質問をすることができる

情報の要約については、執筆者ではなく読者にとってメリットが大きいため、読者からの課金ポイントにすることが検討できる。たとえば、情報の要約が無課金では月に一度の配信になるが、課金をすることで毎週受け取れるようになるといったモデルが検討できる。

読者間のコンテンツ上での議論や執筆者と読者のコミュニケーションについては、執筆者と読者の両方にとってメリットがあるが、執筆者に追加的な作業を強いる可能性がある。そのため、こちらの機能は希望する執筆者のみに有料で開放するのがよいかもし

れない。

　結果的に、ビジネスモデルキャンバスは図表 7-H のようになった。プロダクトの主な
リソースは良質なコンテンツとそのコンテンツ上で繰り広げられる議論であると考えた。
この議論のデータがプロダクト上に蓄積されることがプロダクト自身の価値の源泉にな
るはずである。これらを多く集めるために、マーケティングへの初期投資は惜しまずに
多くのユーザーにプロダクトを使ってもらうことを目指す必要がある、と仮説を立てた。

》 パートナーシップ

　ワイヤーフレームで検討したように、検索結果画面では話題となっている記事や書籍
だけではなく、用語の意味を説明する領域がユーザーに必要とされている。これらの用
語辞書を自社で構築するのは大きなリソースが必要であるため、他社から購入したいと
考えた。

　しかし、どのようなコンテンツを購入すべきかを検討することは難しい。すべての用
語を網羅するなら国語辞典のような一般的な辞書となるが、専門的な解説にまでもう一
歩踏み込んだデータがあるとビジョンの達成に近づくだろう。そのため、エンジニアリ
ングとビジネスの 2 つの領域における用語と国語辞典的な広い用語を網羅している辞書
の合計 3 点を導入し、エンジニアリングとビジネスに該当用語がない場合には国語辞典
の結果を表示することとした。

KP キーパートナー	KA 主な活動	VP 価値提案	CR カスタマーとの関係	CS カスタマーセグメント
・広告配信者 　○書籍 　○その他メディア ・執筆者 　○書籍 　○その他メディア	・キュレーション ・コンテンツの要約 ・広告配信 **KR 主なリソース** ・質の高いコンテンツ ・コンテンツへの口コミ ・コンテンツ上での議論	・個人が日常的に発信す るコンテンツと書籍の うち、ユーザーにおす すめのものをプッシュ する ・内容の要約を提供する	・広告表示 **CH チャネル** ・？？？	・必要な情報のドメイ ンが明確になってい る社会人

CS コスト構造	RS 収益の流れ	
・初期投資：開発費用 ・固定費：運用費用、コンテンツ調達費用 ・変動費：編集費用、マーケティング費用 ※ ユーザー規模が成功要因になるため、変動費への投資が必要	・執筆者 ・フリーミアム ・月額 980 円（個人執筆者向け） ■コメント削除機能 / トップページカスタ マイズ機能 ・月額 4980 円（企業執筆者向け） ■複数アカウントでの管理 / Analytics 機能	・読者 ・フリーミアム ・月額 300 円 ・広告 ・書籍紹介

図表 7-H　ビジネスモデルキャンバス

　これらのデータを提供するパートナーはそれぞれ複数存在した。パートナー候補の選
定軸として「専門的な解説があること」に加えて「必要に応じてデータのアップデート
に協力的であること」、プロダクトのコアバリューではないため「安価であること」の 3

点を置くことにした。この３軸で評価し、導入先を決定して契約を締結することとした。

→ 19.2 パートナーシップを構築する

» ロードマップの検討

次はどのような順番でプロダクトの価値を提供するかを考える。プロダクトの MVP を
つくるために初めのフェーズでは課金モデルも実装せずに、基本的な機能のみを実装す
ることとした。

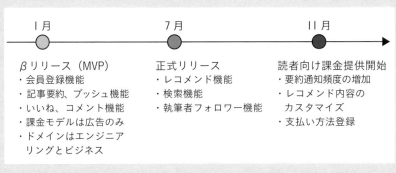

| 1 月 | 7 月 | 11 月 |

β リリース（MVP）　　　正式リリース　　　　読者向け課金提供開始
・会員登録機能　　　　　・レコメンド機能　　　・要約通知頻度の増加
・記事要約、プッシュ機能　・検索機能　　　　　　・レコメンド内容の
・いいね、コメント機能　　・執筆者フォロワー機能　　カスタマイズ
・課金モデルは広告のみ　　　　　　　　　　　　・支払い方法登録
・ドメインはエンジニア
　リングとビジネス

図表 7-1　ロードマップ

コストを試算し、ステークホルダーと売上について相談したところ、急いでこのプロ
ダクトが収益を上げる必要はないと判断されたため、現時点では課金機能を実装せずに
基本機能を拡充してユーザーニーズの確認を優先することとした（図表 7-1）。苦渋の決
断にはなるが、開発スケジュールを検討した結果、最初の MVP では検索機能や執筆者の
フォロー機能も外すこととした。1 月のリリースでよい感触が得られたら、順次拡大して
いこう。

(1) NSM

ここまでの議論をもとに、プロダクトの指標を考えてみよう。企業への貢献を考える
と、このプロダクトの KGI は収益だろう。プロダクトのビジョンが「必要な情報を必要
になる前に」なので、KGI を達成するために目指す指標となる NSM には次のような候補
が挙げられる。
　①1ヶ月あたり記事投稿数
　②ユーザーの総閲覧時間
　③プッシュ通知の開封率

図表 7-J　NSM 候補の評価

よい NSM のためのポイント	①1ヶ月あたり記事投稿数	②ユーザーの総閲覧時間	③プッシュ通知の開封率
NSM の改善がユーザー体験の向上とリンクしている	×	○	×
ユーザーがプロダクトにどのくらい定着しているかを示す	×	○	○
NSM を通して実現する成長指標のグラフが右上方向	○	○	×
収益に結びつくための先行指標	×	○	×
組織内で理解してもらいやすい	○	○	×

　7.4.3 項（3）で紹介したよい NSM のためのポイントと照らし合わせると図表 7-J のようになる。

　① 1ヶ月あたりの記事投稿数と③プッシュ通知の開封率は NSM としては不十分である。なぜなら① 1ヶ月あたりの記事投稿数が増えたとしても、それはユーザー体験の向上に必ずしもリンクしているとはいえない。つまり、執筆者が増えて記事が増えても、たとえばそれが読者にとって有益ではないなどの別の原因があれば、読者となるユーザーが定着しているとはいえない。読者数の拡大につながらなければ、書籍の紹介ができず広告収益にも結びつかない。

　次に、③ プッシュ通知の開封率について考えると、確かにこの数字の改善はユーザー体験の向上にはリンクしている。しかしプッシュ通知はプロダクトの中の 1 つの機能にすぎず、プロダクトの一部の体験は向上させているが全体のユーザー体験の向上と密接にリンクしているとはいい難い。③プッシュ通知の開封率は②ユーザーの総閲覧時間を増加させるための先行指標であると扱うこともでき、NSM には不適切である。②ユーザーの総閲覧時間は 5 つの NSM のポイントをすべて満たしているため、これを NSM とすることとした。

(2) NSM を達成するための主要因

　続いて、NSM を達成するための主要因を検討しよう。ユーザーの総閲覧時間が増えていくためにはどのような要素が必要であろうか？　ユーザー数が増えること、アプリの使用頻度が増えること、ユーザー1 人あたりの閲覧時間が増えることが必要である。

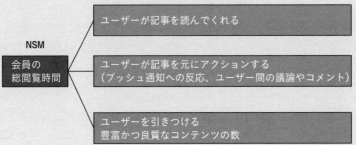

図表 7-K　NSM を達成するための主要因

　記事の閲覧数を増やすためには記事の数も相当数必要であり、プロダクト提供者から
レコメンドすることや、検索時に読んでもらう記事の数も増やす必要がある。このよう
に羅列すると多くの指標を思いつくがこれらをまとめると、NSM を達成するための主要
因は図表 7-K のように分解することができた。

(3) KPI

　NSM を達成する主要因が引き出せたところで KPI へと指標化をしてみよう。これらの
主要因は複数の KPI の組合せで成り立っていることに気づくはずである。
　結果指標である NSM を向上するためには、その先行指標として「ユーザー 1 人あたり

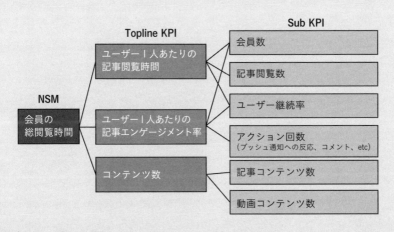

図表 7-L　NSM と KPI

の記事閲覧数」、「ユーザー1人あたりの記事エンゲージメント率」、「コンテンツ数」を増加させなければならない。これらに対応する Topline KPI を図表 7-L のように策定し、それらをさらに Sub KPI に分解した。

» リーンキャンバスとプロダクトの Why との Fit & Refine

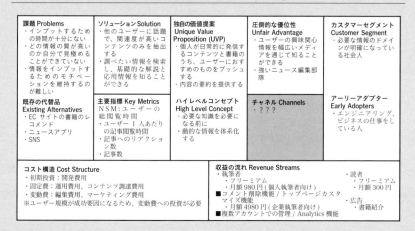

課題 Problems	ソリューション Solution	独自の価値提案 Unique Value Proposition (UVP)	圧倒的な優位性 Unfair Advantage	カスタマーセグメント Customer Segment
・インプットするための時間が十分にない ・どの情報の質が高いのか自分で見極めることができていない ・情報をインプットするためのモチベーションを維持するのが難しい	・他のユーザーに話題で、関連度が高いコンテンツのみを抽出する ・調べたい情報を検索し、基礎的な解説と応用情報を知ることができる	・個人が日常的に発信するコンテンツと書籍のうち、ユーザーにおすすめのものをプッシュする ・内容の要約を提供する	・ユーザーの興味関心情報を幅広いメディアを通じて知ることができる ・強いニュース編集部隊	・必要な情報のドメインが明確になっている社会人
既存の代替品 Existing Alternatives	**主要指標 Key Metrics**	**ハイレベルコンセプト High Level Concept**	**チャネル Channels**	**アーリーアダプター Early Adopters**
・EC サイトの書籍のレコメンド ・ニュースアプリ ・SNS	NSM：ユーザーの総閲覧時間 ・ユーザー1人あたりの記事閲覧時間 ・記事へのリアクション数 ・記事数	・必要な知識を必要になる前に ・動的な情報を体系化する	・？？？	・エンジニアリング、ビジネスの仕事をしている人

コスト構造 Cost Structure	収益の流れ Revenue Streams	
・初期投資：開発費用 ・固定費：運用費用、コンテンツ調達費用 ・変動費：編集費用、マーケティング費用 ※ユーザー規模が成功要因になるため、変動費への投資が必要	・執筆者 　・フリーミアム 　・月額 980 円（個人執筆者向け） ■コメント削除機能 / トップページカスタマイズ機能 　・月額 4980 円（企業執筆者向け） ■複数アカウントでの管理 / Analytics 機能	・読者 　・フリーミアム 　・月額 300 円 ・広告 　・書籍紹介

図表 7-M　Core、Why、What で構築したリーンキャンバス

プロダクトの What で検討した内容と Fit&Refine により更新した部分をリーンキャンバスに明朝体で反映した（図表 7-M）。プロダクトの What では主にソリューションの深掘り、主要指標の策定、下側のビジネスモデルの追加を行った。

プロダクトのユーザー体験を検討する中で、「必要な知識を必要になる前に」通知するためには、ユーザーにとって必要な知識が何かを知ることが重要であると気づいた。そのために、カスタマージャーニーマップに記載した検索機能によってユーザーがこれから学びたいこと（検索したキーワード）を知り、その情報をもとに徐々に次に必要になる知識をレコメンドする戦略をとることとした。

そして、検索機能を提供するときに、初学者向けには記事の検索結果だけではなくその検索ワードの辞書的な意味を表示したいと考え、その辞書を外部から購入することからユーザーのセグメントをまずは「エンジニアリング」と「ビジネス」の2つのドメインに関わる人と置いた。

プロダクトの Why の Refine を検討したときに、これまで「必要な知識を必要になる前に」通知することが価値だと考えていたが、そのための検索機能やこのプロダクトが本来提供しようとしている価値は「世の中にある動的な情報を体系化し、1つの知識の次

に必要になる知識が何であるのかを整理すること」ではないかと気づくことができた。

　個人が発信する時代が来たことで情報が増加するスピードがより加速して、体系化が間に合っていないことによりペルソナは情報を追いきることができていないのではないだろうか。

　最終的には「必要な知識が、体系化された状態で、必要になる前に」提供される世界が来るとよいのかもしれない。それこそが、企画力と編集力をもった出版社がソフトウェア開発の技術を取り入れて挑戦すべきビジョンではないだろうか。

　プロダクトのビジョンまで Refine しようかと考えたが一度冷静になろう。体系化された情報はサイズが大きく学ぶには時間がかかる。必要な知識が必要になる前にこまめに通知されることと、必要になったタイミングで体系化された情報を学ぶことは、別の価値かもしれないと思い直した。

　プロダクトのビジョンは「必要な知識を必要になる前に」であり、このビジョンの達成に必要なデータを集めるために提供する手段としての価値を「動的な情報を整理する」と置くことにして、初めのフェーズではこれに注力することとした。

ケーススタディ：プロダクトの How の検討へ続く➡

PART I

PART II

PART III

PART IV

PART V

PART VI

Chapter 8

プロダクトの How

　プロダクトの How は、プロダクトの Core から What で見てきた内容について「どのように実現するのか」を検討する。この階層でプロダクトマネージャーが主体的に手を動かすことは少ないだろう。Chapter 8 では、プロダクトの How を進行するためにプロダクトマネージャーがやるべきこと、プロダクトチームと議論をするために知っておくとよい知識を解説する（図表 8-1）。

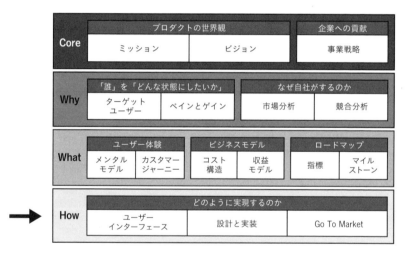

図表 8-1　プロダクトの 4 階層における How

8.1　プロダクトバックログをつくる

　プロダクトのコンセプトが決まったらプロダクトバックログを作成する。ここ

からは基本的にアジャイル開発を前提として解説を進めていくが、各手法はアジャイル開発でのみ利用するものではなく、ウォーターフォール開発であったとしても有効に働くものがある。開発手法についてはプロダクトの特性に応じて選択してほしい。
　　　　　　　　　　　　　　　　　　　　　　➡ 21.2 開発手法の基礎知識

(8.1.1) プロダクトバックログとは

　プロダクトバックログとは、プロダクトに求められている機能や仕組みのリストである。リストには優先順位がついており、開発チームはプロダクトバックログの上にあるものから順番に取りかかる。プロダクトバックログは一度作成したら終わりというものではなく、つねに更新し続ける。

　プロダクトマネージャーとエンジニアはプロダクトバックログを介してコミュニケーションを取ることになる。もし、プロジェクトマネージャーがいるならコミュニケーションの進行を任せてもいいだろう。プロダクトマネージャーの仕事はプロダクトの What を実現する最善の環境を整えることである。

　プロダクトバックログに記載するユーザーに提供する機能は「ユーザーストーリー」として記載するとよい。この形式で記載することでプロダクトの Why から What を意識することができるようになる。ユーザーストーリーはアジャイルマニフェストの起草者の一人でもあるケント・ベックによって考案された。Agile Alliance の共同創設者であるマイク・コーンはユーザーストーリーを以下のように定義している。

　　ユーザーストーリーは、新しい機能を望む人（多くの場合、そのシステムの顧客）の
　　視点で見た機能についての短く、シンプルな説明である

　ユーザーストーリーの書き方についてはいろいろなテンプレートがありマイク・コーンが推奨するテンプレートは次の形式である。

　　<ユーザーのタイプ>として、<理由>のために<ゴールの達成>がほしい。

　チームによっては、このユーザーストーリーを分解して、次のようにカスタマイズをすることもある。

　　<ユーザーのタイプ>として、私は<背景>のため、<ペインとゲイン>を解
　　決するために、<ソリューション>がほしい。

テンプレートにとらわれることなく、ユーザーストーリーを実現するための理由や背景について記載することを心がけることが重要である。

　また、ユーザーストーリーには「受け入れ条件」をセットにするとよい。受け入れ条件とはそのユーザーストーリーが満たされているかどうか判断するためのものである。たとえば、「ボタンを押してエラーが出たときにエラーメッセージを表示すること」など実装が必要な条件についてはユーザーストーリーに記載をしておこう。なお、受け入れ条件はユーザーストーリーの開発を始めるまでには記載しておく必要がある。

8.1.2　プロダクトバックログアイテムに優先度をつける

（1）ユーザーストーリーマッピングで MVP を決める

　プロダクトバックログは、必要なユーザーストーリーを思いつくままにプロダクトバックログに積み上げていくのではなく、プロダクトの What に沿ってつくっていきたい。そのために有効な手法がジェフ・パットンにより提唱されたユーザーストーリーマッピングである（図表 8-2）。

　ユーザーストーリーマッピングはカスタマージャーニーマップとよく似ている。カスタマージャーニーマップの下部に記載した「プロダクト」の行にある要素を取り上げた概念である。カスタマージャーニーマップと異なるところは、一つひとつの要素が「ユーザーストーリー」になっていることである。グルーピングされたカスタマージャーニーマップ上の各列の中に複数のユーザーストーリーを並べることもできる。

　プロダクトの機能を考え始めると、ユーザーのためにより多くの機能を提供したいと考えるだろう。しかし、プロダクトの Why でも解説したように、本当にユーザーがプロダクトに価値を感じるかどうかはわからない。まずは MVP を開発して、ユーザーが価値を感じることを確認しよう。初めから多くの機能を提供するのではなく、最小限の機能から始めることが重要となる。

　ユーザーストーリーマッピングは縦軸に優先度順にユーザーストーリーを並べる。その中間に線を引き、次のリリースで本当に必要なユーザーストーリーのみ

をその線の上に配置する。この線の上に置かれているユーザーストーリーが MVP
となり、プロダクトバックログの上部に含まれることになる。ユーザーストーリ
ーマッピングを通して全体の体験を考えることで、機能の優先度を正しく判断す
ることができる。

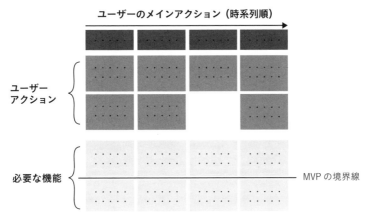

図表 8-2　ユーザーストーリーマッピング

(2) 品質の基準を決める

　プロダクトマネージャーは、プロダクトに求められる品質を定め、各バグが品
質基準に対してどれほどの優先度で解決されるべきなのかを判断する。外部に対
してプロダクトの品質を明文化しなければならない場合、サービスレベル指標
(SLI) といわれる計測指標を明確にすることになる。これらには、信頼性や可用
性、稼働率などが含まれる。

　SLI に対しての具体的な内部目標を決めたものがサービスレベル目標 (SLO)、
ユーザーに対して保証するものがサービスレベル契約 (SLA) である。ユーザー
は SLA を見て、プロダクトがどれくらい堅牢であるのかを知り、プロダクトの利
用を判断する。しかし、プロダクトとして用意する SLA が何らかの問題により達
成できないこともある。その場合一般的には、利用料金を減額するといったペナ
ルティを支払うようにすることが多い。

　プロダクトマネージャーにとって重要なことは、絶対に修正しなければならな

い問題と後回しにしても構わない問題の判断である。判断基準は開発段階により異なることに留意されたい。たとえば、リリースまで時間がある場合には可能な限りすべての問題の修正に取り組むことが望ましいが、開発後期には判断基準を見直す必要があるかもしれない。

なぜならソフトウェアの開発では、よかれと思って行った修正が別の問題を発生させる可能性がある。この危険性を避けるために、開発後期には本当に修正が必要なものだけを修正し、それ以外は次のリリース時に修正を延期する判断も必要になる。

修正を先送りする判断をする場合、エンジニアは問題が残ったままのプロダクトを世に出すことに抵抗を感じる傾向がある。プロダクトマネージャーも気持ちは同じだろうが、事業とユーザーの視点を忘れずに最適な判断することが望まれる。別のバグを入れ込んでしまうリスク、ローンチやリリースが遅れることによりユーザーに不利益を与えてしまう可能性などを含めて総合的に判断する必要がある。
➡ 21.1 プロダクトの品質を保つ

(3) 優先度づけに必要なその他の観点

プロダクトマネージャーはプロダクトと向き合っている間、つねにプロダクトバックログアイテムの優先度づけに頭を悩ませることになる。優先度づけをするための方針となるのはプロダクトの What で検討をした「ロードマップ」と「指標」となる。

しかし、たとえばセキュリティ要件の担保など、プロダクトを安全に運営していくために対応しなければならない項目もある。プロダクトバックログに優先度をつけるときには、以下の観点でもバックログアイテムの必要性や優先順位を検討するとよい。

・技術的負債を解消するためのプロダクトバックログアイテム
➡ 21.1.5 技術的負債

・セキュリティを強化するためのプロダクトバックログアイテム
➡ 21.4 セキュリティを強化する

・ユーザーの利用状況を分析するためのプロダクトバックログ アイテム
➡ 19.3 指標を計測し、数字を読む

・マーケティング施策を実施するためのプロダクトバックログアイテム

➡ 20.2 マーケティング施策
・プライバシー情報を適切に取り扱うためのプロダクトバックログアイテム

➡ 8.2.1 プライバシーポリシーと利用規約

(8.1.3) プロダクトバックログアイテムを見積もる

　プロダクトバックログにユーザーストーリーの追加ができたら、プロダクトバックログの上にあるアイテムから開発規模を見積もりしていく。ウォーターフォール開発であってもアジャイル開発であっても見積りは重要である。一般的に工数管理では1人が1ヶ月で実施できる作業量を「人月」という単位で表す。各タスクを何人月で実装できるのかを見積もり、それをチームの人数で割れば必要な期間がわかる。

　人月の考え方では、3人月のタスクは1人が3ヶ月で実施することも、6人が2週間で実施することもできるとしている。開発に関わる人数が増えるとコミュニケーションコストがかかるため、厳密にはこの通りにはいかないが、工数管理上ではこのように扱う。人月での見積りをしているプロジェクトでは、進捗が芳しくない場合にはチームの人数を増やすことで期間を短くして巻き返しを図ることができるとしている。

　人月での見積りは、タスクに対してかかるリソース量が絶対的である一方、アジャイル開発では相対的な見積りを用いることが多い。相対的な見積りとは、タスクAはタスクBに比べてどれくらい大きいタスクであるのかを見積もることである。

　ウォーターフォール開発でよく用いられる絶対的な見積りに馴染みがあるプロジェクトマネージャーは、相対的な見積りをしたところでプロジェクトがいつ終わるのかわからないために、やはり絶対的な工数見積りが必要であると考えるかもしれない。しかし、そうではない。

　たとえば、チームの作業効率はそのチームのコミュニケーションが洗練されればされるほど上がっていく。立ち上がってすぐの新しいチームの場合は、互いの得意領域の理解もできておらずスピードが出ないが、開発が進行するにつれてコ

ミュニケーションや使用するツールに慣れてくることでスピードが上がることは想像に難くない。

　これを絶対見積りとして捉えると、プロジェクト開始当初1日あたり1人日分の作業をこなせたが、プロジェクトの中盤では1日あたり1.3人日分の作業ができるようになる。そうすると、このプロジェクトがとてもうまく進行して、次にもう一つ新しい機能を追加することになった場合に、1日あたりに実施できるタスク量は1.3日分だろうか？　それとも新しい機能ではまた勝手が異なるために、1日あたり1日分のタスクに戻るだろうか？　チームに1人新しいメンバーが入ることになれば、そのメンバーはどれくらいのタスクをこなすことができるだろうか？　また、ベテランエンジニアと新人エンジニアで1日にこなせるタスク量は同じであろうか？　5人が20日で実装する前提の100人日のタスクは100人いれば1日で実装することができるのだろうか？

　このように、タスクの見積りを人のタスク量に紐づけた絶対的な数値として扱うと、計算上はシンプルになるが実際の取り扱いがとても複雑になってしまう。そのため、タスクはタスクとして人と切り離して見積もることで、どんな状態のチームで実施するかによる差異を扱うことができるようになる。これが相対見積りのメリットである。

　相対見積りを実施する場合、チームが一定期間（1スプリント）に実施可能な予測値をベロシティとよぶ。プロジェクトの終了までにかかる期間の予測はベロシティが一定であれば、見積りの総和÷ベロシティで計算できる。ベロシティはこれまで実際にチームが完成した1スプリントあたりのバックログ項目の見積りの合計値であり、これは毎スプリント算出されるため直近のベロシティをもとにプロジェクトの完了日を予想することができる。

　相対見積りは一般的に「ストーリーポイント」とよばれる単位を使う。ストーリーポイントには人月のような絶対的な尺度がないため、チームごとに「1ポイント」が指すプロダクトバックログ項目の大きさは異なる。ストーリーポイントはすべての自然数から選ぶのではなく、0、1、2、3、5、8、13、21、34……という前の数の合計値からなる数列（フィボナッチ数列：$Fn+1 = Fn + Fn\text{-}1$で定義される）になっている。

　個人に依存しない尺度を設けることで、チームメンバー間での見積りの個人差

を少なくすることができる。フィボナッチ数列の他にもプロダクトバックログ項目をＳサイズ・Ｍサイズ・Ｌサイズと決まったサイズにだけ分解することもある。Ｓ・Ｍ・Ｌにおおよそのポイントを割り振っておけばベロシティを算出できる。

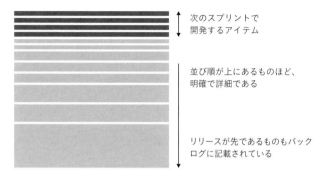

次のスプリントで
開発するアイテム

並び順が上にあるものほど、
明確で詳細である

リリースが先であるものもバック
ログに記載されている

図表 8-3　プロダクトバックログの見積り粒度

　アジャイル開発ではプロダクトバックログのすべてをあらかじめ見積もっておく必要はない。プロダクトバックログの中で優先度が低いものに関してはそれを実装する日が近づいたときに見積もればよい（図表 8-3）。

　たとえばユーザーストーリーマッピングで MVP を表す線の下に配置されたストーリーは、MVP がユーザーにとって価値がないと判断された場合には実装されることはない。プロダクトの仮説検証を繰り返すにあたって、仮説単位でプロダクト開発を進行することを心がけよう。

 ## 8.2　ユーザーにプロダクトを提供する仕組みを整える（GTM）

　プロダクトを開発することと並行して、プロダクトマネージャーはプロダクトをユーザーに提供する仕組みを整えなければならない。たとえば、プライバシーポリシーや利用規約を準備すること、プロダクトの価格を決定すること、マーケティングの施策を考えること、カスタマーサポートや営業の組織体制を構築することなどが挙げられる。これらを総称して Go To Market(GTM) とよぶ。

8.2.1 プライバシーポリシーと利用規約

　これから世に出るプロダクトであっても、すでに出ているプロダクトであっても何か新しいアイデアを形にしたいときには、早い段階で法務部門と議論しておいたほうがよい。つくってしまったあとになって法規に引っかかることがわかると、修正するコストは最初からつくるときよりも高くつくことが多いからである。プロダクトをつくる際の制約条件は最初の段階に揃えておくと後の開発がスムーズに進む。

　また業界によって厳しく守らなければならない規制がある場合を除いて、必ずしもプロダクトを規制でがんじがらめにしてしまうのも問題である。守らなければならない部分は守ったうえで、プロダクトがもつ価値をユニークにするための創造性は保っておいたほうがよい。そのため多くのプロダクト企業は規約で求める範囲に余裕をもたせていることが大半である。

　一方で、利用規約の範囲を広く取っておけばよいというものでもない。ユニクロはオリジナルデザインTシャツ作成アプリ「UTme!」を発表したとき、その利用規約の範囲の取り方が問題となり、すぐさま改正することになった。改正前の利用規約ではユーザーが投稿したデータについて、その著作物に関するすべての権利をファーストリテイリングに譲渡することになっていたからである。

　利用規約を作成する際にプロダクトや企業を保護する観点は間違いなく重要である。しかしユーザーが利用規約を見たらどう感じるか、という視点でプロダクトをつくることもプロダクトマネージャーの仕事であることは忘れてはいけない。利用規約はユーザーとプロダクト提供者側双方の権利を守るうえで重要であることは理解したうえで、実際に利用規約とプロダクトの価値向上に成功した例と失敗した例を見てみよう。

　LINEは利用規約をユーザーに明確に伝えることでプロダクトの価値を向上させた。図表8-4はプロダクトの中でユーザーの位置情報を使うことに関する規約の変更を案内する説明文である。以下の点でユーザーへのコミュニケーションが秀逸であった。

図表 8-4　LINE 公式ブログ^{※1}

・同意は任意であること。同意しなくてもプロダクトは通常通り使えること
・同意した場合にどのような情報を取得するかを明らかにしている
・位置情報を使うことで可能になるサービスの例を示している
・あとで位置情報を削除したい場合の方法を説明している

　位置情報は重要な個人情報として扱われており、利用を制限し正しくその範囲を定めることができている。

　一方で、2019 年のリクルートキャリアによる「リクナビ DMP フォロー」の事例は、個人情報の利用について物議を醸した。とくに問題となったのは、対象となる就職活動をしている学生の行動履歴をもとに算出した選考辞退や内定辞退の可能性を数値化したスコアの取り扱いである。

　リクナビなどの就職情報サイトを利用している就職活動中の学生の閲覧履歴から、選考離脱や内定辞退率を予測するアルゴリズムを作成し、その分析結果のデータを 38 社に販売していたことが問題になった。もともとは企業が内定辞退率の高い学生をつなぎとめようとする目的で提供され、企業側にも内定辞退率を選考における合意判定の根拠には使用しないことを約束したうえで販売されていた。

　しかし、選考中の学生からすると内定辞退率を自らの知らないうちに算出され、共有されていることは不安要素になる。利用規約には「行動履歴等は、あらかじ

※1　2018 年 11 月 15 日時点。http://official-blog.line.me/ja/archives/77497498.html

めユーザー本人の同意を得ることなく個人を特定できる状態で第三者に提供されることはない」となっており、リクナビへの登録を行ったとしても内定辞退率の第三者提供について同意を取ったとはいえないものであった。

就職という学生にとっては人生の一大イベントであるにもかかわらず、当事者に適切な説明のないまま根拠不明の評価が企業側に提供され採用の合否判定に影響を与えているのではないかという声が上がった。その後、政府の個人情報保護委員会から学生への説明が不十分だと指摘され、結果販売が停止された。

とくにこれからの時代はプライバシーに関して、プロダクトマネージャーが注意して考えなければならない。プロダクトの成長とともに利用規約の内容自体もアップデートが必要になることがある。利用規約の内容を更新する場合にはアナウンスをすることや、再度ユーザーの同意を取ることが必要である。たとえばメルカリでは、利用規約の変更を必要な手順を踏んだあとにできると記載している（図表 8-5）。 ➡ 20.3 プライバシーポリシーと利用規約をつくる

第3条 本規約への同意及び本規約の変更

1. 本規約への同意及び適用
本規約は、本サービスの利用に関する条件をユーザーと弊社との間で定めることを目的とし、ユーザーと弊社の間の本サービスの利用に関わる一切の関係に適用されます。ユーザーは、本規約に同意をしたうえで、本規約の定めに従って本サービスを利用するものとし、ユーザーは、本サービスを利用することにより本規約に同意をしたものとみなされます。

2. 未成年者の場合
ユーザーが未成年者である場合は、事前に親権者など法定代理人の包括的な同意を得たうえで本サービスを利用しなければなりません。ユーザーが未成年者である場合は、法定代理人の同意の有無に関して、弊社からユーザー又は法定代理人に対し、確認の連絡をする場合があります。

3. 本規約の変更
弊社は、必要に応じ、弊社が運営するウェブサイト又はアプリケーション内の適宜の場所への掲示をすることにより、本規約の内容を随時変更できるものとします。本規約の変更後に、ユーザーが本サービスを利用した場合には、ユーザーは、本規約の変更に同意をしたものとみなされます。なお、本規約の変更に同意しないユーザーは、本サービスの利用を停止してください。弊社は、本規約の改定又は変更によりユーザーに生じたすべての損害について、弊社の故意又は過失に起因する場合を除き、責任を負いません。

図表 8-5　メルカリの利用規約[※2]

8.2.2　プロダクトの価格を決める

価格はユーザーにとってプロダクトの価値を伝える重要な情報である。ユーザ

[※2]　2020 年 9 月 28 日時点。 https://www.mercari.com/jp/tos/

ーはプロダクトの値段を見て同様の価格帯にある別のプロダクトを想起し、それよりも安ければ「安かろう悪かろう」と思われてしまうかもしれないし、高ければユーザーの期待値は高まり相応の価値を感じてもらえなければユーザーをがっかりさせてしまう。

　プロダクトが提供する価値にどのような価格をつけるかはユーザーの印象を大きく左右することになる。プロダクトにつけられた価格をどのように発信することでユーザーの興味を引けるか、どのような思いで手に取ってもらえるか、価格から適切なメッセージを伝えられなければ、ユーザーはすぐに離れてしまう。

(1) Willingness To Pay（払ってもよい価格）

　価格を考えるときに導き出すべきものは、WTP（ Willingness To Pay：ユーザーが払ってもよいと考える価格）である。WTP はプロダクトができあがってから決めるのでは遅い。ある程度何をつくるかが見えてきた段階でプロダクトの価値をもとに価格調査を始めるべきである。

　早めに価格の見当をつけることでプロダクトがそもそも収益化できるのかどうかがわかり、どの機能やデザインを優先すべきかも明快になる。もっとも大事なことは、後述するプライシングの落とし穴を回避できるメリットがある。

(2) WTP を見つける

　WTP の見つけ方にはいくつか方法あるが、本書では比較的取り組みやすい Van West 法（正式には Van Westendorp 法もしくは PSM（Price Sensitivity Meter）法ともよばれる）について解説する。基本的にはターゲットとなるユーザーに対するヒアリングだが、大事なポイントは「何を聞くか」である。WTP を見つけ出すには下の X_1 ～X_4 の値を見つけるヒアリングから始める。

「X_1 円だったら安すぎる 」（安すぎて逆に不安）
「X_2 円だったら安いと思う」
「X_3 円だったら高いと思う」
「X_4 円だったら高すぎる。絶対買わない」

　X_1 ～X_4 の値が見えてきたら、次になぜその価格だと思うのかをヒアリングしていく。このときユーザーの頭の中には、競合他社の製品、すでに自分で使って

いるプロダクト、他のプロダクトを代理用途であてはめる、といったことがイメージされていることが多い。こうしたことを可能な限り言語化していく。

続いて、ヒアリングした人数に対し得られた X_1 ～X_4 の値を累積割合グラフとして図表8-6のように表す。このとき気をつけたいことは、「安いと思う」と「高いと思う」のそれぞれ逆数を取ることである。その結果グラフ上では「安いと思う割合」が「安くないと思う割合」となり、「高いと思う割合」が「高くないと思う割合」となる。

こうして得られたグラフを見ると、「高すぎ」と「高くない」の交点、「安すぎ」と「安くない」の交点の間にある値にWTPが存在することになる。ここから先は言語化した定性情報や利益率の観点から最適なWTPへと絞り込んでいく。

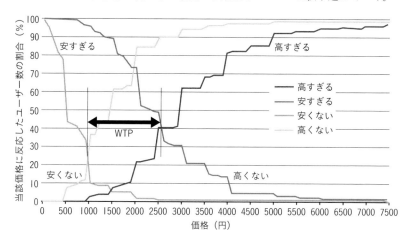

図表8-6　WTPを見出す[※3]

(3) プライシングの落とし穴

どんなにアイデアが秀逸なプロダクトでも、どんなに美しいUIと小気味よいUXをもつプロダクトでも、価格戦略を間違えてしまうと事業として成り立たなくなってしまう。価格を決めるときの2つの落とし穴を把握しておき、適切な価

※3　https://www.5circles.com/van-westendorp-pricing-the-price-sensitivity-meter/ から筆者
　　が日本語訳を追記。

格設定を行いたい。

①機能を盛りすぎる

　1つ目の落とし穴は機能を盛りすぎてしまうことである。これはたくさんの機能を乗せればよい（Over Engineering）という考え方に基づいて価格がつけられていることによる。「よいものをつくれば売れる」という考え方にも通じている。ユーザーが本来必要としている以上の機能があったとしても、ユーザーは必要としている機能の価格しか払わないだろう。多くのユーザーは抱える課題に対して、使いやすくて迅速で適正価格で解決してくれるプロダクトを求めている。

②安価すぎる

　2つ目の落とし穴は、安価すぎることである。本当はより高く価格を設定できるはずなのに安く設定しすぎて収益機会を逃したり、営業が自社プロダクトのよさを伝えきれず値引きして販売したりしてしまうことがある。もしくは低価格を優先したことによって、ユーザーのニーズに対してプロダクトの機能が不十分な場合もこれにあたる。

　買切り型のプロダクトによくあるのが、コスト積み上げ方式による価格のつけ方である。これはプロダクト提供者の一方的な論理となりやすい。コストをかければかけた分だけ価格に転嫁すればよいと考えてしまい、プロダクトが本来提供すべき価値に対して高すぎてしまうこともあればその逆も起こりうる。

　ユーザーはもっとお金を出してもよいと思っているにもかかわらず、コスト＋マージンという価格のつけ方でマージンの幅を読み間違え、安価にしすぎてしまい、上げられるべきはずの収益が伴わず機会損失となってしまう。本来であれば価値に対する適正価格を決め、そこからコストを最小化していくことで利益を得るのがあるべき姿といえる。　　　　　　　　➡ 19.1.1 ビジネスの基本構造

8.2.3 　マーケティング施策を検討する

　ユーザーにプロダクトの存在を知らせるためには、マーケティング施策の検討も必要である。多くの場合、マーケティング施策によってユーザーがプロダクト

を認知し、UX が始まることになる。どんなプロダクトをどのようにリリースするのかによって、実施すべきマーケティング施策や成功の度合いが異なる。

施策の規模もさまざまであり、大規模なものでは Google の Google I/O、Apple の WWDC、Facebook の F8 といった自社カンファレンス方式や、Mobile World Congress のような業界展示会での発表から、ウェブ媒体への広告出稿までさまざまである。

小規模なマーケティング施策であれば、自社ウェブサイトやオウンドメディアでの発表、プレスリリースがあてはまる。これらを成功させるためには、読者を刺激し行動を起こさせるようなコピーライティングと、読者の啓蒙と巻き込みを可能にするようなコンテンツライティングがマーケティングチームに求められる。プロダクトによってはリリースノートやホワイトペーパーといったプロダクトを簡単に説明するためのツールを用意することもある。

マーケティング施策の規模は、プロダクトがユーザーや社会へ与えるインパクト、ブランディングの観点、施策で狙うゴールと予算から策定されていく。プロダクトマネージャー自らがマーケティング施策の立案を牽引するのではなく、プロダクトマネージャーはマーケティング部門への情報提供者として動く。

ただし 0 → 1 段階のスタートアップの場合など、マーケティング部門が未熟な場合は上記の活動をプロダクトマネージャーが優先度をつけて行うこともある。

➡ 20.2 マーケティング施策

プロダクトマーケティングマネージャー（PMM）とプロダクトマネージャーの仕事の分担については、たとえばイベントでプロダクトのデモをする場合、一般的には PMM がデモスクリプトや想定質疑集を書き、何をどこまで見せるかはプロダクトマネージャーが決める。

またプロダクトのロードマップを公開する場合にもその公開範囲はプロダクトマネージャーが決めるが、どう伝えるかは PMM が考えることが多い。つまり、施策を考えることは PMM の仕事であり、プロダクトマネージャーは何をどこまで見せるのかについて意思決定をする。

➡ 9.1.3 プロダクトマーケティングマネージャーとの関係性

8.2.4 営業やサポート体制を整える

　プロダクトがリリースしたあとに対応するチームとコミュニケーションを取ることも重要である。プロダクトにとって初めてのリリースであれば、プロダクトマネージャーはチーム体制の構築から実施する必要がある。主に体制の構築が必要になるのは営業組織とサポート組織である。

　とくに BtoB の場合は BtoC と違って、マーケティング施策だけでユーザーが動いてくれることはあまりないだろう。認知向上にマーケティング施策や PR が役に立つかもしれないが、営業や代理店、カスタマーサクセスといったプロフェッショナルたちの仕事が必要になってくる。そのため、リリース前に営業チャネルでどのようにユーザーに応対してもらうのか、また客先で競合の比較を話に出された場合にどのように切り返すかの具体的な対策が必要である。

　営業にプロダクトマネージャーが同行をすることがもっともスムーズではあるが、プロダクトマネージャーが1人ですべての営業先に顔を出すことはできないので、営業を支援するためのドキュメントをつくることも有効である。営業部隊をより効果的に支援するために、営業リストの優先順位づけや、顧客からの要望をプロダクト戦略に吸い上げるた優先度づけも担当する。

　カスタマーサポート組織向けにも、プロダクトの機能を説明し、ユーザーから問い合わせがあったときの想定質問への回答を用意しておこう。回答に困った場合のエスカレーションや、問い合わせ数の増減を計測してもらうこと、問い合わせに対する回答までの目標時間の認識を合わせておくとよい。カスタマーサポート部署によくある質問については、プロダクトの体験の中でユーザーが疑問をもたずに使うことができる体験をつくることも検討しよう。

　プロダクトマネージャーはプロダクトを生み出すところからユーザーが使うところまでを日々考えているので、リリースするプロダクトに対しては空気のようにあたり前の存在になっている。ところがいざリリースする段階になると、世の中にはあたり前でない人々がむしろ大半であることに気づく。プロダクトチーム以外はリリースのときに初めて新規プロダクトや新規機能に触れるのがほとんどなので、丁寧に情報を伝える必要がある。

8.3 リリースの前にすべきこと

8.3.1 実装が終わったら成果物に触る

　エンジニアチームの実装が終わったら、プロダクトマネージャーもできるだけ早く成果物を触ろう。もし、エンジニアチームから成果物を共有するタイミングを定期的に決めているのであれば、それに従うのもよいだろう。しかし、可能であれば定例会を待たずとも、つねに実装が終わった最新の成果物をプロダクトマネージャーが利用できる環境が整っていれば、より素早い意思決定ができるようになる。

　プロダクトマネージャーが実装後に成果物を利用するのは、要望通りに実装されているかを確認することや、バグがないことを確認するためだけではない。もっとも重要なことはプロダクトマネージャー自身がユーザーとして体験することである。

　プロダクトを頭の中や静止画で思い浮かべているときと、実際に利用するときとでは受け取る情報量が格段に異なる。成果物を他の人にも見せて、仮説検証を始めることもできる。プロダクトマネージャーはできるだけ早くインサイトを得る環境を整えて、次のユーザーストーリーを開発チームに提案しなければならない。

8.3.2 障害に備える

　無事にプロダクトをリリースして、多くのユーザーが使い始めたとしよう。これでプロダクトマネージャーの仕事は終わり、といいたいところだがそうともいえない。KPI が下がり始めた、障害が発生したといった事態が次々と生じる。せっかくユーザーに価値を提供できていたとしても、障害への対応次第ではこれまでの努力がすべて水の泡になってしまう。

　どのようにユーザーをサポートするかはプロダクトの行く末を左右することに

なる。大きな障害が発生する前に、問題を素早く検知する仕組みを整え、問題が起きたときにどのように対応するのかをリリース前に議論しておこう。

障害発生時はプロダクトチームや他関係者も平時とは異なる状況に置かれる。予想外のことも頻発する。チームメンバーは浮き足立ち、先の見えない不安にさいなまれることもある。そんな状態であるからこそ、プロダクトマネージャーは冷静に状況を把握し、関係各所との連携を進めるなどして、リーダーシップを発揮してほしい。障害の内容によっては、エンジニア以外には状況が把握できないこともあるかもしれない。

しかし、エンジニア任せは禁物である。障害の状況はエンジニアが一番把握しているとしても、ユーザーやビジネスサイドへの影響などプロダクト全体を把握しているのはプロダクトマネージャーである。普段からのやりとりで培った信頼関係を活かし、内容を理解したうえで適切な意思決定を行ってほしい。

障害へ対応する姿勢がまたチームメンバーからの信頼につながり、普段のプロダクトマネジメント業務を助けることになるだろう。そして、大きな障害を無事に乗り越えた暁には、チームはより強くなり、ユーザーからの信頼も増すに違いない。

(1) プロダクトヘルスチェック

ユーザーに満足してもらいながらプロダクトを滞りなく提供し続けられているかを確認するには、プロダクトヘルスチェックのためのダッシュボードをつくることをおすすめする。日々どのようにユーザーがプロダクトを使っているかを見える化することでプロダクトが成長しているのか、滞っているのかが一目瞭然になるからである。

1つの指標がある日を境に下がり始めてしまったとしよう。プロダクトマネージャーとしてどのように対応すべきだろうか？　緊急なものであればすぐにエンジニアに対応を依頼すべきであるが、そうではない場合にはある程度の切り分けはできるようにしておきたい。一般的な切り分けの考え方としては外部要因と内部要因で絞り込んでいくのがよい。具体的にチェックする内容は図表8-7のようになる。

PART I

PART II

PART III

PART IV

PART V

PART VI

図表 8-7　プロダクトヘルスチェック

切り分け方	チェックする内容
内部要因	問題発生前後に何らかのリリースは行われたか？
	システムのインフラの状態に何か問題はあるか？
	リリースしているプロダクトのバージョンすべてか特定のバージョンのみか？
	機能特性はあるか？（特定の機能が使えない、すべて使えないなど）
	デバイス依存はあるか？（特定のスマートフォンのみ、デスクトップ OS のみ、ブラウザータイプなど）
	地域特性はあるか？（特定の国・地域のユーザーのみ、世界中のユーザーなど）
外部要因	通信キャリア障害はあるか？
	外部 API を使っている場合、サードパーティー側に問題はないか？　サポートされているバージョンが変わったりしていないか？
	競合が目立った動きを始めていないか？
	マーケットに既存プロダクトを置き換えてしまうような新たなプレイヤーが登場していないか？
	その他プロダクトの前提を覆してしまうような社会的トレンドが起こっていないか？（新型コロナウイルスなど）

　外部要因は自社でコントロールできないものだが、内部要因に関しては適切な準備をすればかなり切り分けがしやすくなる。ポイントとなるのはプロダクトの使用データログを定期的に収集することと、そのログ情報にデバイスタイプや、ユーザーから許可を得た場合はおおまかな位置情報、使っている機能とそのユーザーアクション、プロダクトのバージョンを含めておくことである。データサイエンティストとどのようなデータを収集することが効果的かを議論しておくとよい。

　こうした仕組みを用意することによってどのようなタイプのユーザーがどのくらい影響を受けているかがリアルタイムにわかるようになるので、エンジニアと相談して社内向けツールの機能として載せてもらおう。こうしたときによく使われるモニタリングサービスは、19.3.3 項「データを収集するための技術的な知識」に挙げているので合わせて検討してほしい。

(2) 優先度づけと連絡体制

　切り分け方法がわかれば、次は障害がどの程度重篤であるかを把握する必要がある。これを障害の優先度という観点で決めていく。一般的には、優先度としてP0〜P4というラベルを用いる（図表8-8）。

図表8-8　優先度づけのラベル

優先度	バグの内容
P0	「いますぐ」これを直さないとプロダクトとして成立しない、ビジネス的に損失が継続的に出てしまうバグ
P1	ビジネス的損失の回避もしくは最小化ができる回避策があるものの、回避策なしではプロダクトとして著しく価値を毀損するバグ（何のためにプロダクトにお金をはらっているのかわからないなど）
P2	バグのせいで機能が使えない、もしくは機能が限定されてしまう。回避策でなんとかなるがビジネス的インパクトはP0、P1ほどではない
P3	ビジネス的インパクトはないバグ。UIや色などの表面的なバグなどのみで、機能的には問題なく使える
P4	ここを直せたら使い勝手がよくなる系バグ、かゆいところに手が届く系バグ（よく機能改善の議論に移行されるもの）

　優先度の判断基準についてはステークホルダー（とくにサポート部門）としっかりとすり合わせておき、チーム全員が同じ基準の認識をもっている必要がある。とくにポイントになるのはP0とP1の扱い方である。これらは即座に解決することが求められるので、明確なエスカレーション方式を確立しておく必要がある。緊急の障害対応に必要な意思決定がすべてプロダクトマネージャーがいなければ実施できない、という取り決めにはしないほうがよい。

　障害に対応できるエンジニアは、プロダクト開発を担当したエンジニアであることがもっともスムーズであるが、迅速に対応するためには担当エンジニアではなくとも障害に対応できる状態を構築することが望ましい。プロダクトマネージャーは時にタスクを分散して冗長化させたり、当該エンジニアがサポートしたりするのかについて決断が求められることがある。

　優先度の意思決定フローの合意が取れたら、障害発生時の連絡体制を構築する。プロダクトマネージャーが率先して構築することもあれば、カスタマーサポートチームがリードを取ることもある。状況に応じて構築してほしい。以下連絡体制

構築の際に、ぜひとも入れておきたいポイントを挙げておく。

・障害通知チャネルをつくる

　障害が起きたときにそれを検知したり優先度が高いものに関してはチャット
ツールやメールなどにリアルタイムで情報を飛ばしたりする仕組みがあると、
初動を早く確保することができる。

・当番エンジニア（PIC: Person In Charge とよぶ）をあらかじめ決めておく

　障害が起きたときの当番エンジニアを割りあてしておくことも障害の一次切
り分けを素早く行うために必要である。チームの中で1週間ごとにもち回り
で担当するのが一般的である。

・障害の規模と影響範囲をすぐエンジニアから報告する体制をつくる

　当番エンジニアの一次切り分けによって障害の規模や影響範囲がわかったの
ならば、それをすぐに報告する体制をつくろう。その報告をもとにエンジニ
ア間の意思決定で済むレベルのものもあれば、プロダクトマネージャーがス
テークホルダーを交えて方針を検討する場合もある。

・ユーザーとの障害コミュニケーションチャンネルをつくる

　障害発生時に連絡する方法を準備することも必要になる。問題の程度や範囲
によっては、ユーザーへの連絡を行う必要や、主要顧客へ担当営業からの連
絡、ウェブサイトへの掲載を行う必要がある。サービスによってはパブリッ
クなシステムヘルスダッシュボードをつくるのも透明性が高くてよい。図表
8-9 は AWS の例である。

・ユーザーへの障害とその再発防止策の共有方法

　障害の程度によっては、障害が起きたことをどのようにユーザーとコミュニ
ケーションするのかや、再発防止についてもプロダクトマネージャーがメッ
セージの出し方についてカスタマーサポートチームや営業チームと話し合う
ことも必要になる。

　障害と聞くとネガティブに聞こえてしまうが、障害のないプロダクトは存在し
ない。むしろその対応方法やコミュニケーションの仕方によってユーザーからの
信頼がかえって上がることもある。プロダクトはつくって終わり、ユーザーが使
って終わりではない。プロダクトマネージャーはプロダクトのあらゆる局面に関

図表 8-9　AWS のダッシュボード[※4]

わる存在である以上、こうした障害時の対応も含めてプロダクトであることを忘れてはいけない。

8.4　プロダクトの What との Fit & Refine

　ここまでが、プロダクトの How でプロダクトマネージャーが考えるべき事項である。プロダクトの How を終えると、すぐにリリースを迎えたいと焦るかもしれないが、検討した How がプロダクトの What と Fit していることを以下の視点でいま一度確認しよう。

- ユーザーストーリーは正しくターゲットユーザーの課題を解決できるか
- NSM から分解された KPI が正しく測定できる設計になっているか
- ユーザーのペインとゲインに寄り添い、プロダクトの戦略に合った品質が担保できているか
- プロダクトの設計は利用規約とプライバシーポリシーに適するものになっているか
- プロダクトに適したマーケティング施策が準備されているか

※4　https://status.aws.amazon.com/

- プロダクトのビジネスモデルは、プロダクトのコストと利益から成り立つ設計になっているか
- 一気通貫したプロダクトの体験に営業やカスタマーサポート組織が貢献できる体制になっているか

How を検討したことでプロダクトの What となるロードマップや UX、ビジネスモデルをより解像度を高くして捉えることができるようになったに違いない。たとえば、実際の UI を考えることでカスタマージャーニーをより具体的に検討することとなり、新たなジャーニーの必要性に気づくこともある。こうしたプロダクトの What への気づきを Refine してドキュメントを整備し、次のリリースに備えよう。

8.5 リリースする

プロダクトの Core から How まで一気通貫した検討と実装が終わったら、いよいよプロダクトをリリースしよう。プロダクトのリリースは問題が起きたときにも対応できるように休日の前日や夕方以降を避けるほうがよい。プレスリリースを出すなら広報とも時間を調整しよう。

エンジニアがリリースをし、QA 担当者が本番環境で動作を確認し、プレスリリースやマーケティング施策を出すなど、リリース日はプロダクトマネージャーはすべてのタスクが滞りなく進行するように気を配らなければならない。あらかじめリリース日のタイムスケジュールを作成して共有し、当日のコミュニケーションチャネルを準備しておくとスムーズである。

リリース後には指標や SNS をリアルタイムに確認してプロダクトに問題がないこと、合わせてユーザーの反応を確認し、構築してきた仮説が正しかったかどうかを確認しよう。大きな問題がないことが確認できたらプロダクトチームとステークホルダー全員でリリースを祝おう。

大きなリリースであれば、全員で集まって互いに感謝を述べ合う時間を設けた

り、くす玉を割ったり乾杯したりするのもいいだろう。プロダクトのために時にプロダクトマネージャーが悪役になることや関係性に綻びが生まれそうになることもあるが、こういったポジティブな機会にこそ感謝を伝え、よりプロダクト志向のチームになるために絆を深めよう。

そして、正式なドキュメントとしても関係者全員にリリースの報告と感謝を伝えよう。必要に応じてリリース後の初速を添付するのもよい。リリースの翌日以降には、リリースに対する SNS やレビューでの反応やメディア掲載があればその効果などもまとめて、改めて共有しよう。

もちろん、お祝いムードをつくりながらも、プロダクトマネージャーはその次の一手についても検討をしておかなければならない。リリースの次の日からまたプロダクトチームがワクワクしながらプロダクトに取り組めるように、ユーザーの反応を噛み締めながら万全を期すことも忘れてはならない。

8.6　次の改善のために

8.6.1　KPI レポート

KPI の達成状況を定期的に確認する場所を準備しておく。可能であれば、前日の KPI 達成状況や指標の数値が毎日確認できるようなダッシュボードを用意しておくとよい。

また、KPI の達成状況をプロダクトマネージャーだけではなくプロダクトチーム全員が気にしているような状況をつくり出そう。少なくとも、興味をもったメンバーであれば誰でも達成状況を知ることができるようにはしておかなければならない。

8.6.2　ユーザーフィードバックレポート

定量調査や定性調査を実施せずとも得られるユーザーからのフィードバックも

大事にしたい。たとえばモバイルアプリであれば、アプリストアでのレビューやカスタマーサポートに届くユーザーからの意見、SNS で投稿される内容である。担当者を決めてこれらを取りまとめ、プロダクトチーム全員にユーザーからの声を届け、タスク化するためのフローを整えよう。

8.6.3) リリースのふりかえり

プロダクトチームでは各メンバーがそれぞれ、こまめなふりかえりを実施することを推奨する。プロダクトのリリースを 1 つ終えたときには定期的なふりかえりに追加をして、プロダクトの Core から How までのふりかえりを実施する。

今回のリリースでうまくできたところは何で、次回よりよい進め方をするためにはどうすればよいのかを議論しよう。ふりかえりによってプロダクトチームはより強くなる。 ➡ 10.3.9 ふりかえり

8.6.4) 仮説に答えを出す

プロダクトの Core から How まで、そのすべてが仮説検証である。プロダクトが必ずユーザーに価値を提供できるとは誰もいい切ることはできない。そのため、プロダクトマネージャーの仕事は仮説を構築して、検証することである。

プロダクトの Core から How までにさまざまな抽象度で仮説を構築してきた。その一つひとつについて、ユーザーからのフィードバックをもとに何が検証され、何がまだ仮説であるのかを確認しよう。必要であれば、定量調査や定性調査を実施するのもよい。 ➡ 6.3 ペインとゲインの仮説検証

8.6.5) プロダクトの Core、Why、What、How を見直す

リリースしたあとに、ユーザーからこんな機能もあるとよいというフィードバックがあるととても嬉しい。ユーザーの声を聞くことは重要である一方、ユーザーのいいなりになってはならない。ユーザーからのフィードバックをもとに、ビ

ジョンを達成するための戦略を見直して事業収益とユーザー価値を向上させるための最適解を模索しよう。

PART I

PART II

PART III

PART IV

PART V

PART VI

ケーススタディ：プロダクトの How の検討

» ユーザーストーリーマッピング

　ケーススタディでは、いよいよプロダクトの How を検討する。このプロダクトを起動して、ホーム画面を表示してハッシュタグで検索し記事を読む、という流れのユーザーストーリーマッピングを書いてみることにした。

　図表 8-A の通り、各ユーザーのアクションに複数のユーザーストーリーがぶら下がった。このユーザーストーリーの中には先述のメンタルモデルダイアグラムやカスタマージャーニーマップで洗い出したものと、それ以外に「Pull to refresh」などプロダクトが成立するうえで必要なストーリーがあった。

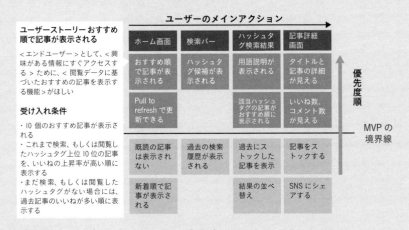

図表 8-A　ユーザーストーリーマッピング

　何を MVP の境界線の上に置くべきかはプロダクトチームでも議論が分かれたが、できるだけ軽量な開発で初回リリースを迎えることができるように、ほとんどのストーリーを境界線の下に配置することとした。

» リリース

　作成したユーザーストーリーに則って、プロダクトの開発を進行していった。想定よりも開発工数が膨れ上がったために、ロードマップ作成時に予定していた検索機能は初回リリースでは実装しないこととした。

　これにより、想定していた KPI を達成することは難しくなったかもしれないが、まず

はユーザーがプロダクトに価値を感じるか否かの検証に集中し、価値があることがわかったあとに、よりよい価値を提供するための検索機能を追加するという意思決定を下した。

この決定が正しいのかどうかは誰にもわからない。もしかすると、リリース時期を遅らせてでも検索機能を実装するほうがよいかもしれない。しかし、これまでモバイルアプリを提供した経験がない自社にとっては少しでもはやくユーザーの声を聞くことがより重要であると判断をした。

ステークホルダーの中には、すべての機能を取り揃えてから大々的にリリースをすべきだという人もいたが、プロダクトマネージャーとして仮説検証の重要性には拘り抜き、最終的には β リリースという形をとることにした。

リリース当日、ユーザーのアクセス数を示すグラフは決して派手ではないが緩やかに上昇した。大きなマーケティング施策は実施しなかったが、お声がけした執筆者が SNS で拡散し、そのフォロワーを中心にユーザーを獲得することができた。プロダクトチームはみんな誇らしげにアプリを眺めている。

この小さなリリースからプロダクトの Why を満たし、Core を実現していくことができるのかまだまだ不安がある。しかし、次に何をすべきかは明確だ。一つひとつ仮説を検証して、このチームでビジョンを達成していこう。

» プロダクトができるまで

ここまでケーススタディとして大手出版社での新しいプロダクトの立ち上げ時の検討内容を物語として紹介した。着想からここまでの流れをふりかえってみよう。

プロダクトの Core では、プロダクトの世界観であるビジョンを「必要な知識を必要になる前に」と据え置き、期待されている事業戦略を理解した。

次に、プロダクトの Why では「誰」を「どんな状態にしたいか」を設定するために、バリュー・プロポジションキャンバスを利用してターゲットユーザーと価値の組合せを選択した。

続いて PEST 分析や SWOT 分析を通して「なぜ自社がするのか」を補強し、自社だからできる強みを活かした方針を取り入れた。この方針をペインとゲインの仮説を目的としたユーザーインタビューで検証して、会社員セグメントと大学生セグメントの候補から会社員セグメントを選択した。

プロダクトの What ではペルソナを詳細に定め、メンタルモデルダイアグラムを作成することでユーザーのニーズに合ったカスタマージャーニーマップを作成した。ビジネスモデルキャンバスも作成してプロダクトの全体の方針を決め、それらに優先度づけをしてロードマップに落とし込んだ。そして、プロダクトの指標としての NSM を「総閲覧

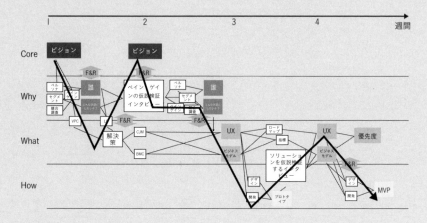

図表 8-B　実際のプロダクト検討の進み方

時間」と定義した。

　最後に、プロダクトの How ではプロダクトバックログを作成するためにユーザースト
ーリーマッピングによって MVP を詳細に定義した。

　ケーススタディではプロダクトの Core から How にかけて 4 階層の上から下に向かっ
て検討をしたが、実際には検討中の階層より 1 つ抽象度が低い階層の検討をしたあとに
はもう一度ひとつ上の階層の見直しをすることになる（図表 8-B）。仮説は間違っている
ことのほうが多いのである。

　スケジュール通りに進行してリリースすることよりも、解像度を上げたことにより検
証できた仮説を反映し、小さく改善していくことを心がけてほしい。リリースまでたど
り着いた機能にはすべてその前提となっている仮説があるはずだ。一つひとつのリリー
スがどんな仮説を検証しているのかが明らかになっていて、リリース後には速やかにそ
の仮説検証に入ることができる状態こそが、健全にプロダクトマネジメントされた状態
である。

PART

ステークホルダーをまとめ、プロダクトチームを率いる

Chapter 9 　プロダクトマネージャーを
　　　　　　取り巻くチーム

Chapter 10 チームとステークホルダーを
　　　　　　率いる

Chapter 11 チームでプロダクトをつくるため
　　　　　　のテクニック

Chapter 9

プロダクトマネージャーを
取り巻くチーム

 代表的な他の役割との
9.1 責任分担

　一般的にプロダクトマネージャーが所属するチームは2つある。1つはプロダク
トマネージャー自身が率いるプロダクトをつくるプロダクトチーム、もう1つは
プロダクトマネージャー自身が所属する機能型組織である（図表9-1）。つまり、
プロダクトマネージャーは2つのチームとのコミュニケーションが必要になる。
Chapter 9では前半で、主にコミュニケーションを取る2つのチームメンバーと
の役割分担について述べ、後半ではプロダクトマネージャーが所属する機能型組
織における複数人のプロダクトマネージャーとの分業について解説する。

各機能型組織

プロダクトマネジメント	エンジニア	デザイナー	品質保証	法務	マーケティング	広報	営業	カスタマーサポート

プロダクト
マネージャー　　　　　プロダクトチーム

図表 9-1　機能型組織とプロダクトチームの関係性

PART I

PART II

PART III

PART IV

PART V

PART VI

9.1.1　ステークホルダーとの関係性

　プロダクトマネージャーが仕事をするうえで重要なことは、ステークホルダーとの関係性である。プロダクトマネージャーがどの範囲の意思決定ができて、何を誰と相談して決定するのかをはじめに明らかにしておきたい。CEO などの権限をもっている人から意思決定をする権限を譲り受けることを「権限を委譲される」という。

　誰が何の権限をもっているのか、意思決定にどのように関与するのかを可視化するため、DACI という手法がある。決定する事項ごとに、推進者（Driver）、承認者（Approver）、貢献者（Contributor）、報告先（Informed）の権限を誰がもっているのかをあらかじめ合意をしておくことで、その後のコミュニケーションがスムーズになる。意思決定プロセスを明確にすることで、承認者が不明確な状態なまま進み意思決定が遅くなることや、合議制によって凡庸な結論となること、さらにはステークホルダーによる予期せぬ介入を避けることができる。

　図表 9-2 に DACI の記載例を示す。行に検討事項、列にステークホルダーを記している。ビジョンの策定はプロダクトマネージャーが事業責任者とプロダクトマーケティングマネージャー（PMM）の力を借りながら推進し、CEO に承認をもらうことを意味している。セグメントの選定に関しては CEO の承認を得ずとも、プロダクトマネージャーの権限で意思決定をすることができる。

　基本的には 1 人の担当者は 1 つの役割に専念するのが鉄則となる。推進者（D）と承認者（A）はできれば別の担当者にし、レビューを得られる体制をつくることが好ましい。しかし実際の現場においては、1 人の担当者が複数の役割を担うこ

図表 9-2　DACI の記載例

検討事項	プロダクト マネージャー	事業責任者	PMM	CEO
ビジョン策定	D	C	C	A
事業戦略決定	C	D	I	A
セグメント選定	D かつ A	C	D	I
リリース判定	D	I	I	A

ともある。

図表 9-2 ではプロダクトマネージャーが「セグメント選定」にて、推進者（D）と承認者（A）を兼任することとした。とくに小さいチームにおいてはプロダクトマネージャーが自ら推進者（D）として手を動かし承認者（A）として意思決定をすることもある。

ただやはり、推進者（D）と承認者（A）が同一になることで、推進者以外のチェックがされていない意思決定となるため、重要な意思決定に関しては役割を兼任しないことが望ましい。

(9.1.2) プロダクトチームとの関係性

役割の認識を合わせるべき相手は、ステークホルダーだけではない。プロダクトチームのメンバーにも権限を委譲する。チームメンバーの責任分担を明確にするために、RACI という手法が存在する。タスクごとに実行責任者（Responsible）、説明責任者（Accountable）、協業先（Consulted）、報告先（Informed）を決めておく手法である。

DACI は意思決定者を明示するツールであるのに対し、RACI はタスクを完了する責任をもつ人を可視化するためのツールであるといわれる。RACI には 2 種類の責任者がおり、タスクが完了するまで実行することに責任をもつのが実行責任者（R）、成果物をレビューして外部に対して成果物の説明責任を負うのが説明責任者（A）である。基本的に成果物をレビューする説明責任者（A）は 1 人でなければならないといわれている。

図表 9-3 に RACI の記載例を示す。プロダクトマネージャーがバックログを作成し、説明責任（A）をもち、エンジニアのリーダーとエンジニアが協業（C）し、

図表 9-3 RACI の記載例

タスク	プロダクトマネージャー	エンジニアのリーダー	エンジニア	QA 担当者
バックログの作成	R かつ A	C	C	I
工数見積り	I	A	R	C
ロードマップの作成	R	A	C	I

QA担当者に報告（I）する。

工数の見積りに関しては、受け取ったバックログを元にエンジニアがQA担当者と協力（C）しながら実行（R）し、その結果をエンジニアのリーダーがレビュー（A）することを表している。

RACIにはいくつもの派生物があり、実行責任者に加えて、実際の作業を行うサポート（Support）を追加したものや、アジャイル開発手法を用いる場合にファシリテーター（Facilitator）を追加したものなどがある。プロダクトや組織に合わせて最適なものを選んでほしい。

RACIを利用してプロダクトチーム内の責任分担を議論したら、プロダクトマネージャーはなぜその人がその権限をもっているのかをチームに説明し、役割が名前だけにならないようにサポートをする必要がある。誰が何を決めることができるのか、何をするときに誰を巻き込まなければいけないのかが明確になっていない組織は拡大しない。説明責任者（A）がいるにもかかわらず、実際にはプロダクトマネージャーがすべての説明責任を負ってしまうことがないように気をつけなければならない。

RACIやDACIを活用してタスク別に責任範囲を明確にすることも必要であるが、人と人との関係性そのものを意識しておくことも重要となる。プロダクトマネージャーはコミュニケーションを取る相手がとても多いため、関係者とのコミュニケーションを戦略的に実施するために、図表9-4のように関係者間の相関を図に表しておくとよい。

関係者間の相関図には自分と相手との現在の関係の強さと、今後の改善の方針を書き込んでおけば、後ほどふりかえるときに役に立つ。たとえば、10段階で相手との関係性を評価し括弧内に今後関係性を強めたい相手にはプラス、もう少し距離を取ってもよい相手にはマイナスの数値を記す。

あまり関係性が構築できていない相手とコミュニケーションを取ることにはハードルを感じるが、数値で可視化すると自らの背中を押す効果もある。可視化を定期的にふりかえりコミュニケーションを評価しておくことで、抜け漏れなくよい関係性を維持しやすくなる。

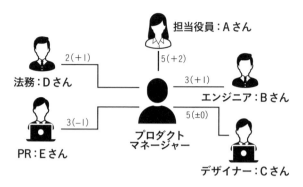

図表 9-4　関係者間の相関図

  9.1.3
プロダクトマーケティングマネージャーとの関係性

　プロダクトマーケティングマネージャー(PMM)は、ビジョン達成に向けてプロダクトが提案する価値に共感するユーザーを探し、プロダクトを届ける役割である。スタートアップではプロダクトマネージャーがPMMを兼任することもあるが、組織が大きくなると独立したPMMの必要性が増してくる。

　図表 9-5 のように PMM は一般的にマーケティング部門の中に存在し、プロダクトマネージャーと対等な関係である。マーケティング戦略を組み立てるときにプロダクトマネージャーと PMM が協同し、PMM が他のマーケティング部門のメンバーと議論をして GTM の際の制約条件や考慮すべき点などを盛り込む。

　大きな組織ではプロダクトマネージャーがマーケティング部門の一人ひとりとコミュニケーションしたり議論したりするのは時間がかかってしまうが、PMM が最適な GTM 戦略の立案や実行のためにプロダクトマネージャーと伴走する。

　PMM はマーケットや競合分析を手がけ、PMF を見つける部分を助けたり、プロダクト施策を考察したりする。プロダクトマネージャーはしかるべきユーザー向けによいプロダクトをつくって棚に置くのが仕事であり、PMM はしかるべきユーザーにそのプロダクトを棚から取ってもらうよう仕掛けるのが仕事である。

　　　➡ 8.2 ユーザーにプロダクトを提供する仕組みを整える（GTM）

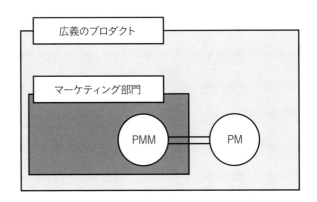

図表 9-5　PM と PMM の関係

9.1.4　その他の機能型組織のマネージャーとの関係性

　プロダクトチームに属するメンバーの機能型組織のマネージャーとの関係構築もプロダクトマネージャーにとっては重要な仕事となる。プロダクトマネージャーと機能型組織のマネージャーでは責任範囲の違いから判断軸が異なることがよく起きる。たとえば、機能型組織のマネージャーであるエンジニアリングマネージャーとプロダクトマネージャーの関係を見てみる。エンジニアリングマネージャーはエンジニアリング組織の健全な成長に責任をもつ存在である。エンジニア個人の成長を促し、組織の創造性と生産性を向上させる。プロダクトマネージャーはプロダクトの成功を追求するため、何か新しい機能を実装するときにもし似た機能の実装経験をもつエンジニアがいれば、これまでの経験を活かして担当してほしいと願うのが当然である。

　しかしエンジニアリングマネージャーは、そのエンジニアには別の技術を学ぶ機会を与えたいと思っていることもある。将来のためにエンジニアに新しい技術を習得させることは必要だからである。また、成長の機会が乏しい組織だとエンジニアは魅力を感じず、離職してしまうリスクもある。このように、プロダクトの成功とエンジニアリング組織もしくはエンジニア個人の成長がトレードオフに

なることがある。プロダクトマネージャーとエンジニアリングマネージャーの利害が対立した場合は、話し合いにより解決することになるため、つね日頃から互いに良好な関係を築いておく必要がある。

　機能型組織のマネージャーと良好な関係を築くためには、まずプロダクトチームのメンバーのみならず機能型組織のマネージャーに対しても、プロダクトのビジョンやミッションを含め、プロダクトの Core を共有する。そのうえで、各メンバーが担う役割も事前に共有することが望ましい。RACI や DACI を用いているならば、それも共有するのがよい。これにより機能型組織のマネージャーは、自分の部下がどのような役割をどのような権限で進めることが期待されているかをより理解できるようになる。

　機能型組織のマネージャーもプロダクトマネージャー同等に求められる役割の範囲が広い。大規模な組織では機能型組織のマネージャーが複数のプロダクトを見ることも多いため、プロダクトマネージャーがコミュニケーションを取るべき機能型組織のマネージャーも複数人になることもあり、互いに複数人対複数人の関係になる。プロダクトマネージャーは、つねに機能型組織のマネージャーに自身の担当プロダクトの重要性や優先度を伝え続けなければならない。

　また、プロダクトチームのメンバーは必ずしも、そのプロダクトの仕事に 100%専念できるとは限らない。その場合、プロダクトマネージャーはそのメンバーが担うことになっている仕事の概要やスケジュールを理解し、もし他の仕事との間で稼働の調整が必要になった場合には、関係するプロダクトマネージャーとそのメンバーの機能型組織におけるマネージャーとの間で解決を図るようにする。

　このような調整は多く発生する。理想としては会社全体、機能型組織、プロダクトの優先度が一致していることが望ましいが、同じ成功を見据えていても立場が異なれば乖離が発生することもある。そのため、プロダクトの成功に向けてプロダクトチームのメンバーに期待することを調整する必要が出てくる。プロダクトマネージャーとしては自分の担当するプロダクトを優先してもらうように働きかけることを厭わなくてもよいが、プロダクトの Core として担当プロダクトの上位のプロダクトや事業、会社全体の利益を考える視座も必要である。

　本当に自分の担当プロダクトを他の仕事よりも優先させるべきと考えるならば、プロダクトマネージャー間で優先順位を決定し、その結果をもとに機能型組織の

PART I

PART II

PART III

PART IV

PART V

PART VI

マネージャーにかけ合ってよい。機能型組織の人数が足りない場合には、そのマネージャーとプロダクトマネージャーチームで議論をして折り合いをつける。ただしその場合にも、その根拠として事業や会社への貢献をしっかりと示す必要がある。職種によっては組織内での希少な人材はチーム間で奪い合いになることもあるだろう。自分のプロダクトさえよければよいという考えは問題外であるが、本当に自分のプロダクトを優先させるべきと考えられる局面においては、きちんとかけ合うことを躊躇してはならない。

　プロダクトマネージャーと機能型組織のマネージャーが協力して行っていくべきことに、プロダクトチームメンバーの人事評価が挙げられる。プロダクトマネージャーが担当するプロダクトへの関わりが強く、稼働時間も多いメンバーの場合、そのメンバーの仕事ぶりや成果が一番見えているのはプロダクトマネージャーであることも多い。

　プロダクトマネージャーはメンバーの貢献度を人事上の評価者となる機能型組織のマネージャーにも伝える必要がある。時には、プロダクトチームメンバーのパフォーマンス改善を両者で考えなければならないこともある。人事権は機能型組織のマネージャーがもち、人材育成や評価も担うことになるが、日々一緒に仕事をする機会が多いプロダクトマネージャーもメンバーの育成や評価に積極的に関わることが期待される。

9.2　プロダクトマネージャーの組織

9.2.1　プロダクトマネージャーの組織で プロダクトを分担する

　PART I で述べた通り、プロダクト志向をチーム全員がプロダクトを自分ごととして捉え、プロダクトをよくしていくことにこだわり抜くことだと定義した。プロダクト志向チームが機能していれば、企業規模の違いによってプロダクトマネージャーに求められることに大きな違いはない。最大の違いはプロダクトマネージャーの人数と、それによるスコープの大小である。

プロダクトは複数に分割をしたり、複数のプロダクトを1つのプロダクト群として扱ったりすることができる。小さい企業の場合、プロダクトマネージャーが1人もしくは少人数であることも多い。1人のプロダクトマネージャーの担当するスコープが広く、意思決定は1人もしくは数人（2〜3人）で行う。業務範囲も広く、幅広いスキルが求められる。

　社内に十分なリソースがなく、デザイナーやデータサイエンティストがいないなどプロダクトチームが不完全な場合もある。採用したくてもすぐにできるわけではないので、プロダクトマネージャーが職務を越えて、必要ならばその役を積極的に埋めていく必要がある。

　創業間もないスタートアップの場合は創業者や創業メンバーが最初のプロダクトマネージャーであることも多い。そのあとを引き継ぐときには、彼らの意思決定プロセスを踏襲しながらも、たとえばプロダクトマネージャーがプロダクトに関する一部の意思決定を担うなど、創業者の負担を減らすことが求められることもある。プロダクトが大きくなり、関係するプロダクトや組織が増えてくると、1人のプロダクトマネージャーがすべてを担当することが現実的でなくなる。そのため、プロダクトを分割し、複数のプロダクトマネージャーで協業する体制をつくる必要がある。

　図表 9-6 のように SNS のプロダクト群は SNS、メッセンジャー、および友達管理やユーザー設定として利用される共通基盤の大きく3つのプロダクトに分割することができる。このように分割する場合、少なくとも3人のプロダクトマネージャーを置くことになる。プロダクトの成熟度やユーザー規模によっては、3つのプロダクトをより細分化して、100人以上のプロダクトマネージャーが同一のプロダクトに関わっていることも珍しくない。

　このような大規模なプロダクトである場合、プロダクト群全体のプロダクトマネージャーは1人ないしは少数人で担当し、プロダクト群全体の大きな方向性を決める。たとえば投稿機能やチャット機能といった個別の機能はプロダクト全体のプロダクトマネージャーではなく、個別のプロダクトマネージャーが担当する。

　このようにしてプロダクトマネジメントの組織ができあがり、1つのプロダクトであっても複数人で担当することができる。プロダクトチームに参加する人や役割も増え、それぞれが自分たちの報告経路をもつ。こうした中で複数人が担当し

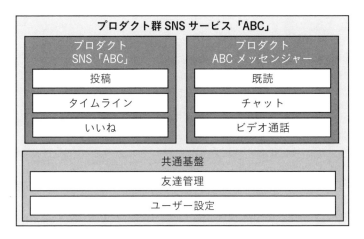

PART I
PART II
PART III
PART IV
PART V
PART VI

図表 9-6　SNS のプロダクト群の例

ても意思決定の軸がずれないようにする必要がある。人が足りない場合は他部署
と交渉して必要な期間、必要なだけの人員を用意するために調整が必要となる。
人数が増えたことによる意思決定スピードの鈍化を避けるようにする、人が増え
たことによる不要な雑務が増える状態をつくらないようにする、不要な仕事やプ
ロセスは排除しミーティングばかりしないようにする、といったことに注意をし
て組織が大きくなったことの弊害が生まれないようにすることが大切である。

(1) 安易に役割で分割してはならない

　1 つのプロダクトに複数人のプロダクトマネージャーがいる場合、ビジネスに
強い人や技術に強い人などさまざまな強みや弱みをもつ人がいるだろう。ロボテ
ィクスやセンサーなどを活用するプロダクトではハードウェアまで含めた技術領
域の知識が求められ、医療や物流、建設、金融などその業界独自の知識が必要で
ある。そのため、1 人の担当者ですべてに通じることは難しい。そこで 1 つのプロ
ダクトに対して、ビジネスに強い人と技術に強い人の 2 人のプロダクトマネージ
ャーを置くこともある。

　しかし、安易に複数人の分業体制を取ることはプロダクトの方向性に一貫性を
もたせられなくなったり、プロダクトのさまざまな局面における迅速な意思決定

が行えなかったり、リスクを取った大胆な施策が取れなくなる危険性がある。プロダクトの意志決定をするプロダクトマネージャーは必ず1人に定め、他のメンバーはサポート役（RACIのConsult＝協業先）に徹するべきである。

（2）プロダクトマネージャー間の責任範囲を明確化する

プロダクトマネージャー同士の責任範囲についてもDACIを用いて互いの責任範囲を明確にすることが重要である。しかし実際には、明確にプロダクトマネージャー間での仕事の境界が分割できないことがある。互いに境界の認識が合っていると思っていても、実は境界にあたるところを互いに相手が担当すると思ってることもある。境界が曖昧な領域があることを前提として、積極的に曖昧な領域の整理をするとよい。

そのために必要なのは情報共有である。とくに議題がなくてもプロダクトマネージャーで集まったり、1on1をしたりするのも一案である。もちろん忙しいプロダクトマネージャーにとって目的のないミーティングは避けたほうがよいので、たとえば週に一度ランチを一緒に取ることなどが考えられる。

また、大きなビジョンを実現するためには、複数のプロダクトマネージャーが自分の担当領域での成果を積み上げていくことも必要になってくる。大きなプロダクトやプロダクト群のビジョンに対して、各プロダクトマネージャーが自分の担当領域を通じてどのように貢献するかを可視化して、その達成を互いに喜ぶことができる関係構築も欠かせない。

（3）意思決定のフローやドキュメントのルールを共通化する

プロダクトマネージャーが複数人いる場合、プロダクトを考える方法やプロダクトマネージャーの仕事の範囲の認識が違うことが起こりうる。もちろん、プロダクトマネージャーの強みに合わせて仕事の範囲を割りふるのはよいが、その前提となる意思決定のフローや、プロダクトチームとしてのドキュメント管理のルールなどは揃えておくとよい。

隣のプロダクトのことはまったく知らないといった状況にはせず、互いにプロダクトを成長させるためのツールやフローについても議論を重ねることができる関係が好ましい。

9.3 「ステークホルダーをまとめ、プロダクトチームを率いる」とは

9.3.1 リーダーシップとは何か

　プロダクトマネージャーにはリーダーシップが必要である。日本では、マネジメント職やそれに近い職位にのみ求められるスキルだと誤解される傾向もある。しかし、リーダーシップは人を率いる場合に必要となる基本的なスキルであり、本質的にはすべての職種において何らかの形で必要とされる。

　リーダーシップという言葉に抵抗感があるならば、オーナーシップや主体性という言葉に置き換えてもよいが、「率いる」という意味は忘れないようにしたい。プロダクトマネージャーに求められるリーダーシップとは、プロダクトチームを率いることである。

　たとえば、大学を卒業したばかりの新社会人にリーダーシップを求めることに違和感を覚える人もいるかもしれない。それはリーダーシップを発揮する対象の粒度や重要性が示されていないためである。確かに先輩社員にいわれた通りに手を動かす場合はリーダーシップは不要である。一方で、必要な情報を与えられたあとに、自らが主体的に調査して計画を立て、必要に応じて他のエンジニアから教えを請いながら進めれば、小さい領域かもしれないが一定の知見を得ることができ、そのタスクに関しては主体的に関与したといえる。小さい粒度ではあるもののこれがリーダーシップを発揮する1つの例である。見方によっては、開発を完遂させるために協力してくれた人たちを率いたといういい方もできる。次に同じ領域の仕事が発生した場合、言葉通りのリーダーとして他エンジニアを率いることが可能性となる。

　一般的に人が他者を率いる際に必要となる手段を図表9-7に示す。プロダクトマネージャーがリーダーシップを発揮したり、他者を動機づける際にも用いられる。動機づけは、情熱や信頼によって他者を奮い立たせたり、ビジョンや企画、計画を適切に伝えたりする場面でも重要となる。動機づけには、内発的動機づけと外発的動機づけがあり、この2つのバランスを取る必要がある。

図表9-7　他者を率いる際に必要となる手段

手段	概　要
信頼	リスクを取り挑戦することが求められるプロダクトマネージャーはプロダクトチームや、多くのステークホルダーから理解を得る必要がある。「あいつのいうことだから任せてみよう」とか「彼女の実績からすると賭けてみてもよいだろう」などといわれるのは、信頼されているからである 信頼は一朝一夕には生まれない。「信頼貯金」や「信頼残高」という言葉があるが、その人のキャリアの中で信頼は高めていくものである。新しいチームの中で信頼関係が構築できていないときは、まずはチーム内で信頼を貯めていく姿勢も重要である たとえば、いきなりいままでのやり方を否定して新しいやり方を導入するのではなく、現在のチーム内のタスクで自分が担当できることを1つでも2つでも引き取り、自らが率先してチームに溶け込んでいく姿を見せることなども一案である。ただし、チーム状況によってはこの方法が必ずしも最適ではないことには注意が必要である
情熱	何度ダメ出しをされてもくじけずにかけ合ったり、自らの原体験をもとに論理だけでは証明できないものが絶対に求められていることを熱く語ったりする姿勢で人を惹きつける
共感	自身と他者の感情を理解した適切なコミュニケーションを行うことで、ステークホルダー間の衝突を乗り越え、チームを1つにまとめる。
論理	いくつものデータをもとにリスクを計算しつつも、確度の高い計画性と実現可能性を論理で証明する
権力	給与や賞与など金銭面でのインセンティブを与えたり人事権を使ったりするような権力を用いて他者を率いる（プロダクトマネージャーはもたない）
報酬	給与や賞与という金銭面や労働環境上の待遇など、広い意味での報酬によって他者を率いる（プロダクトマネージャーはもたない）

・内発的動機づけ：興味や好奇心に基づくもの
・外発的動機づけ：報酬・地位などプラス方向のものと、命令・懲罰などマイナス方向のものがある

　主に内発的動機づけを意識しつつ、外発的動機づけについてもチームメンバーの機能型組織（人事上）の上司とともに考えていく必要がある。

9.3.2　マネジメントスタイルの違いを理解する

　会社組織におけるマネジメントスタイルには大きく分けてトップダウンとボトムアップの2種類がある（図表9-8）。これらはスタイルの差であり正解はなく、

どちらにも良し悪しがある。プロダクトマネージャーも組織の一員ではあるので、会社のマネジメントスタイルから受ける影響も無視できない。とくに極端なトップダウンやボトムアップは弊害も大きいので注意が必要である。

　極端なトップダウンの弊害は多様な意見が出てこなくなることであったり、トップやマネジメント以外が受動的な働き方になったりして、いわれたことをやるだけの人になってしまうことである。トップダウンのスタイルは上層部が強いリーダーシップをもっていることが組織として機能するための条件であるが、中にはリーダーシップが強くないにもかかわらずトップダウンのスタイルを取っている場合がある。誰もが日和見的なスタンスとなり、上層部すらしっかりと決められない状況に陥る。プロダクトマネージャーとしてはむしろ率先垂範して意思決定を行いつつも、上層部が決めたかのように立ち回らないといけない。

　さらにいきすぎたトップダウンの場合、社内で適切に決断できないことから「不文律」とされることが生じ、議論の外側に置かなければならないことが発生しうる。プロダクトマネージャーはこうした前提に挑むことで、これまでにないプロダクトの価値を創造できるかもしれない。しかし事の運び方については慎重に行う必要があり、望ましい状況になるのに時間がかかる場合がある。

　一方で極端なボトムアップの弊害は各人が好き勝手に動き、プロダクト、事業、企業として一貫性のある行動が取れないことである。複数のプロダクトにまたがるタスクの場合、統括するトップからの強い指示が必要であるが、極端にボトムアップが強く、トップダウン要素が少ない企業ではうまくいきにくい。部署を越えた横のつながりが生まれにくくなり、いわゆるサイロ化が進む。

　他にも、会社としてプロダクトを通して実現したいことに優先度をつける際、プロダクトマネージャー間の声の大きさや、わかりやすさで決まってしまうことがあり、本来はユーザーのためにすべきことが後回しにされてしまうことになりかねない。ボトムアップの場合はどのように施策とリソースの間の優先度の折り合いをつけるかを事前に決めておくことが必須となる。

　マネジメントスタイルや企業規模にかかわらずプロダクトマネージャーにとって重要なことは、組織の中における承認権限である。次の3点が満たされていないとプロダクトマネージャーが活躍する組織として機能不全に陥りかねない。

PART I

PART II

PART III

PART IV

PART V

PART VI

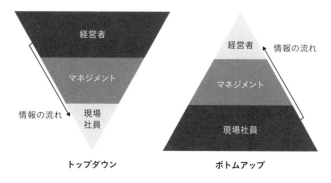

図表 9-8　会社組織における 2 つのマネジメントスタイル

①稟議承認（決裁）はその内容に応じて、適切な人が行うようになっている

　全社レベルのプロダクト施策は上層部も含めた意思決定が必要だが、そうでなければプロダクトマネージャーもしくはプロダクトチームで意思決定できる。

②スピードを意識した承認プロセスとなっている

　プロダクト開発は継続的かつスピーディーに行うものであり、一つひとつの承認に時間がかかっていると、ユーザーは継続的に素早く新しい機能を開発できる企業のプロダクトへと乗り換えてしまうかもしれない。

③多くの人間を承認プロセスに入れていない

　プロダクトマネージャーが行う施策の責任は自身に帰属する。だからこそ素早く決断できさまざまな施策を実施できる。集団責任体制は失敗した場合にそれを承認した個人に責任が生じることを避けるために取られるが、決まるものも決まらなくなってしまい、プロダクトとしての方向性を見失いかねない。

9.3.3 影響力の獲得

　プロダクトマネージャーはミニ CEO とよばれるが、CEO ともっとも異なるのが権力や報酬を使ったリーダーシップを取れないことである。CEO は企業における最大の権力者であり、ステークホルダー全員が CEO が最終的な意思決定を行うことを理解している。権力の例としてもっとも象徴的なものが役職に紐づく人事権であり、CEO は社員や協力者の選定と彼らの雇用や取引に関して決定権をもつ。

一方プロダクトマネージャーはプロダクトマネージャー組織内で部下をもつことはあるものの、一般的にはエンジニアやデザイナーなどのプロダクトチームのメンバーに関する人事権をもつことは稀であり、明示的な権力をもたないことが多い。つまり、影響力を行使し人を動かすリーダーにとっての有効な武器をもっていない状況といえる。

　そうした中で影響力を行使するにあたって、信頼、情熱、共感、論理の4つの手段が武器になる。これらを用いて議論をできるのは、同じ目標に向かう仲間である。一見、対立しているように見えたとしても、相手が同じ目標に向かう仲間なのであれば、まず相手の立場に立って考えてみることから始める。

　仕事上は対立することもあるが、先入観を捨て、相手が自分の協力者であると考える姿勢が重要である。すべての人が自分にとっての味方になると考えるのである。

　そのうえで、こちらからの要求を明確にする。依頼したいと思っていても、具体的に依頼事項を明確化するとできないことも多い。とくに、依頼事項が複数にわたる場合、その全体像と優先順位を明確にする必要がある。

　次のステップは相手を理解することである。相手は何に動機づけされ、何が懸念で、依頼事項に応えるには何が必要かなどを理解しておく必要がある。

　最後に、相手が求めるものを満たす形で依頼をするか、もしくは依頼の前に相手の求めるものを提供するのがよい。これは「ギブアンドテイク」または「もちつもたれつ」といわれる。打算的に見えるかもしれないが、人にはそれぞれ自分の大事にするものがあるので、それを理解したうえで関係を構築しようという考えである。

　プロダクトチームやステークホルダーが、大きな方向性においては同じ目標に向かっているという前提のもと、「仲間」もしくは「運命共同体のメンバー」に対しては相互理解を進め、互いの利益を追求することが望ましい。

PART I

PART II

PART III

PART IV

PART V

PART VI

Chapter 10

チームとステークホルダーを率いる

プロダクトはプロダクトマネージャー1人でつくることはできない。Chapter 10 では、プロダクトを取り巻く他者とのコミュニケーションを深める方法について解説していく。

プロダクトチームを率いるために、プロダクトマネージャーがすべき仕事は、プロダクトに関する情報の透明化とチームビルディングの2つに分かれる。

 ## 10.1 多拠点がある場合の情報共有で注意すべきこと

情報の共有の際には拠点間の非対称性が生じないように注意したい。複数拠点にプロダクトチームが分散しており、複数拠点のうちいずれかの拠点がメイン拠点である場合には多くの意思決定がメイン拠点で行われ、その他の拠点には決定事項だけが通達されることがある。決定に至るまでの過程やそれに付随する情報が他拠点にとっても重要なこともある。

仕事には直結しないような雑談やインフォーマルコミュニケーションを意図的に増やしていくことも重要である。

 ## 10.2 プロダクトに関する情報の透明化

10.2.1 コミュニケーションを可視化する

プロダクトチームに権限を委譲するには、各チームメンバーが適切に判断をす

るために必要な情報をもたなければいけない。そこで、チーム内でのコミュニケーションを可視化することが重要となる。

　プロダクトマネージャーがステークホルダーと実施した会議にすべてのプロダクトチームメンバーが参加することは難しいが、その会議の結果は議事録として共有するべきである。

　プロダクトマネージャーの意思決定の根拠を知るためにプロダクトチームメンバー間での会議の議事録を役立てることもあるだろう。誰もが閲覧できるところに会議の議事録を保存しておくとよい。

　会議だけではなく、オンラインでのコミュニケーションも可視化するとよい。チャットツールを利用するのであれば、ステークホルダーとの会話を閉じた個人チャットで実施するのではなく、誰もが閲覧可能なチャットグループをつくり、そこで議論するとよい。メールを活用するのであれば、チーム全員に届くメーリングリストを CC に追加するとよいだろう。

　プロダクトチームの全体に共有することが難しい情報に触れるときにはその限りではないが、プロダクトに関する情報はプロダクトチーム全員が受け取れる状態をつくることが望ましい。

(10.2.2) プロダクトの全体像を可視化する

　プロダクトマネージャーはプロダクト全体を意識しているが、プロダクトチームのメンバーのほとんどが関わるのはプロダクトのうちの一部の機能となる。プロダクトチームのメンバーがプロダクトの中でどの機能がどのような役割を担っているのか、どうして必要であるのかを理解したうえで取り組むことでプロダクトが細部までつくり込まれていく。

　プロダクトの全体像を理解することはプロダクトチームのモチベーション向上にも寄与するだろう。さらには、市場調査やユーザーインタビューの結果、仮説とその検証結果など多くの成果物はプロダクトチームのメンバー全員が閲覧できる状態にしておき、定期的に得たインサイトや現在検証したいと考えている仮説を共有する場も設けておくとよい。

(10.2.3) いつ、何を、どの優先度で実施するかを可視化する

　意思決定の権限が分散した状態であってもプロダクトチームのメンバー各々が正しい意思決定をするために、プロダクトの長期的な計画を知っておくことは必須である。ビジョンを達成するためにどのタイミングで何をしなければいけないのか、どの順番で実施するのかを周知しておくことで、時間軸を意識した意思決定ができる。

　そのためにはプロダクトのロードマップを共有しておく必要がある。まだスケジュールが決まっていないのであれば、いつ頃にスケジュールを決めるのかを共有しておくとよい。　　　　　　　　　　　　→ 7.4.1 ロードマップを策定する

(10.2.4) プロダクトの現在の進捗を可視化する

　プロダクトがうまくいっているのか、そうではないのかの認識を常時合わせることも重要である。たとえば、プロダクトの事業目標を KPI として設定している場合はいつでも誰もが KPI の達成率を確認できる状態になっていることが望ましい。

　他にも、ユーザーからのフィードバックや要望、次のリリースまでの開発進捗など、プロダクトの現状を可視化する仕組みを構築することもプロダクトマネージャーは意識しておくとよい。　　　　　　　　　　→ 7.4.3 評価指標を立てる

(10.3) チームビルディング

　プロダクトチームのメンバー間の結束が強いことがよいチームの条件の一つである。結束を高めるためには、チームメンバーが自然体で意見をいうことができる心理的安全性が確保された状態であることに加え、チームメンバーが互いを深く知ること、そして共通の目標に向かうことが必要である。仕事上だけのつき合いだったとしても、仕事におけるあらゆる判断は、その人の価値観に基づいて

いる。

　メンバーのことを知ることは組織を強くし、プロダクトを成功に導く。本節では、よいチームをつくるためのキックオフと、共通の目標に向かうための手法について解説する。

(10.3.1) よいチームと心理的安全性

　Google は人事施策についてデータを用いた効果測定をしている。プロジェクトアリストテレスとよばれる 2012 年に立ち上がったプロジェクトでは、115 のエンジニアリングチームと 65 の営業チームを対象として優れたチームに共通する条件を調査した。その結果、優れたチームには次のような共通点があることが判明した。

① 心理的安全性

② 信頼性

③ 構造と明瞭さ（期待される仕事と OKR を用いた目標設定）

④ 意味合い（仕事の目的）

⑤ インパクト（成果の影響度）

　この中で①心理的安全性はチームメンバー全員がソフトスキルなどを用いて、維持していく状態であると考えられる。チームを率いているプロダクトマネージャーの役割も大きい。心理的安全性とは自らの欠点や失敗をチーム内で明かしてもリスクが生じない安心感のある状態のことをいう。

　心理的安全性が重要であることを示すエピソードとして、NASA のスペースシャトル「コロンビア号」の事故発生前の出来事がある。ケネディ宇宙センターに勤務していたエンジニアの 1 名は事故原因となった断熱材の問題に気づきかけており、調査の必要性を直属の上司には伝えたものの、それ以上の役職への報告は行われなかった。自分よりも肩書の上の人間に具申することは控えるようにいわれていたためである。結果、コロンビア号は大気圏再突入時に燃え上がり、宇宙飛行士 7 名の命は失われた。

　病院での医療過誤を防ぐ場合も、心理的安全性が確保された環境が必要といわれている。看護師と医師との力関係は必ずしも対等でない医療施設も多いが、医

療過誤を防ぐためには、些細なことでも共有できる心理的安全性が欠かせない。

10.3.2 心理的安全性のつくり方

心理的安全性をつくり出すには、まず認知共有が必要とされている。認知共有とは組織心理学の言葉で、チームメンバーの価値観や考え方およびそれをもとにした組織の文化やマナーを共有することである。プロダクト開発においては、企業や事業の理念が存在するが、それをさらに自分たちのプロダクトとしてどのように咀嚼するかが重要であり、また互いを理解し合う姿勢をもつことも必要である。

認知共有を進め、心理的安全性が高い組織をつくるのはリーダーであるプロダクトマネージャーの役割である。自らが実践して、心理的安全性を高める行動を起こし、プロダクトチームのメンバーも心理的安全性の高い行動を起こすように行動変容を促すことが必要である。

心理的安全性の向上と並行して、動機づけや説明責任の意識づけを行う必要がある。心理的安全性を提唱したハーバード大学のエイミー・エドモンソンは心理的安全性を高めた組織がどのようにふるまうかを医療機関で調査した結果、医療過誤は減るとした予想とは異なり、実際には医療過誤は増えたという。それはいままでは隠蔽されていた報告が増えたからであった。

この事実は心理的安全性が向上したことで、事実が可視化された効果を如実に現すものであるが、心理的安全性が高いだけでは互いに甘え合うぬるま湯の組織になってしまいかねないことも指摘している。心理的安全性は失敗を許容する文化を育むが、同時にモチベーションを高く保って仕事に取り組むことや責任を全うすることも理解する組織にしていくことが重要となる。

エドモンソンは図表 10-1 のような快適ゾーン、学習ゾーン、不安ゾーン、無関心ゾーンからなる 4 象限のマトリックスを提唱し、学習ゾーンを目指すべきであることを示している。

プロダクトチームの心理的安全性を醸成するには、プロダクトマネージャーが自らの弱みを見せることを厭わないことやチームの成長のために中長期的な学習を取り入れること、各種ファシリテーションの場での工夫などを行うとよい。

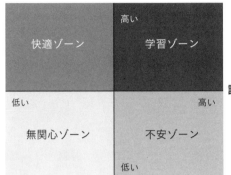

心理的安全性

快適ゾーン	学習ゾーン
無関心ゾーン	不安ゾーン

高い

低い　　　　　　　高い　　説明責任

低い

図表 10-1　心理的安全性と説明責任

(10.3.3) 内製度の違いを理解する

(I) アウトソースを使う場合とは？

　プロダクトチームを組成するとき、アウトソースもしくは内製化の選択肢がある。エンジニアであれデザイナーであれ、メンバーはすべて社内にいることが望ましい。社内であればこそ意思疎通が容易になり、情報の透明性を確保することができる。ビジョンの実現にあたって、こうしたコミュニケーションや情報交換の土台は欠かせない。

　しかしスタートアップ企業の場合、エンジニアやデザイナーなど必要な採用が追いつかない場合がある。大企業であっても、新領域などで必要なスキルをもった人材が社内に足りない場合がある。

　それでも開発を進めなければならない場合、アウトソースを使うことが多い。また社内でつくるよりアウトソースしたほうがコストがかからない、という場合もあるかもしれない。こうした状況においては一部もしくはすべてのリソースをアウトソースして開発を行うことになる。

　アウトソースであっても参加するメンバーには同じビジョンやミッションに沿って動くことを求める必要がある。アウトソースではどんなバックグラウンドの人が開発に携わるのかが見えなくなり、本当に同じ方向を向いているのかどうか

がわからなくなってしまうことが起こりがちであるが、それは避けなければならない。

　プロダクト開発は仕様を書いて終わりではなく、リリースまでの過程の中で多くの意思決定を求められる場面がある。アウトソースを利用する形態であっても外部に丸投げせず、メンバーが恒常的にコミュニケーションできないと、状況の変化に柔軟に対応することはできない。

(2) プロダクトマネージャーとアウトソースチームのコントロール

　本書では理想はあくまでプロダクトチームは内製がよいと強調したうえで、どうしてもアウトソースチームを使わなければならない場合のポイントについてまとめる。まずは DACI を明確化することである。Chapter 9 で述べたように、決定する事項ごとに誰が、推進者（Driver）、承認者（Approver）、貢献者（Contributor）、報告先（Informed）となるかをあらかじめ合意をしておく。

　アウトソースチームであればなおさら役割を明確にしておかないと、どこから自社が担い、どこまでアウトソースが担うかというところで齟齬が発生してしまい、その調整に無駄な時間が取られることが起こりうる。

　次に、ドキュメンテーションのクオリティーが重要となる。プロダクトチームのメンバーが社内の場合は、会社の共通言語、認識、前提知識が揃っていることが多い。しかしアウトソースではこうした共通規範が通用しない。

　そのためプロダクトの仕様書を書く際には、社内メンバー向けに書くよりも説明を丁寧に行い、暗黙の前提や社内用語を平易な言葉に置き換えたりする配慮が必要になる。

　ただし、どこまで情報を出すのかについては慎重になる必要がある。プロダクトがユーザーのプライバシーや金融資産などに関わるような情報を扱う場合、どこまで情報を出すのか、漏洩した場合はどのように責任を分けておくのかといったことも詰めておく必要がある。アウトソースすることによって自社がどこまで管理できるのか、管理できない分はどこか、といったリスク対策も必要となってくる。　　　　　　　　　　　　　　　　　　　➡ 11.1 ドキュメンテーション

　アウトソースチームの場合、実際に手を動かす人と、自社とコミュニケーションを担当する窓口となる人が都度異なる状況も発生しうる。この場合、自社のプ

ロダクトチームであれば朝会や定例ミーティングのような場で話し合えば解決してしまうような小さな問題も、非常に遠回りなコミュニケーションを行わなければならない。

プロダクトマネージャーと開発チームへ向けて、手を動かす人が直接話すことが望ましいが、それが難しい場合にはコミュニケーション密度を上げる方法をしっかりと考えておきたい。

プロダクト開発をすべてアウトソースチームに委託しなければならない場合はともかく、部分的にアウトソースを利用する場合は、メインとなるプロダクトの依存性を最小限にすることもリスク管理となる。

SaaS系プロダクトのように継続してプロダクト開発を行う場合、アウトソース部分がつねにボトルネックになるようであれば会社のプロダクト成長スピードを阻害してしまうことになる。

このように、アウトソースチームを使うことは、自社におけるプロダクトチームとはまったく違う懸案事項が数多く潜んでいる。内製化したチームのほうがスムーズに事が進むことは間違いないので、アウトソースを使うことがやむを得ない場合は、ここに記したことをいま一度見直すことをおすすめする。

(10.3.4) チームの発展段階に応じたチームづくり

プロダクトチームのチームビルディングを考える場合、まずはいまのチームの状態を把握する。チームはメンバーを集めただけでは機能しない。チーム設立から適切なチームビルディングを経て初めて、チームとして機能するようになる。

チーム状態の把握には、心理学者のブルース・タックマンが提唱したタックマンモデルが有効である（図表10-2）。タックマンモデルはチームの発展段階を次の5つに分類している。

プロダクトマネージャーはプロダクトチームがどの段階にあるかを把握し、段階に適したチームビルディングやメンバーとのコミュニケーションを行うとよい。

5つの段階のうちフォーミング（形成期）では、メンバーが各々を深く知る必要がある。仕事ですでに面識がある関係であったとしても、まずは自己紹介から始めてみるのもよい。

長い付き合いのある人であっても意外な一面に気づくこともある。いつも厳しい側面しか見せていなかった先輩の別の生々しい人間的側面を知ることで、激しい議論をするときでも相手のことを多面的に理解していると、人格否定などには陥らないで済む。

図表10-2　タックマンモデル

チームの発展段階	概　要
フォーミング （形成期）	メンバー間の理解がまだ不足しており、互いに関してやチームとしての活動の進め方にも疑心暗鬼な時期
ストーミング （混乱期）	メンバー間の議論などが始まるが、チームの目的やメンバーそれぞれの役割や責任などについて明確に決められていないため、衝突や対立が生まれやすい時期
ノーミング （統一期）	チームの目的やメンバーの役割や責任範囲も決定され、メンバーが互いを尊重し合うようになる時期
パフォーミング （機能期）	メンバーが結束し、チームとして目的遂行のために一致団結している時期
アジャーニング （散会期）	チームの目的が達成させるなどして、チームを解散する時期

　ストーミング（混乱期）では、チームとしてのビジョンとミッションや価値を話し合うとよい。自分たちはなぜチームを組んでいるのかを改めて話そう。
　ノーミング（統一期）では、結果をレビューしチームの成長を意識する必要がある。日々のチーム活動での気づきを共有し、チームとして改善を繰り返す。
　ノーミングに至るまでのフォーミングやストーミングの段階では、プロダクトマネージャー個人としてもメンバーとのコミュニケーションの分量を多く取ることをおすすめする。少し多すぎるのではないかと思うくらいにまでコミュニケーションを取るくらいでちょうどよい。
　日常生活での会話でも、こちらが伝えたと思っていることの半分も伝わっていないことがあるが、フォーミングやストーミングの段階では互いの理解が不足しているため、普段よりもさらに伝わっていないという仮定でコミュニケーションを取ったほうがよい。
　共通の理解をするうえで重要なのが、共通の言語や概念である。そこでチーム全員が用いる共通語彙を定義するのも一案である。チームの中で頻出する用語を

定義し、チーム内で会話をする際にはできるだけその語彙集の中の用語を用いるようにする。

　当初は業務ドメインの知識が欠けていることが多く、エンジニアなどはユーザーの要求が理解できないこともあるが、使われる用語の理解から進めることでこのような問題にも対処できる。

　さらに、共通の価値観を共有するためには、そのような価値観が説明されている書籍を全員の必読書とすることも効果的である。たとえば、リーン開発手法を用いることを決めたなら、リーン開発関係の書籍を全員で読むとよい。

　パフォーミング（機能期）では、プロダクトマネージャーはメンバー間の細かいことに首を突っ込むごとはせずに、結果の可視化を通じてビジョンの達成に近づいているかを気をつければよい。プロダクトの状況の変化によりチームが機能しなくなることもあるため、チーム状態の確認は怠らないようにしたい。

　アジャーニング（散会期）は、チームの目的が達成されて解散となる場合が多いが、予期しないプロダクトの終了による解散の場合もある。いずれの場合もメンバーはまた別のチームで一緒に働くことも多い。チームの解散後もよい関係を継続するために感謝の意を伝えたり、簡単なフィードバックを与え合ったりできるとよい。プロダクトマネージャーはそのような機会を用意して、自らもメンバーに感謝の意を伝えよう。

(10.3.5) 関係者間のキックオフ

　プロダクトやプロジェクトを開始するときには、関係者を集めてキックオフミーティングを実施する。キックオフミーティングの目的は以下の3点である。

(1) プロダクトやプロジェクトの目的や全体像を共有する

　これからともに働くプロダクトチームのメンバーにプロダクトの全体像を説明する。そのとき、プロダクトのビジョンをプロダクトチームに訴えかけるためのプレゼンテーションスキルやストーリーテリングが必要になる。成果物として作成された情報共有だけではなく、プロダクトマネージャーがプロダクトにかける想いなどを述べるのもよい。

PART I
PART II
PART III
PART IV
PART V
PART VI

キックオフではとくに、チームのビジョンやミッションの共有が大事である。最初期でチームにはまだ少人数しかいない場合には、チームでビジョンとミッションを策定するのもよい。与えられた目標よりも自分たちで考えた目標のほうが、より自分ごととして捉えるようになり、プロダクトに対する想いも強くなる。

　プロダクトの開発が順調に進むと、新しいメンバーがチームに加わることもある。既存メンバーであっても、日々の作業に忙殺された結果、自分たちの存在理由を忘れてしまったり、向かうべき方向性を失ったりしてしまうこともある。

　そのため、チームビルディングのための催しを半年に一度など定期的に行うことをおすすめする。その間に新しいメンバーが加わっていたり、メンバー間の関係がぎくしゃくしたりし始めていることもあるだろう。そういったときに、自分たちがどういう存在でどこに向かっているかを改めて考える機会は一層重要となる。　　　　　　　　　　　　　　　　　　➡ 11.4 プレゼンテーション

(2) チームメンバーが互いを深く知る

　チームメンバーが互いを深く知るためには、自己紹介から始めるとよい。自己紹介の際には、できるだけ楽しい雰囲気をつくるとよい。米国では自己紹介の際に「ファンファクト」とよばれる、自分の半生の中での面白い出来事や他の人に自慢できる自分の変わった一面を一言つけ加えるように要求されることがある。一緒に働く仲間だからこそ、楽しい雰囲気でコミュニケーションが取れるチームであるように努力したい。

　自己紹介以外のチームビルディングとして、仕事以外の共同作業をしてみるのもよい。料理や簡単な工作など、職種や職位に関係なく全員が同じ立場で関われるようなアクティビティが最適である。数人の小グループに分かれて競っても面白い。共同作業を通して、メンバーの意外な一面が見えることがある。

　チームやプロダクトに名前をつけるアクティビティもチームビルディングにおすすめである。チームに名前がつくことでチームへの帰属意識が高まり、愛着もわく。プロダクトに開発コード名とよばれるものをつけるのもいいだろう。多少遊び心のある開発コード名をつけると、より愛着がわく。

　Windows の開発コード名を例にとろう。Windows 95 はシカゴ、Windows XP はウィスラー、Windows Vista はロングホーンとよばれていた。余談だが、

Windows XP のウィスラーはカナダの有名なスキーリゾートの地名である。本当は Windows XP の次のバージョンはウィスラーに隣接する、もう 1 つの有名なスキーリゾートであるブラッコムになる予定だったが、開発が予定より長くなりそうなことがわかったため、ウィスラーとブラッコムの間にあるレストランの名前であるロングホーンが開発コード名となった。図表 10-3 に示すように Windows の他に Android や mac にも開発コード名がついている。

図表 10-3　各 OS の開発コード名

OS	縛 り	名称例
Windows OS	地名、スキーリゾート	シカゴ、ウィスラー、ロングホーン
Windows CE	ウィスキー	タリスカー、ジェイムソン、マッケンドリック、マッカラン、山崎
Android OS	アルファベット順のお菓子の名前	(C) カップケーキ、(D) ドーナツ、(E) エクレア、(F) フローズンヨーグルト、(G) ジンジャーブレッド、(H) ハニカム
macOS	ネコ科の動物、カリフォルニア州の地名	チーター、ピューマ、ジャガー、パンサー、タイガー、レパード、スノーレパード、マーベリックス、ヨセミテ

　名前づけに制約を設けたりプロダクトとの関連性をもたせたり、プロダクトビジョンの体現を願うようなものにすることも、メンバーのチームに対する帰属意識を高めるのに有効である。

　プロダクトを新しくつくるときに、いきなりプロダクトの正式な名称を決めることは難しいが、こういった開発コードがあると社内でのプロダクトの識別子となる。メーリングリストのアドレスや共有フォルダの名称、プログラムの名前など、プロダクトの識別子が必要になることは何かとあるため、あとから変更するにしても、キックオフのタイミングで何かしらの名前があるととても便利である。

(3) プロダクトやプロジェクトを始める前に必要な合意を得る
　プロダクトチームがスムーズに仕事に取りかかれるように、キックオフミーティングで必要な合意を得るとよい。必要な合意は実施するキックオフミーティングの種類によって異なる。
　ここでは、プロダクトのコンセプトをプロダクトチームで理解するためのイン

セプションデッキと、開発を開始する前にエンジニアチームと「どのように進行するか」の認識を揃えるという場面を想定したキックオフミーティングのアジェンダを紹介する。

10.3.6 「プロダクトコンセプト」の キックオフ──インセプションデッキ

　プロダクトの Core、Why、What の検討が終わり、プロダクトの How として多くの人を巻き込んでプロダクトを開発する準備をしたあと、プロダクトマネージャーは積極的に牽引していくのではなく、プロダクトチームにそのバトンを渡すことになる。そして、プロダクトマネージャーは適切なタイミングで必要な意思決定を担う。

　プロダクトチームがプロダクトの How に取りかかれるようにプロダクトのCore、Why、What で検討した結果をまとめた「プロダクトコンセプト」を共有するキックオフを実施しよう。

　プロダクトコンセプトのキックオフでは、プロダクトチームと議論をして、つくるべきものの視点を合わせる。仕様書やユーザーシナリオを説明するキックオフではない。成功するプロダクトをつくるためは、プロダクトに関わる全員がプロダクト志向をもたなければならず、そのためには開発チームが決められた要件の通りに開発すればよいというわけではない。

　プロダクトを育てることは仮説検証の繰り返しであり、仮説は間違っているということが前提としてある。最初にプロダクトを触り、身をもって仮説検証するのも、プロダクトの細部にまで精通しているのも開発チームである。プロダクトマネージャーから開発チームに機能を説明するときには、必ずなぜその機能が必要なのかを合わせて伝え、議論をしながら進行をすることが非常に重要になる。

　キックオフでは、プロジェクトについて説明する前にプロダクトチームにプロダクトの全体像を知ってもらうことが先決である。ビジョンを語り、プロダクトの方針である Core、Why、What を説明する。

　ビジョンが共有できたら、次にプロダクトチームがプロダクトを自分ごと化してプロダクト志向をもつことができるよう「インセプションデッキ」とよばれる

アクティビティを実施しよう。

　インセプションデッキとは、ThoughtWorks のロビン・ギブソンによって創作されたプロジェクトの全体像を捉え、期待をマネジメントするためのツールである。日本では書籍『アジャイルサムライ』で紹介されて有名になった。アジャイル開発のみならず、ウォーターフォール開発であったとしても、ぜひ実施したいアクティビティである。

　インセプションデッキは以下の 10 個の質問からなる。プロジェクト開始時には答えづらいような手ごわい質問も含まれている。

(1) 我々はなぜここにいるのか

(2) エレベーターピッチ

(3) パッケージデザイン

(4) やらないことリスト

(5) 「ご近所さん」を探せ

(6) 解決策を描く

(7) 夜も眠れない問題

(8) 期間を見極める

(9) 何を諦めるのか（トレードオフスライダー）

(10) 何がどれだけ必要か

(1) 我々はなぜここにいるのか

　どうしてこのプロジェクトメンバーが集められたのか、何をするチームであるのかを書く。

(2) エレベーターピッチ

　以下のテンプレートを使ってプロジェクトで生み出すプロダクトや機能の特徴を記載する[※1]。シンプルにまとめておくことで、開発開始後に何か問題が起きたとしても、これ沿った意思決定ができる。

※1　Jonathan Rasmusson 著, 西村直人, 角谷信太郎 監訳『アジャイルサムライ』（オーム社）2011

[潜在的なニーズを満たしたり、抱えている課題を解決したり] したい

[ターゲットユーザー] 向けの、

[プロダクト名] というプロダクトは

[プロダクトのカテゴリー] である。

これは [重要な利点、対価に見合う説得力のある理由] ができ、

[代替手段の最右翼] とは違って、

[差別化の決定的な特徴] が備わっている。

(3) パッケージデザイン

　プロジェクトの成果物を箱に入れて売るならどんなパッケージをつけるかを絵に表す。パッケージにはキャッチコピーに加えて、楽しげなものであるのか厳格なものであるのかなどの大まかな雰囲気が表される。絵に表すことで言語化できていない部分の認識が合い、議論のきっかけになるため、有意義な作業である。

(4) やらないことリスト

「やること」「やらないこと」「あとで決めること」を書き出しておく。ここでは機能のリストをつくることが目的ではないため、すべてを書き出す必要はない。不安に思っていることや検討が必要なことを話し合い、明確にやらないと決まったことと、これから議論が必要であることが何であるのかを書き出しておく。プロダクトマネージャーとしては優先度が高いと考える項目が開発工数が大きい場合などもある。

　別のプロジェクトとして進行すると決めたものなどは「やらないこと」として外していこう。とくに開発が始まったものは、「少ない機能でプロダクトの目的を達成する方法」を意識しよう。

(5) 「ご近所さん」を探せ

　プロダクト開発のために社内でコミュニケーションが必要なメンバーを洗い出す。図表 9-4 で解説した関係者間の相関図ではプロダクトマネージャーを中心として記載をするが、インセプションデッキで記載する場合にはプロダクトチームを中心に関わることになる部署や担当者を記載するとよい。

PART I

PART II

PART III

PART IV

PART V

PART VI

(6) 解決策を描く

開発チームにおおよそ想定できる範囲での構成図を書いてもらい、開発チーム内でどこまで認識が合っていて、どこの議論が必要なのかのすり合わせをする。どこにリスクや不安点があり、コストがかかる可能性があるのかについても把握できるとよい。

(7) 夜も眠れない問題

すでに発見されているリスクを記載する。プロダクトマネージャーはしばしば1人でリスクを抱え込みがちであるが、問題が起きたときに対処するのは結局はプロダクトチームである。チームとしてどんなリスクがあるのかを可視化することで、マネジメントに活かせる。

また、プロダクトチームが気づいたリスクを共有できる環境づくりのきっかけにもなる。リスクに気づいた人がその対策をとるのではなく、うまく分散させる仕組みが必要である。

(8) 期間を見極める

おおよその期間の認識を合わせておく。リリースまでのマイルストーンについても合意を取っておくとよい。たとえば、リリースまでに一部のユーザーにだけテストをしてもらうような期間をもったり、クリスマス商戦に間に合わせたりしなければならないといった時間軸に紐づくおおよその進行に合意しておこう。

(9) 何を諦めるのか（トレードオフスライダー）

プロジェクトは予定通りには進行されることはなく、開始後にはつねに予定変更に見舞われることになる。そのときの意思決定の基準とするために、機能、品質、締切、予算の4つの優先度をつけておくとよい。4つの優先度が明確になっていると、クリスマスまでにリリースすることが何より大切でそのためには機能を絞ることも致し方がない、といった前提条件をチームで共有することができる。

ここにその他チームが必要だと思うものを追加して、優先度順に並べる。ここで「大切なものランキング」の形式で記載してもよい。たとえば、「機能 ABC が実装できること」>「クリスマスまでにリリースできること」>「機能 DEF が実装

できること」のように機能ABCがなければクリスマスまでにリリースできても価値がないことを表すことができる。

→ 5.1.3 プロダクトを成功させるためのルール

（10）何がどれだけ必要か

プロジェクトを進行するために必要なことを記載しておく。たとえばサーバー費用や、社内にリソースがなくアウトソースしなければいけない役割や、追加的に採用しなければいけない人員について記載をする。

これらの質問にすべて答え終わったらインセプションデッキは一旦完成である。答えづらい質問にもチームで答えることでメンバー全員が考え、議論する場となる。ただし、インセプションデッキは一度つくって終わりではない。意思決定に迷ったときに見返し、必要に応じてアップデートをする必要がある。とくに、（4）やらないことリストと（7）夜も眠れない問題については進捗を随時アップデートしておく必要がある。作成したインセプションデッキはプロダクトチーム全員が、いつでも最新のものを見ることができるようにしておくとよい。

インセプションデッキはプロダクトの関係者全員で議論をするためのアクティビティである。プロダクトマネージャーが開発チームにプレゼンするものでも、開発チームが検討結果をプロダクトマネージャーに説明するツールでもない。プロダクトマネージャーが一方的に説明をする場ではないことを表明するために、インセプションデッキのファシリテーターはプロダクトマネージャー以外のメンバーが担うことも検討してほしい。

10.3.7　開発を「どのように進行するか」のキックオフ

「プロダクトコンセプト」のキックオフとは別に、エンジニアチームと開発を「どのように進行するか」の認識を揃えるキックオフも実施しておく必要がある。「どのように進行するか」のキックオフでは基本的にプロダクトマネージャーが積極的に発言をしたりファシリテーションしたりすることは少ない。

しかし、プロダクトマネージャーは開発がどのように進行するのかを知っておくべきであり、開発チームとのコミュニケーションの取り方もこの場で認識を合わせておくとよい。開発チームと認識を合わせておいたほうがよいポイントを図表10-4に示す。

図表10-4　開発チームと認識を合わせておいたほうがよいポイント

視　点	ポイント
開発手法	ウォーターフォール開発か、アジャイル開発か、どのように開発が進行していくか、などプロダクトマネージャーとしてどのように関わるべきかを知る ➡ 21.2 開発手法の基礎知識
進行の流れ	開発者での役割分担や、タスクが開始から完了までにどのように進行していくのか。コードレビュー体制やデプロイの周期を知ることで、コミュニケーションが円滑になる
見積りと バッファの 扱い	プロジェクトマネージャーが開発チームに依頼した見積りの結果にバッファをすでに入れているのか、どの程度の粒度での見積りであるのか
完成の定義	プロダクトマネージャーはどのタイミングで開発完了した成果物を触ることができるのか、またエンジニアがタスクが完了しているとした場合に何が終わって、何が終わっていないのか たとえば、実装は完了したが実際にそれをリリースするためのサーバーの手配に2週間かかり明日リリースすることができるわけではないなど、エンジニアとプロダクトマネージャーで期待する完成の定義が異なることがある。プロダクトチームとコミュニケーションするうえで、タスクが完了した場合にその後どんな作業を経てユーザーに価値を届けることができるのかをプロダクトマネージャーは知っておく必要がある
プロダクト ごとの特性	一般的なプロダクト開発と何か違いがあるかどうか たとえばハードウェアプロダクトであれば、どのような機能が一度プロダクトをリリースしたあとでも変更可能であるのかなど、プロダクトをつくったうえで今後のプロダクトマネージャーの意思決定に関与する事項である
大まかな 設計と担当者	そのプロジェクトの大まかなデータの流れや、サーバーの構成など。また、どこの領域をどの担当者が開発しているのか

(10.3.8) 共通の目標に向かう（OKR）

プロダクトチームが一丸となってプロダクトの成功に向かって突き進んでいくためには、全員が目指す共通の目標が必要となる。PART IIではNSMやKGI、KPI

といったプロダクトが目指すべき指標を紹介した。ここでは組織が協力するための目標管理手法としてOKRを紹介する。

OKRは、目標（Objectives）と主要結果（Key Results）の頭文字であるOとKRから名づけられた手法で、目標（O）とは「達成するもの」、主要結果（KR）は目標（O）の達成状況を監視するための基準を意味する（図表10-5）。目標は組織が達成すべき重要なものとし、具体的かつ組織のメンバーの行動を促すものである。主要結果は達成度を測る計測可能なものでなければならず、可能な限り定量的なものとする。

一般的には、1つの目標（O）に対して3〜5つくらいの主要結果（KR）をもつことが推奨される。従来の目標管理では「できた」「できなかった」のどちらかでしか成否を判断できなかったり、仕事の姿勢などから努力していることだけを評価したりしてしまうことが起きがちだった。

OKRは目標だけでなく、主要結果をあらかじめ明確化しておくことにより、達成状況を確認しやすくしている。なお、OKRは自分たちの努力で成し遂げられるものとし、第三者の影響により左右されないものであることが望まれる。

図表 10-5　OKR

目標
0.6：新プロダクトを黒字化する

主要な結果
0.4：新規ユーザーを 1,000 人増やす 0.8：離脱率を 5% 減らす 0.6：売上を 3,000 万円まで伸ばす

図表 10-6　OKR の書き方

OKRは通常3ヶ月を1つのサイクルとする運用を行う。サイクルの期初にOKRを設定し、期末にOKRの主要結果にスコアをつける。スコアはパーセント表記で100を最大値とする場合と、小数点1位までで1.0を最大値とする数値で表す場合とがある（図表10-6）。組織内で統一されていればどちらの表記を用いても構わない。期末には主要結果のスコアから目標のスコアも算出する。単純平均で

もよいし、各主要結果にあらかじめつけた重みを付加したものの平均でもよい。

OKRでは目標を高く設定することを推奨している。OKRのベストプラクティスの1つとして、実力を発揮して完了した場合には主要結果の7割を達成するように設定するという考えがある。

主要結果を達成することができるのは普段の実力では到達しえないことができたときである。高い目標を設定することで、普段とは異なる創意工夫を引き出し、メンバー間でより協力することが期待される。

10.3.9 ふりかえり

プロジェクトが終了したらふりかえりを実施する。可能であれば、終了時だけではなく開発中も定期的にふりかえりを実施するのが最良である。

ふりかえりとは、プロダクトチームのメンバーでこれまでの働きについて思い返し、改善するための議論をすることである。ふりかえりはチームメンバーがお互いに対して抱いている仮説を検証するよいチャンスであり、実施することでより強いチームになることができる。

ふりかえりを実施するときには、「問題 vs. 私たち」という構図をつくることを心がけたい。ふりかえりは起きた問題に対する犯人探しの場ではない。チームで仕事をしている限り、誰か1人だけに原因があることはなく、すべてがチームの責任である。

たとえば、システムに重篤なバグが起きたとしても、バグを直接起こしたコードを書いた開発者だけが悪いわけではなく、レビューをしたエンジニアも、動作確認した担当者も、バグが起きてしまう環境を生み出したチーム全員にも責任がある。バグを起こさないように個人で気をつけることには限界があるため、ふりかえりでは環境をアップデートしバグが起きづらい仕組みをつくるための方法について議論することが必要になる。

1つのプロジェクトが終了するときには、可能な限り関係者を全員集めてふりかえりを実施することをおすすめする。もし、ふりかえりによびづらいと感じる関係者がいれば、その状態自体に問題があると考えてほしい。

しかし、最終意思決定者などのステークホルダーについてはその限りではない。

PART I
PART II
PART III
PART IV
PART V
PART VI

最終意思決定者がいることで他のメンバー同士の発言が萎縮してしまうことや、プロダクトチームで議論した結果を代表者が丁寧に最終意思決定者と交渉する必要がある場面もあるだろう。最終意思決定者との関係性によってはプロダクトチームと直接議論をしたほうがよい場合もあるため、状況に応じて検討をしてほしい。

　すべてのふりかえりにすべての関係者を集めるべきというわけではなく、小規模なふりかえりについては必要なメンバーで適宜実施するのがよい。また、大人数のふりかえりを全員で実施してしまうと、1人あたりの発言の機会が減り、建設的な議論ができないことがある。参加者の人数が多くなる場合には5人程度のチームに分けて各チームでふりかえりを進行し、その結果を全体で共有するのがよい。

(1) ふりかえり手法

　日本国内での代表的なふりかえりの手法としてKPTがある。KPTはKeep、Problem、Tryの頭文字をとった言葉で、「このまま継続すること（Keep）」「課題（Problem）」「解決策（Try）」について各々が付箋に書き出して発表し合う手法である。

　他にも、YWTとよばれる「やったこと（Yattakoto）」「わかったこと（Wakattakoto）」「次にやること（Tsuginiyarukoto）」を書き出す手法もある。ふりかえりの手法は多くあるため、KPTを使いこなすことができるようになれば、チームの課題に合わせて他の手法を探してみるのもよい。

　プロジェクト終了時のふりかえりでは、KPTであってもYWTであっても、プロジェクトでどんなことがあったのかを思い出す作業が必要になる。これらの手法を使う前に、起きた事象を洗い出すアクティビティを実施するのもよい。ホワイトボードやmiroなどに横軸を引き、時系列順に起きたことを付箋で貼りつけ、それを見ながらKPTの各項目の洗い出しを実施するとスムーズである。

(2) ふりかえりを評価する

　ふりかえりを実施していると、「このふりかえりはうまくいっているのだろうか」「議論すべき内容を議論できているのだろうか」と不安になることがある。ふ

りかえりのファシリテーションはとても難しく、ファシリテーターが固定化され
ていると悩むことも多い。

　ファシリテーターが1人で抱え込むのではなく、それ自体もふりかえりの議題
にしてしまうとよい。そのための題材として、ふりかえり終了時にふりかえり会
自体を参加者に定量的に評価してもらい、ふりかえりの状態を可視化すれば、そ
の結果をもとに議論をすることができる。

　もし時間があれば、ふりかえり自体の点数づけと同時に参加者にふりかえり自
体のKPTを実施してもらうことで、参加者自身もふりかえりの学びを言語化で
きる。

PART I

PART II

PART III

PART IV

PART V

PART VI

Chapter 11

チームでプロダクトをつくる ためのテクニック

プロダクトマネージャーがチームでプロダクトをつくる際に有効な5つのテクニックであるドキュメンテーション、コーチング、ファシリテーション、プレゼンテーション、ネゴシエーションを紹介する。

11.1　ドキュメンテーション

ドキュメンテーションとは資料をつくる作業のことである。プロダクトマネージャーにとってドキュメンテーションは非常に重要な仕事である。プロダクトマネージャーは数多くのステークホルダーと接するが、すべての会話に首を突っ込んで話を聞くわけにはいかない。そこでドキュメンテーションは自分の肩代わりとなってステークホルダーの理解を促したり、プロダクトマネージャーの意思決定をサポートしたりする役割を果たす。プロダクトマネージャーが書くドキュメントにはいくつ重要な要素があり、簡単にまとめると図表 11-1 のようになる。

ドキュメントをプロダクトの4階層（図表3-1）と照らし合わせると、図表 11-2 のように連動していることがわかる。Fit と Refine が各階層で行われるように、ドキュメントもそれに合わせてつねに更新していく必要がある。プロダクトマネージャーが書く個々のドキュメントは、互いに深い関連性がある。それは各階層の中で完結すること以上に、プロダクトの Core と Why、Why と What、What と How の階層間のつながりを読み手に誤解なく伝える必要があるからである。

プロダクト要件に関しては PRD（Product Requirements Document）とよばれる形式でまとめることが多いが、プロダクトマネージャーの世界の中で決まった定型は存在しない。会社ごと、ビジネス形態によってさまざまな定型がある。社

内で定型を決め、ばらばらの書式で書かないようにすることのほうが大切である。ドキュメントの形式を統一することで書き込まれる内容が揃い、網羅性が担保されたり記述内容の抽象度の個人差などを最小化したりすることができる。

図表 11-1　ドキュメント内の重要な要素

ドキュメントの要素	概　　要
プロダクトビジョン ステートメント	プロダクトをつくる目的やなぜつくるのかについてまとめたもの
プロダクト戦略	プロダクトを通して実現する世界のために何に優先度を置き、何をしないかを明らかにしたもの
プロダクトコンセプト	これからつくり上げるプロダクトの姿を見せ、方向性に大きな間違いがないかフィードバックを得たり議論したりするためのもの
プロダクト ロードマップ	どのような順番でプロダクトをつくっていくかの見通しを見せるためのもの（ロードマップはあくまで先々の見通しであり、プロダクトマネージャーのコミットメントではない点は注意が必要）
プロダクト要件	実際のプロダクトをどのようにつくり上げるか、個別の機能はどのような動きをするのかといった、プロダクトのあるべき姿についてまとめたもの

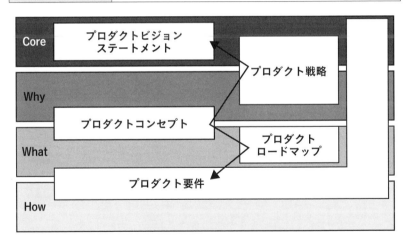

図表 11-2　プロダクトの 4 階層と各ドキュメントの関係性

　ドキュメントのレビュープロセスも重要となる。プロダクトマネージャー間でのレビューでは主に他のプロダクトマネージャーがやることとの重複や類似性を見つけることで無駄を排除し、逆に相乗効果が得られそうな部分を見つけ出す議

PART I

PART II

PART III

PART IV

PART V

PART VI

論も可能になる。エンジニアやデザイナー、他のステークホルダーとのレビューも必ず行うようにしたい。自分のアイデアが十分に練られていない部分がある場合、こうしたチームワークによってドキュメントとしての完成度を高めていくことができる。

ドキュメントはクラウドで共同作業可能なツールを用いて作成しておけば共有や公開範囲の設定、ステークホルダーからのレビュー収集、バージョン管理が容易になる。1つのドキュメントファイルをメールで回覧する場合は、誰がどのバージョンに対してレビューしているのかがわからなくなるので、ツールの選定には注意が必要である。

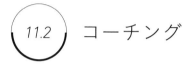

11.2 コーチング

コーチングとはチームメンバーの目標到達のための支援をすることである。1人では目標達成が難しい状態のときの支援や1人では達成し得なかったような高いレベルの目標への到達を支援する。

コーチという言葉通りアスリートやスポーツチームのコーチをイメージするとよい。手取り足取りではなく、本来その人がもっている能力を引き出す、引き上げるのがコーチの役割である。

アスリートのコーチはその領域の専門家であることが多い。テニスのコーチはテニスのプレイヤーとしても優秀である。しかしビジネスの世界では、必ずしもコーチングを必要とする人の専門について詳しい必要はない。専門的なアドバイスをするのではなく、メンバー自身の中にある解決策や実現策を引き出す。プロダクトマネージャーはさまざまな専門性をもつプロダクトチームメンバーに対して、専門外の立場から力を引き出す役割を担う。

コーチングでは相手の言葉を聞くこと（傾聴）が非常に重要である。対象者が自分自身でさえ気づいていないものを引き出すのには適切な問いかけとともに、傾聴すなわち相手のいうことに耳を傾け、そこに隠されているヒントをもとに、次の問いかけを行うといったふるまいが必要となる（図表11-3）。

傾聴の方法の1つにリフレクティブリスニングというものがある。リフレクテ

ィブとは反射を意味し、相手のいうことを受け入れてそれを返すことで、相手に「あなたのいっていることを受け止めている」ことを伝える方法である。

リフレクティブリスニングには、相手のいったことをそのまま返すミラーリングやエコーイングとよばれるものやパラフレージングという似た言葉で返すもの、要約を返すサマライジングなどがある。これらを行うことで、相手の発言をきちんと聞いていることを示すことになり、信頼感が深まる。相手のいうことを繰り返すことを基本とし、こちらから新たな問いかけなどは行わないため、相手がじっくりと考える時間を確保できる。相手は他人を通して自らの言葉を聞くことになるので、客観的な視点で自分を捉えることも可能となる。

リフレクティブリスニングを通じて相手を受容し、共感できる関係性を構築できたあとに、本人の気づきにつながる問いかけを行っていくこととなる。

こうした傾聴力はプロダクトチームのメンバーやステークホルダーとの関係構築だけではなく、ユーザー理解のためのインタビューなどでも活きてくるので、身につけることをおすすめする。

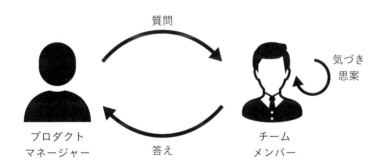

図表 11-3　コーチング

11.3　ファシリテーション

ファシリテーションとは、集団の合意形成や共同作業、学習などを支援するこ

とである。典型的な役割としてはミーティングの議事進行があるが、それにとどまらずチャットでの会話やメールなどの非同期コミュニケーションツールによる会話での進行も含まれる。

このような集団活動の進行のためには、目的の明確化、目的遂行のためのメンバー選定、積極的な参加の促し、活動（議事）の流れの整理と制御などが必要となる。

プロダクトマネージャーはファシリテーターを務めることも多く、その際に注意しなければならないのは、自らの立場を明確にすることである。プロダクトマネージャーは自らが意見をもつことも多いが、ファシリテーターは中立性を守る必要があるため、自らが起案者である場合や、ある特定の意見の賛同者である場合のファシリテーションは注意する必要がある。発言ごとにファシリテーターとしての発言であるのか、個人としての発言であるのか、立場を明確にし、場合によっては別にファシリテーターを立てることなども考える必要がある。

ミーティングはファシリテーションスキルが要求される典型的な場である。ミーティングの進行方向を見るとその集団の特徴がひと目でわかるということもあるくらい、ファシリテーターとしてのプロダクトマネージャーの力量が示される。

出席者がなかなか集まらない、出席していてもまったく発言しない人がいる（大半が発言しない場合もある）、ミーティングの目的が曖昧である、議事録が残されないといった場合は、ミーティングを開催すること自体が目的化してしまっている可能性が高い。

ミーティングはプロダクトチームのメンバーやステークホルダーの時間を奪う行為でもある。ミーティングはあくまでも手段であることを改めて理解したうえで、期待する成果を明確にし、その成果達成のために最大限の努力をするのがファシリテーションである。そのためには参加者を誰にするか、参加者各々にはどのような役割を期待するか、役割を全うしてもらうためにはどのような事前準備が必要か、ミーティングの中ではどのように議論を活性化すべきかといったことをすべてを考えるのがファシリテーターの役割となる。価値ある時間の使い方ができるように、ミーティングを設計し実施し、さらなる改善のために参加者からのフィードバックを集めるのもよい。たかがミーティング、されどミーティング。業務におけるコミュニケーションの比率が高いプロダクトマネージャーにとって、

ミーティングを制することがプロダクトを制するための一歩ともなる。

11.4 プレゼンテーション

　プレゼンテーションはコミュニケーションの一種と考えることができる。複数名の相手に対して意思を伝達するところが特徴である。時間通りに終了した、いいたいことは全部いったということは、あくまでも形式化されたタスク管理の話であり、本質は相手に理解されること、相手から共感を得ること、相手の行動変容を促すことなどである。プレゼンテーションの目的を明確にし、それに沿った内容を用意し、適切なスタイルを用いることが重要である。

　プレゼンテーションも1つのプロダクトと捉えるとよい。プレゼンテーションの参加者であるターゲットユーザーと、その参加目的を明確にする。自社のプロダクトの宣伝なのか、参加者の課題解決に向けてアドバイスを与えるものなのかなど、プレゼンテーションを行う側と参加する側の双方の目的を明確にする必要がある。参加者を集める方法もターゲットユーザーや目的によって変わってくる。プレゼンテーションが終わったときに、参加者にどのような姿になっていてほしいか、何をもち帰ってほしいかも考える必要がある。

　まずは聞き手にどのような人がいるのかをできるだけ把握する必要がある。経営層なのか、マネジメントクラスか、現場レベルなのか、エンジニアなのか、非エンジニア系なのか等々、聞き手がどのようなプロフィールをもち、何を一番聞きたいと思っているかをできるだけ事前に知っておきたい。そのうえで聞き手がよく知っていること、よく体験することから話し始めると聞き手はすんなりと話に入っていける。どこから話が始まるのか、聞き手の頭の中のチャネルが話し手と一致する感覚といっていい。

　しかし予定調和に従って話していては聞き手は途中で飽きてしまい、話し手が何を訴えたいのかわからなくなってしまう。そこで、プレゼンテーションの途中に聞き手が予想していていなかったことを挟むことで新たなリズムをつくるというテクニックもある。たとえば新しい機能やプロダクトについての発表だったり、何か大きなマイルストーンに達することで得られた驚きであったり、インパクト

のある数字をもってきたりする。

　プレゼンテーションのスタイルもいろいろある。スティーブ・ジョブズや TED のようなスタイルがいつもよいわけではない。ターゲットユーザーが何を求めているかに依存する。

　プレゼンテーションがうまくなるためには、練習とふりかえりが有効である。プレゼンテーションの達人といわれる人がいるが、彼らの多くは練習をしている。リハーサルは自分だけでやることもあれば、第三者に入ってもらい、意見をもらうこともある。プレゼンテーションをしている姿を動画に撮って、改善点を見つけることもある。自分がプレゼンテーションしている姿を見るのは恥ずかしいが、本番で失敗するほうがより恥ずかしい。恥ずかしがらずに練習を重ねてほしい。

　プレゼンテーション終了後のふりかえりも効果的である。プレゼンテーションの場で実際に参加してくれた人から率直な意見をもらうとよい。プレゼンテーションが終わったあとはそれだけで達成感があり、厳しい意見もあるかもしれないので参加者からのフィードバックを見たくないかもしれない。しかし、プレゼンテーションはあくまで手段であるので、実際にどのような結果を残せたのかを知るためにも、そして自分のプレゼンテーションスキル向上のためにも、意見をもらうことをおすすめしたい。

　プレゼンテーションのテクニックは数多く紹介されているが、ここではプロダクトマネージャーとしてはおさえておきたい手法を 1 つだけ紹介する。PREP 法とよばれるもので、結論（Point）から話し始め、次にその理由（Reason）を述べ、続いて事例（Example）を紹介したあと、最後に再度結論（Point）でまとめる。結論から入るので何を話すかが明確になり、最後に再度同じ結論でまとめるので、伝えたいメッセージが印象に残りやすい特徴がある。

　次に、伝えるメッセージについて考えてみたい。メッセージを相手に効果的に届けるために、プロダクトストーリーを語ることも多い。どのようなユーザーがどのような状況でどのような課題を抱えているか。もしその課題が重要なものであれば、それに対する解決策としてのプロダクトの訴求力は高くなる。

　社外向けにプロダクトの魅力を伝える場合は社内向けのプレゼンテーションとは状況が異なる。社内向けであればある程度文脈が共有されていたり、同じカルチャーを共有しているので理解してもらいやすかったりする土壌がある。しかし

社外向けとなると、聞き手は自らとはまったく違う業界や会社カルチャーの中にいる人々なので暗黙の前提は一切なくなってしまう。

こうした状況で聞き手に興味をもって理解してもらい、プロダクトの名前やよさを覚えて帰ってもらわなければならない。そこで鍵となってくるのがストーリーテリングスキルである。

ストーリーテリングは、プロダクトマネージャーが具体的でかつ信じるに値するプロダクトストーリーを語るときに使うスキルである。

よいストーリーテリングを行うためには以下4つの要素を満たす必要がある。

・聞き手もよく知っていること、体験していることから始める

・予想していなかったことを挟む

・シンプルなコアメッセージと多すぎない情報量

・具体性と信頼性

図表11-4はAppleが2019年のWWDCで使っていたスライドである。ストーリーがしっかりあればプレゼンのスライドはここまでシンプルにできることの象徴的な例といえる。

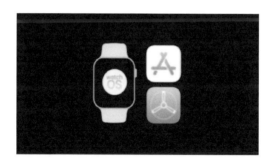

図表 11-4　WWDC における Apple のスライド[※1]

プレゼンテーションと同様にストーリーテリングの目的は聞き手に理解してもらい、一番のコアメッセージを覚えて帰ってもらい、行動につなげてもらうことである。メッセージはシンプルであればあるほどよく、情報量は必要最小限に留

※1　https://developer.apple.com/videos/play/wwdc2019/301/

めるほうがよい。話し手の中にはたくさんの情報を伝えることが正しいと考えている人がいるようだが、ストーリーテリングの考え方からすると好ましくない。聞き手はプロダクトマネージャーが話すことを新しい情報として受け取るので、受け取れる情報量のキャパシティを考慮する必要がある。

　シンプルなストーリーとは強いコアメッセージとコンパクトな情報量で成り立っている。ただし情報量の絞り方にも注意が必要である。絞ったうえで伝えたいのは情報の具体性と信頼性であり、大切なところを削ぎ落としてしまっては聞く側にリアリティがなくなるのでストーリーとして成立しなくなる。聞き手が気になる情報の提供に備えてあとで質問する時間や場所を別途設けたり、フォローアップ資料を用意したりするとよいだろう。

（11.5）ネゴシエーション

　プロダクトマネージャーの重要な役割の1つがステークホルダーマネジメントだが、そこで必要となるのが交渉、すなわちネゴシエーションである。多様なステークホルダーとの間で意見をぶつけ合い、プロダクトの成功を目指す中で行われることは交渉である。プロダクトマネージャーからよく「調整作業が大変」という話も聞くが、プロダクトマネージャーとしては調整よりも交渉を意識するほうがよい。プロダクトマネージャーの交渉は権力をもたない立場で交渉しなければならないことに特徴がある。そこで役立つのが先述した「影響力の獲得」である。

　ネゴシエーションが不調に終わる場合、実は話が噛み合っていないことも多い。改めてそれぞれの立場を理解し、何を目的に行動しているのかを考えてみることも重要である。両者が協働する関係ならば、互いが大事にしているものや譲れないものを整理したうえで交渉に臨むのがよい。

　さらには交渉相手との関係性の度合いとその継続性を考えるとよい。関係が一過性のものなのか、継続性が期待されるものなのかによってもネゴシエーションの方法は変わる。一過性の場合はその1回において自らの意見を強く押し出すこともよいだろう。しかし、長くつき合いたいと考える相手だったり、つき合う可

能性のある相手であったりする場合は、いま目の前に見えていることに対して、どこまで自らの目的遂行にこだわるべきかどうかは考える必要がある。Win-Winの関係構築をネゴシエーションにおいては意識するべきであるが、その時間軸についても考慮すべきである。

　ただし気をつけなければならないことは、本当に一過性の関係は稀であるという点である。5年や10年という先の時間までを見通すことは難しい。事業範囲が広がり、グローバル化も進み、個人としてのキャリアの幅も広がっていくことが予想される中、いまだけの関係と思っていたものが、数年後に再会することは十分ありえる。現在の状況下においては一過性の関係であったとしても、基本は中長期の関係構築を意識していくことが重要である。

PART I

PART II

PART III

PART IV

PART V

PART VI

PART

IV

プロダクトの置かれた
状況を理解する

Chapter 12 プロダクトステージによる
        ふるまい方の違い

Chapter 13 ビジネス形態による
        ふるまい方の違い

Chapter 14 未知のビジネスドメインに挑む

Chapter 15 技術要素の違いによる
        ふるまい方の違い

Chapter *12*

プロダクトステージによる
ふるまい方の違い

　プロダクトマネージャーの土俵は業種・業界、組織やビジネスドメインといった外部環境の変化とともに移り変わっていく。それに合わせて、自らのアプローチを柔軟に見直し俯瞰する能力が欠かせない。PART II、PART IIIで解説した内容に加えて、PART IVではプロダクトの置かれた状況別にプロダクトマネージャーがどのようにふるまうのかを解説する。

　自らの環境に適合したプロダクトマネージャーのスタイルをつくり上げていくにあたって、プロダクトステージ、ビジネス形態、ビジネスドメイン、技術要素の4つの要素をおさえておく必要がある。

　まずは図表12-1に示す質問に対する答えて、プロダクトマネージャーとして活躍するための土俵に上がり、自分に期待されるふるまいを把握することから始めよう。

図表 12-1　プロダクトマネージャーのふるまいを決める4つの要素

要　素	期待されるふるまいを理解するための質問
プロダクトステージ	プロダクトはどのステージか？
ビジネス形態	プロダクトはどのようなビジネス形態か？
ビジネスドメイン	ドメイン知識は十分にもち合わせているか？
技術要素	ソフトウェア、ハードウェアだけではなくその他に利用している技術要素は何か？

　Chapter 12から順に4つの要素を解説していく。1つ目のプロダクトステージを理解するためには、プロダクトのライフサイクルを知る必要がある。世の中にあるプロダクトには流行り廃りがついてまわるが、自分のプロダクトがいまどの段階にいるのかを知ることは、プロダクトの適切な意思決定を行う第一歩となる。

12.1 プロダクトの ライフサイクルの捉え方

　世の中にあまたあるどのようなプロダクトでも、プロダクトがリリースされてから一度も変更がないまま継続してユーザーの心を摑み続けることは難しい。なぜならユーザーは時を経るごとに年齢や生活や仕事のスタイルが変化し、同時に時代の価値観も変わりゆくことで、ユーザーがプロダクトから受ける感情も移り変わるからである。

　人間が生まれてから死に至るまでの経過を円環で描いたものをライフサイクルとよぶ。これはプロダクトの誕生から終焉までの一生を表す言葉としても用いられている。プロダクトのライフサイクルを考える主体は「マーケット」と「ユーザー属性」の大きく2つがある。マーケット視点をプロダクトライフサイクル、ユーザー属性視点をカスタマーアダプションとよび、それぞれ個別のライフサイクルとして考える。とくにつくり手側からすると、対象とするプロダクトが、いまライフサイクルのどこにいるのかを知ることは、プロダクト開発資源の投入にあたり重要な情報となる。

12.1.1 プロダクトライフサイクル

　プロダクトライフサイクルとは、プロダクトやサービスが市場に投入されてから、時間の経過とともにどのように市場に受け入れられていくかを示すものである。プロダクトを世に送り出したあと、数日でピークを迎えてしまうこともあれば、特定のユーザーからじわじわと広がり、やがて大きく広がるようになることもある。

　大事なことは、プロダクトが受け入れられる時間軸とそのボリュームの理解の仕方である。プロダクトライフサイクルはプロダクトがどの段階にいるのかを気づくきっかけを与え、この先どのようにプロダクトへの投資配分を行うかの基本的な見通しを示してくれる。ライフサイクルの段階によって、グロース施策でいくのか、あえて価格を抑えてシェアを取りにいくのか、価格は据え置いて価値に

共感するユーザーにしっかり届けにいくのか、デザインを変更するのか、といったプロダクトの拡大あるいは縮小や撤退、それに伴うコスト削減などの意思決定をする際の判断材料の1つとして使われる。プロダクトライフサイクルは図表12-2の通り、導入期、成長期、成熟期、衰退期、延命期の5つ段階に分けられる。

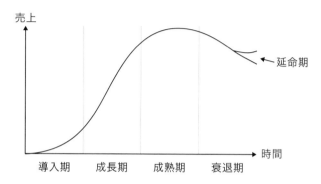

図表 12-2　プロダクトライフサイクル

（1）導入期

　導入期はプロダクト開発の初期投資により、プロダクトを初めて市場に投入していく段階である。プロダクトがまだ市場に受け入れられているかどうかがわからないことが多い。プロダクトで何が実現できるのかをユーザーに理解してもらうため、最小限の機能で構成したプロダクトを最短でつくり上げ、ユーザーの反応を検証することが多い。

　MVP を開発し、簡単な UI や UX のモックアップをつくってユーザーインタビューを実施し、フィードバックを得るとよい。ただし、MVP の段階ではまだ収益は上げられていない。　　　　　　　　　　　　　　　　　　➡ 4.7.2 MVP とは

（2）成長期

　成長期はプロダクトが収益を生むことができるとわかったあと、グロース施策を打つ段階である。UI や UX の改善にとどまらず、認知度を効果的に上げるためのマーケティング施策も含まれる。プロダクトマネージャーは実際のマーケティング施策の実行にはあまり手を出さないものの、プロダクトを誰よりも知る者と

してユーザーへのメッセージのつくり方、いつ何をどこまで公開するとよいかといった観点では積極的に参加する。 ➡ 20.2 マーケティング施策

(3) 成熟期

成熟期は市場への浸透が進み、ある程度収益の見通しが立つ段階である。ハードウェアプロダクトであれば開発するコストが逓減し、利益率の改善が見られるようになる。一方で、市場の存在や収益性について他社にも知られるようになるため、新たな競合他社の参入を招くことがある。

(4) 衰退期

衰退期はプロダクトがマス市場にまで広く浸透し、新規ユーザーの獲得がゆるやかになり、これまでの成功をもとに次期プロダクトや新規サービスが登場してくる段階である。従来のプロダクトを利用していたユーザーは代替物にくら替えをしたり、ユーザー自身の人生や生活のステージが変わったりすることで必要とするプロダクトも変わってくることもある。どんなプロダクトでも収益性が落ち込み始める。

(5) 延命期

延命期は衰退期を迎えたとしても、プロダクトの寿命を延ばす道を探る段階である。たとえば価格を下げたり、自社の他のプロダクトと組み合わせて販売（バンドル）したりと、単体では生み出せなかった価値に転換してユーザーに届きやすくする方法がよく採られる。しかし、この方法がいつも有効であるわけではなく、市場やプロダクト、ブランディングとの兼ね合いで逆効果になることもある。

(12.1.2) カスタマーアダプション

プロダクトに対して、プロトタイプや最初期のものに喜々として飛びつく人、面白そうだなと思って手を伸ばす人、皆が使っているから自分も使おうと思う人など、マーケットにはプロダクトとさまざまな向き合い方をする人がいる。カスタマーアダプションは、マーケットをイノベーター、アーリーアダプター、アー

リーマジョリティ、レイトマジョリティ、ラガードの5つのカテゴリーに分類する考え方である（図表12-3）。ユーザー属性の視点でマーケットの変化を捉えており、それぞれのカテゴリーが占める割合も大まかに決まっている。

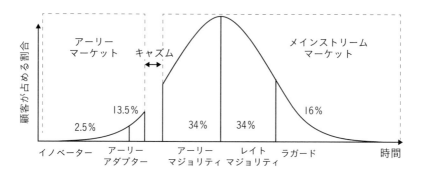

図表 12-3　カスタマーアダプションカーブ※1

（1）イノベーター

　イノベーター（Innovator）は新しいテクノロジーやガジェットが出たら触らずにはいられず、多少の不具合も気にせずに自ら使い倒して自分で直したいといい出すくらい新プロダクトに情熱を燃やすユーザーである。少数派なので、よほどマーケティング施策があたらない限り、プロダクトマネージャーとしてイノベーターから収益化を期待するのは間違いである。イノベーターはプロダクトを無料で使う代わりにさまざまな意見をくれることがある。たとえば米国ではBeta testing※2というサービスを使ってイノベーターと直接やりとりすることもできる。

　自社プロダクトの愛用者をコミュニティ化することもできる。「トラステッドテスター」などの名前でよばれることもある認定被験者制度は、社員の紹介やプロダクトのヘビーユーザーなどを招待することで組織化されており、新プロダクトや新機能を一般に公開する前にいち早く試してもらう。多くの場合、こうしたコ

※1　ジェフリー・ムーア『キャズム Ver.2 増補改訂版』（翔泳社）2014
※2　https://betatesting.com/

ミュニティは無償のボランティアの形になっており、自分の好きなプロダクトを自然と周りに啓蒙するような人たちで構成される。このようなコミュニティの一例として、Google ローカルガイドがある。これは Google マップのソーシャル機能を支える仕組みである。自分が訪れた地図上の店舗や施設などについて評価したり、口コミを投稿したりできる。このようなソーシャル機能への貢献がポイント化されており、獲得ポイントの多いユーザーには新機能の優先的な利用などさまざまな特典が付与される。

(2) アーリーアダプター

　プロダクトが少しずつ知られてくるようになると、「面白そうだから試してみよう」という人々が集まってくる。アーリーアダプター（Early Adopters）はプロダクトの提供する価値に惚れ込み、多少使い勝手が悪くても使ってくれる、ハイリスク・ハイリターンを許容するユーザーである。プロダクトの価値をしっかりと理解してくれているため、価格に敏感ではなく初期プロダクトの収益化の基盤となる。イノベーターと比べるとプロダクトの品質への期待値は上がるが、不具合に対する心理的許容度は高い。十分な数のアーリーアダプターを獲得できないと先に資金が尽きてしまいビジネスを継続していくことができなくなってしまう。また、アーリーアダプターが「価値の新しさ」を見ているのに対し、次項で説明するアーリーマジョリティは「価値の実益」を見ている。このギャップは「キャズム」とよばれるライフサイクルの谷である。ここをうまく飛び越えないと、プロダクトがよりマスのユーザーへと広がっていかない。

(3) アーリーマジョリティ

　アーリーマジョリティ（Early Majority）はプロダクトの価値に興味をもち、自分の仕事や生活が本当によい方向に変わるかどうかを冷静に判断し、興味だけでは動かないユーザーである。口コミやマーケティングの効果が出てくると増えてくる傾向にある。プロダクトそのものだけでなく周りの人がそのプロダクトをどう伝えているかという点も重要になる。プロダクトの見栄えや使い勝手への期待値は上がり、そのプロダクトを使うことが自分にとって欠かせないかどうか、といった判断が強く影響してくる。

PART I

PART II

PART III

PART IV

PART V

PART VI

アーリーマジョリティと次項で述べるレイトマジョリティは「実際の便益」を厳しく見る。この期待に応えられないと、十分な数のユーザーを確保できず、キャズムに落ちてしまう。アーリーマジョリティを取り込むことができるかどうかが、プロダクトがグロースステージを生き残れるかどうかの境目となる。

(4) レイトマジョリティ

レイトマジョリティ(Late Majority) は新しいものにはつねに懐疑的で比較的あとから購入し始めることを決めたユーザーである。リスクに対して非常に敏感で価格への反応度も高い。どちらかというと追加機能や特別仕様などにはあまり興味がなく通常のパッケージだけで満足する傾向がある。レイトマジョリティは母数が多いので売上的には大きな比重をもつ。

(5) ラガード

ラガード（Laggards）はカスタマーアダプションの中でプロダクトを使い始めるのがもっとも遅いユーザーである。ライフサイクルの期間は、プロダクトや業界によって半年から数年までまちまちだが、ラガードは最後に登場する。ライフサイクル全体における占有率は決して少なくないので、無視したり切り捨てたりする前に何か打てる施策はないかを考える価値がある。プロダクトマネジメントの観点では第一の優先度にはならないかもしれないが、うまく取り込めれば収益の底上げにつながる可能性を秘めている。

12.2 ステージごとの違いを理解する

マーケット視点、ユーザー属性視点いずれのライフサイクルのステージであっても、プロダクトマネージャーに求められる役割は変化していく。プロダクトの成長に合わせてふるまいを変化させることができなければ、プロダクトの成長を阻害してしまう。

マーケット視点とユーザー属性視点をもとに、ライフサイクルを 0 → 1、1 → 10、10 → 100 の 3 つのステージに分けたプロダクトマネージャーの視点で詳しく見

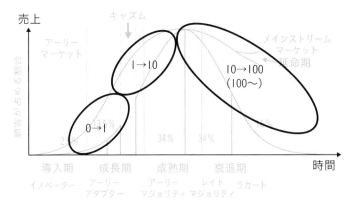

図表 12-4　ライフサイクルのステージごとの違い

ていこう（図表 12-4）。

12.2.1　0 → 1：イノベーター系プロダクトマネージャー

　スタートアップの世界ではよく「0 → 1」という言葉が出てくる。プロダクトがまだ世の中に存在しない「ゼロ」の状態から何であれプロダクトが世の中に存在する「イチ」の状態にすることがゼロイチである。一見簡単そうに思えるゼロイチは実に奥が深い。

　そもそも一体何をつくりたいのか？　つくったプロダクトは誰の何を解決するのか？　どのように最初のユーザーを獲得するのか？　といったようにまったく何もないところからプロダクトを生み出すため、思考と行動の絶え間ない継続が必要なステージである。

　スタートアップ企業でいえば、エンジェル投資家やベンチャーキャピタル（VC）からシードラウンド（投資総額が 5000 万〜2 億円レベル）として投資をしてもらう段階の企業や、場合によってはシリーズ A（投資総額 2〜10 億円レベル）くらいまでのアーリーステージスタートアップとよばれる企業が、ゼロイチにいる存在としてイメージしやすい。プロダクトマネジメントの観点でいうと、ゼロイチのステージではまだ社員も十分におらず創設者と共同創設者くらいしかいない

こともある。その場合、実際は CEO がプロダクトマネージャーとして動かねばならない。

　一方、大企業やレイトステージのスタートアップの中で新規事業をつくる場合にも、ゼロイチは存在する。既存事業との間で共食い（カニバリゼーション）にならないプロダクトを考える場合もあれば、既存事業と連携しさらに売上を伸ばすようなプロダクトを考える場合もある。立ち上げ期のスタートアップと比べてリスクを取りづらい中で、どのようにステークホルダーから協力を取りつけ、上層部の期待が高まっている中で最初の MVP をどこに設定するかは悩ましいところである。

　ゼロイチではとにかくプロダクトを目に見える形にすることが最優先である。プロダクトマネージャー自ら仮説構築と検証のサイクルを回していかなければならない。たとえばビジョンやミッションが先に決まっていなければ、プロダクトをつくる過程で何に重点を置くかが定まらない。そのうえでプロトタイプもしくは最初のバージョンのリリースを目指し、資金が枯渇する前に PMF を見つける必要がある。これは企業のステージや規模にかかわらず意識すべきポイントとなる。

　とくに大事なのはどのターゲットユーザーを選択し、どのようなプロダクトで問題を解決していくかである。これは一度や二度プロトタイプをつくったところでうまくいくものではない。つねにユーザーの目線で問題を追い、どのようなプロダクトなら解決策として筋があるかを見極めねばならない。最初から「完成品」を目指すのではなく、継続的に改善を繰り返すことで PMF を達成できるかどうかを迅速に検証するのがイノベーター系プロダクトマネージャーである。業界の有名人を採用したからといって、素早く PMF を達成できるわけでもない。シリコンバレーでは「PMF が達成されるまでは採用を急ぐな。それよりも長く生き延びて PMF 達成を目指せ」という教えがある。

　0 → 1 ステージでまだ PMF するポイントが定まっていないときにとるグロース戦略はスタートアップグロースとよばれる。成長速度を重視するグロースを実施してユーザーを集めるのではなく、資金を使い切る前に PMF するポイントを探すことを優先する。つまり、もっとも投資効率が高い施策を行う。ただし、ここでいう投資効率は収益としてのリターンではなく、PMF を検証するための学び

を得るためなので、仮説検証を目的に実施される。

12.2.2　1 → 10：グロース系 プロダクトマネージャー

　PMF を達成したかしていないかの一番簡単な判断は、価値仮説をもとにつくったプロダクトが収益を上げられるかどうかである。プロダクトを開発すればするほどユーザーがついてきて、結果として収益もついてくる、という状態に至ったとき、無事に PMF を達成したといえる。

　その次に考えることはプロダクトを成長させること、いわゆるグロースステージである。これを 1 → 10 のステージという。プロダクトにユーザーがつき始め、プロダクトの期待値の上昇に応える一方で、ビジョンに従って長期的な施策も考えていかねばならない。

　ただ、現実的には目の前の成長のための施策が多くなってしまうことはある程度は避けられない。グロースが立ちゆかず資金が枯渇してしまっては元も子もないからである。グロースステージでのプロダクトマネージャーに求められることは、ビジョンに従って新しい施策を素早く打ち続けつつ、つねに一歩引いて 1〜2 年後（業界によっては 3〜5 年後）のプロダクトの姿からも考えを巡らせておく必要がある。

　また大企業の新規事業が PMF を越え、グロースステージにたどり着いたとなると、上層部の期待は自然と大きくなっていく。プロダクトは会社に所属しているため、事業への投資を増やす必要がある場合には今後の成長性のみならず、既存事業とのシナジーや、プロダクトのラインナップの追加が求められることがあるかもしれない。採算ラインの捉え方は企業ごとや本業の業績によって異なることもあるので、プロダクトの Core の「企業への貢献」として事前にこうした社内状況を把握しておく必要がある。プロダクト自身の成長もさることながら、どの方向に成長させていくことを期待されているか、継続的なリソースの確保が可能かどうかも把握していく必要がある。

　ちなみに、シリコンバレーではグロースに寄与する「グロースハッカー」という言葉はあまり耳にしなくなった。もともとグロースハッカーとはウェブ系プロ

ダクトの短期的成長のみに特化した仕事で、マーケティング職の1つとして位置づけられることが多かった。しかし短期のウェブデザインや導線の改善に終始してしまったため、長期的な視点でのプロダクト開発からは遠ざかることになった。プロダクトマネージャーとしては一旦離れてしまったプロダクトをまた長期的視点で修正していくのは手間がかかり、結果的に成長スピードを遅らせてしまう。

　現在では、グロース系プロダクトマネージャーというプロダクトマネージャーの中でもグロースステージに特化した職が多くのスタートアップで生まれた。グロース系プロダクトマネージャーは会社としてのビジョンやミッションにしっかりつながったところでプロダクトとしてのグロース施策を考えていく。場合によってはマーケティング部門と連動して、プロダクトのマーケティング効果を上げるための機能を盛り込むこともある。

　大企業などの新規事業や、VCから投資を得たスタートアップが大量のマーケティング施策で認知度向上を試みることがある。こういったやり方は短期的には効果があるかもしれないが、どのような状況であれプロダクトとして本当に大事なのはユーザーが長く使い続けてくれることである。プロダクトを2,3度使っただけでユーザーが離れていってはマーケティング施策の意味がない。目指すべきはマーケティングの力をそれほど借りなくても自立的に成長できるプロダクトである。

⏺ 12.2.3 10 → 100（100〜）：タウンビルダー系プロダクトマネージャー

　グロースステージを無事乗り越えると、いよいよプロダクトが世の中のメインストリームとして多くのユーザーに、ひいては世界中のユーザーに使われるようになる。

　たとえばBtoCの幅広いユーザーに使われるアプリの場合、月間アクティブユーザー数が1000万人以上になることもあり、これは小国の人口と同規模である。ユーザーが増えれば期待値はさらに上がり、要望やユースケースも多様化する。それに伴いプロダクトを悪用するユーザーも出てくる。町づくりと同じように多様なニーズに応えていくことから、シリコンバレーでは10 → 100を担当する役

割をタウンビルダー系プロダクトマネージャーとよぶこともある。将来を見据えるだけでなく、目の前の声に答えていく姿勢を保たなければ、最終的にユーザーはプロダクトを離れ、競合他社に流れていく。

　大企業の新規事業がこのステージにまで来ると、スタートアップとは異なる考え方が必要となる場合がある。組織として独立した事業部となることもあれば、上層部から既存事業との統合や、逆に子会社化といった要請をうける可能性もある。あるいは他社を買収してより大きなプロダクトへと進化しようという考えもあるかもしれない。最終的な決定は経営層が行うとはいえ、プロダクトマネージャーとしてはこのステージにおいてプロダクトをどのように進めていくのが会社にとって一番よいのかという勝ち筋を描き、経営陣に対して適切なコミュニケーションを行う必要がある。

　メインストリームとなったプロダクトが目指すべきところはユーザーの生活圏の制覇である。このステージになってくるとプロダクトから上がる収益にはかなりのボリュームが要求されてくる。そのためプロダクトの機能単体で収益を上げるときとは異なるアプローチが必要となる。たとえば企業アライアンスによってプロダクトの適用範囲やユーザー層を広げたり、買収によるプロダクト統合、さらには隣接業界へと進出したりするといった方法がよく採られる。

　一番わかりやすい例が、Google による Android OS の無償化である。Android OS が登場する前、世界のスマートフォン市場は Apple と Blackberry の２強で Microsoft とそれ以外が群雄割拠する状態だった（図表 12-5）。スマートフォンがユーザーの心を摑み爆発的な成長が望めていたころ、Google はその市場を取るために Android OS の無償提供をすることで iPhone に変わる軸を打ち立てた。Android Phone を開発するベンダーのエコシステム、その上で動くアプリを開発するベンダーなど Apple と比肩するほどの巨大なコミュニティを築き上げている。Google が決めた Android OS 無償化以降、"Mobile First" 戦略が取られ Google Maps、Gmail、YouTube を始め多くのプロダクトがスマートフォンに最適化される方向に進化していった。

　こうして Android Phone ユーザーから Google へのトラフィックを誘導することに成功した。とくに OS 無償化によって低価格帯スマートフォンが途上国を中心に広がり、スマートフォン OS 市場のうち Android OS は世界全体の 70％以上

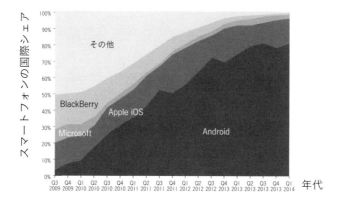

図表 12-5　プラットフォーム別スマートフォンの国際シェア[※3]

を占めるに至っている。

　後にビル・ゲイツに「私の人生で最大の過ちは Microsoft で AndroidOS をつくれなかったことだ」[※4]といわしめるほどインパクトがあった。

　上記は BtoC での例であったが BtoB でも同様に「生活圏の制覇」は起こっている。Salesforce はその最たる例である。当初は名刺ホルダーのオンライン版という位置づけの CRM プロダクトであった Salesforce だが、カスタマイズ性の担保とカスタマーサクセスマネージャー制度の導入、CRM からマーケティングオートメーションへとプロダクトを進化させることで大企業向けマーケットを次々と奪っていった。

　プロダクトには 1 つの業界に閉じることなく他業界への進出を促進する柔軟性を盛り込み、自社開発よりも魅力的なスタートアップがあれば買収することを厭わなかった。得てして M&A はプロダクトに混乱をもたらすことがあるが、Salesfoce は買収企業のテクノロジーを自社プロダクトへ統合することに成功した好例である。

※3　https://myliveupdates.com/googles-android-phones-challenge-apple-iphone-for-smartphone-market-share/

※4　https://www.businessinsider.com/bill-gates-greatest-mistake-not-creating-android-microsoft-2019-6

PART I

PART II

PART III

PART IV

PART V

PART VI

12.2.4 終焉

　どんなに成功したプロダクトであってもメインストリームの時期は永遠に続く
わけではない。一般消費財や食品の中には 30 年以上にわたって使われ続けるロ
ングセラー商品がある一方、とくにソフトウェアプロダクトの場合はテクノロジ
ーの移り変わりによってそこまで長く使われることは稀である。いつかプロダク
トの拡大のピークが来て、収益力が落ちるタイミングが訪れる。

　次世代プロダクトへと移行を始めなければいけない時期が訪れると、「エンドオ
ブライフ（End of Life：EOL）」もしくは「プロダクトサンセット（Product
Sunset）」とよばれるプロセスを通してライフサイクルを完結させ、ユーザーへ
の不便を最小化しつつ次のプロダクトへの移行を促さなければならない。プロダ
クトをつくるだけでなく、「終わらせる」こともプロダクトマネージャーの大事な
意思決定である。

(1) プロダクト終焉の見極めと引き際

　プロダクトの引き際には大きく分けて 4 つのパターンがある。

①技術革新

　世の中は絶えず技術革新が行われており、新しい技術が出ればそれを使ったプ
ロダクトが求められる。おのずと古い技術を使ったプロダクトは目新しさがなく
なり、プロダクトが生まれたときの前提条件が変わってくる。ユーザーはより高
い価値を提供できるプロダクトを求める。

②マーケット環境の変化

　競合の台頭や代替テクノロジーの社会への浸透によって、これまで差別化でき
ていたことがもはやプロダクトの独自性ではなくなってしまうことがある。稼ぎ
頭だったプロダクトの収益が落ち込んだ場合、もはやこのプロダクトに依存する
ことはリスクでしかなく、新プロダクトをリリースするかピボットを行わないと
生き残れない。

③法規制の変更

　たとえば、ハードウェア製品で法規制が変わり、これまで基準を満たしていた

ものが満たさなくなってしまう場合には、プロダクトの幕引きを視野に入れて考えなければならない。

④自社のビジネス環境の変化

　プロダクトをつくり続けるコストよりもメンテナンスにコストがかかり収益を圧迫する場合は、事業継続の可否を検討し、買収や売却、ビジネス縮小を検討する。

　実際にプロダクトを終焉させることになった場合、図表12-6の5つの手段がある。

図表 12-6　プロダクトを終焉させる 5 つの手段

手　段	概　要
撤退	潔く撤退することもコスト削減の観点から事業貢献であるため、OKRやマイルストーンを設けて進行する。だらだらと延命させない
再利用	再利用可能なプロダクトの機能を別プロダクトに吸収させる
変容（ピボット）	価値を再定義し、別プロダクトとして変容させる
売却	事業に価値を感じる買い手に売却する

　プロダクトの終焉期に目的もなく延命させないことは重要であるが、一方でプロダクトの一部を再利用したり、変容させたり、別プロダクトとして蘇らせたりする検討も必要である。

　再利用の事例として、Google が提供していた Gears とよばれるウェブユーティリティプロダクトがある。Gears とは、ウェブブラウザの機能を拡張させることで、ウェブアプリで実現可能な機能を増やすことができるプロダクトであった。ユーザーの位置情報をウェブアプリが取得できるようにするための Geolocation 機能や、ウェブアプリの処理を並列化することができる機能を提供していた。

　当初は Gears というプロダクト名でユーザーに提供していたが、Gears で提供していた機能がウェブ標準となったため、Google の Chrome を始めとした各種ブラウザに標準実装されるようになり、Gears は役割を終えた。もともと Gears はウェブ標準を策定するための PoC(Proof of Concept：概念実証) の意味合いが強いプロダクトであったため再利用を目的にしていた点は否めないが、プロダクトとして PoC の使命を終えたあとも、Chrome という別プロダクトによりその機

能が引き継がれているという点で、終焉期にプロダクトが再利用された例といえる。

　他にも、再利用の事例としてGoogleショッピングが挙げられる。Googleショッピングのような E コマース系のプロダクトをつくるためには、商品の検索エンジンや、決済サービスなど多岐にわたるコンポーネントが必要になる。多くのGoogleショッピングを構成している各コンポーネントはこれまでは他のプロダクトとして提供されていたものが再利用されて構成されている。

　一方で、Googleショッピングを支えていた決済サービスについては再利用だけではなく変容も遂げた。もともとはオンライン決済に特化した Google Checkout という決済サービスだったものが、オンライン・オフラインのどちらもの決済が可能な Google Wallet に統合され、さらに現在の Google Pay に統合されることになった。その時々のユーザーニーズに合わせ、何度も撤退を繰り返しながらも変容を続けて現在の形になったといえる。

　プロダクトの売却はもっとも目にする機会も多いであろう。IBM の PC 部門がLenovo に売却された例などがある。当時の IBM はよりエンタープライズ領域に集中する戦略を立てていたために PC 事業を終焉期であると捉えていたが、Lenovoはその後も NEC との PC 事業の統合や、富士通の PC 事業の買収などを続け、グローバルな PC 市場でのシェア拡大につなげている。

(2)　プロダクトサンセットが決まったらするべきこと

　プロダクトマネージャーにとって自ら手がけたプロダクトを終わらせるのは非常に心苦しい。自分が手塩にかけて育てた子を手放すようで感傷的になってしまう場合もある。しかし、EOL の際に感情をもち込むのは危険である。たとえばサンクコストバイアスに陥ってしまう可能性がある。

　サンクコストとは、事業や行為に投下した資金・労力のうち、事業や行為の撤退・縮小・中止をしても戻って来ない資金や労力のことを指す。サンクコストバイアスとは、投資に対する効果が見えなくても、それまでに投資した分をもったいないと思ってしまい終わらすことができず、新しいチャンスを逃してしまう考えにとらわれることである。これはユーザーにとっても、プロダクト運営にとってもネガティブな影響しか残らないので、ユーザー継続率や収益面、開発コスト、

PART I

PART II

PART III

PART IV

PART V

PART VI

メンテナンスコストといったコスト面だけでなく、後継プロダクトへの移行がもたらす価値といった部分のデータを揃えることから始めたい。

　また全然儲からない事業でも、会社のミッションやビジョンに貢献しているからとの理由で継続している場合、いつまでたっても収益見通しが立たないのであれば投資家や株主が黙っていない。こうした現実と向き合い、決断していくのがプロダクトマネージャーである。このときに重要となるのは以下の観点である。

- ・現行プロダクトのパフォーマンス（ユーザー継続率や収益性）
- ・プロダクトに必要な開発リソース
- ・開発リソースをサポートするのに必要な時間やコスト
- ・開発リソースを後継プロダクトへと再配置した際のプロダクトの価値
- ・プロダクト撤退により、市場でのポジショニングを失うことによる社内外へのインパクト（とくに後継プロダクトをつくらないケース）

　こうした情報を取り揃えて、プロダクトマネージャーは EOL に関する決断についてステークホルダーから同意を取りつけねばならない。ひとたび決まれば次はどのようなステップでプロダクトを終えてゆくかを検討する。プロダクトマネージャーが発するコミュニケーションの影響は会社の多方面に及ぼすため十分な配慮が必要である。揃えるべき情報として以下のようなものがある。

- ・EOL は企業が目指しているゴールとどのようにリンクしているのか？
- ・EOL のプロセスはいつ始まり、いつ終わるのか？
- ・EOL に関して気をつけなければならない法規制は何か？（資金決済期限やデータ保持期限など）
- ・影響を受けるユーザーはどのくらいか？
- ・社内・社外へのメッセージの取り扱いとして気をつけるべきものは何か？
- ・ユーザーに対して伝えなければいけないことは何か？
- ・もし次期プロダクトがあるなら、どのように既存ユーザーを移行していくのか？
- ・次期プロダクトおよびその先のロードマップはどのようになるか？

　次に各部門と連携して以下の内容を準備する必要がある。

①エンジニアリング部門

・EOL 対象となるソフトウェア機能、およびハードウェアプロダクトの範囲

・EOL 対象となる機能はいつから使えなくするか？

・これらの機能が使えなくなることによる、他の機能やプロダクトへの影響は？

・技術面での次期プロダクトおよびその先のロードマップはどのようになるか？

②セールス・マーケティング部門

・EOL 対象プロダクトをいつから購入対象から外すか？

・なぜ EOL をしなければならないか？　EOL をするにあたって代替手段や移行
　手続きはどのようになるか？

・EOL に伴い次期プロダクトを投入する場合の広告・キャンペーンやランディ
　ングページ、ホワイトペーパーなど外向けの文章の準備

・どのマーケティングチャネルにどのようなメッセージを配信するか？（ソー
　シャルメディア、e メール、HP 案内など）

・次期プロダクトの営業支援ドキュメントの準備

・移行・代替手段についての手続きや手法についてのドキュメントの準備

③サポート部門

・EOL プロダクトをいつからサポート対象から外すか？
　（通常 EOL プロダクトへの問い合わせがあった場合、次期バージョンへのア
　ップデートをしたうえでないとサポートしない）

・EOL プロダクトへの課金・集金・返金ポリシーをどのようにするか？

・次期プロダクトへの移行の際に何か障害や問題が起こった際に、どのような
　フローで何の情報を見るべきか？

・サポートマテリアルの準備をどのようにするか？

Chapter 13

ビジネス形態による
ふるまい方の違い

ビジネス形態が異なったとしてもプロダクトマネージャーの基本的な仕事は同じであるが、BtoC と BtoB ではふるまいが異なるため、それぞれの特性をおさえておきたい。

13.1 BtoC プロダクト

13.1.1 BtoC プロダクトの特徴

BtoC(Business to Consumer) とは、企業が個人に提供するビジネス形態を指し、BtoC プロダクトとは個人ユーザーを対象としたプロダクトである（図表 13-1)。フリマアプリのように消費者同士が取引する場合は Consumer to Consumer (CtoC) とよぶ。CtoC は BtoC と同様にプロダクトのユーザーが個人となるため、BtoC と同様の特徴をもつ。

対象となるユーザーが個人である BtoC プロダクトや CtoC プロダクトは自分たちの身の回りの生活に入り込むので、課題解決のドメインが理解されやすい特徴がある。むしろ何を解決しようとしているのかが平易に理解されるような切り口でないと、多くのユーザーを引きつけることは難しい。

またモバイルアプリの場合、通常 Apple の App Store や Google の Goole Play ストアのどちらかのアプリストアで公開することになるが、世界ではこうしたモ

企業
Business

消費者
Customer

図表 13-1　BtoC ビジネス

バイルアプリのアプリストア上には 890 万以上[1]のアプリが存在する。それは玉石混交ではあるものの自社プロダクト以外の選択肢をユーザーがもっていることを意味する。

　BtoC プロダクトではユーザーの使用状況を集める仕組みを入れておくことで、リリースしたあとのユーザーからの反応を素早く得ることができる。自分たちの施策が成功しているのか失敗しているのかを考えるためのデータをより多く得ることができるメリットがある。

　アプリストアにはユーザーからのフィードバックが誰でも見られるようになっており、ユーザーがプロダクトに対してどのような思いをもっているかがよくわかる。

　もしプロダクトを世界展開しているようなら、千差万別のフィードバックが各国のユーザーから集められるだろう。App Annie や Appbot といったプロダクトを使って、こういったユーザーフィードバックに対する感情分析を行い、ポジティブな感情やネガティブな感情を抱いているユーザーがどのくらいいるかを視覚的に知ることができる。図表 13-2 は Appbot のサービスを用いて、ユーザーからのフィードバックを感情分析した結果を時系列で示した例である。

　またユーザーの同意のもとユーザー情報を集めておくことで、既存の機能や新規機能に対してユーザーがどのような意見をもっているかを知ることもできる。ユーザーへのアクセスが比較的容易なところも BtoC プロダクトの特徴といえる。

---

[1]　https://www.forbes.com/sites/johnkoetsier/2020/02/28/there-are-now-89-million-mobile-apps-and-china-is-40-of-mobile-app-spending/#56a8441221dd

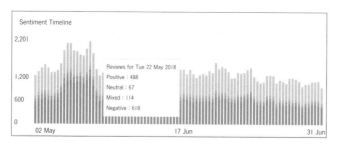

図表 13-2　ユーザーからのフィードバックを感情分析したグラフ[※2]

　他にも BtoC プロダクトは手に取ることが容易であり、ユーザーからつねに競合と比較されていることも忘れてはならない。当然、競合企業も簡単に手に入れることができる。

　その結果、競合にまねされることはグローバル市場ではよく起こり得ることであり、進出した国のマーケット内でローカル市場に特化した類似プロダクトが出てくるのはどうしても避けられない。こうしたプロダクトと競合する中でどこを価値の源泉とし、どのようにしてユーザーに選び続けてもらうかを明確に打ち出す必要がある。

(13.1.2) BtoC のプロダクトマネージャーに求められること

　BtoC のプロダクトプロダクトマネージャーに求められることは、まず「機敏さ」である。ユーザーの反応を素早く集められる特徴がある以上、得られたデータから素早くユーザーの思いを想像する力があるとよい。そこからなぜユーザーは特定の行動を取り続けるのか（逆に取らないのか）の仮説を立てて、どのように検証してくかを考える。

　こうした想像から施策の実行スピードは BtoC プロダクトマネージャーはとくに磨いていく必要がある。BtoC プロダクトはユーザーにとって多くの選択肢が示されている中で、ユーザーのプロダクト体験をつねにアップデートし、いかにし

※2　https://support.appbot.co/help-docs/positive-sentiment-negative-sentiment/

て継続して使ってもらうかが勝負どころとなる。

競合プロダクトがすぐにまねし、自社ユーザーを奪うようなキャンペーンを仕掛けてくることもある。機敏さがなければ BtoC プロダクトマネージャーは厳しいマーケット環境の中で生き残るプロダクトをつくり続けることができない。

次に求められることは「倫理観」である。BtoC プロダクトが解決しようとしている課題が個人に紐づくものである以上、ユーザー数が膨大になってくると、社会に直接影響を及ぼすほどのインパクトが出てくる。たとえば Facebook や Twitter で、フェイクニュースや政治的に偏った投稿が拡散されると、世界の中で極端な行動に走る人を助長してしまうことはすでに起こっている。

また 2019 年 2 月にはコインチェックのシステムにハッカーが侵入、ユーザー資産の仮想通貨が流出するという事件が起こった。BtoC は対象が個人であり、個人の人生や資産といった極めて重い要素をプロダクトの中で扱う場合がある。目先の成長に判断を鈍らされることなくどのように倫理観を保ってプロダクトをつくり続けていくかは大切なことである。

(13.1.3) BtoC プロダクトの成功の測定

7.4.3 項「評価指標を立てる」で説明したように、プロダクトにおける成功を単純に事業収益とするよりも、プロダクトに特化した目標が必要である。たとえばマーケティング施策によって大きなバズを引き起こし、市場で大きな認知が進んだとする。自然とユーザーがプロダクトを手に取る機会が増え、その結果として事業収益が大きく増えることはあるかもしれない。しかし、買切りのプロダクトならともかく、サブスクリプションのように継続的に使ってもらうためのプロダクトであればこれで満足してはいけない。

短期間でユーザーが増えたとしても長期にわたって継続的にプロダクトを利用してもらわなければ収益はまた元に戻ってしまう。そのため BtoC プロダクトの場合、いかにユーザーに価値を継続的に理解してもらえるか、つまりユーザー継続率を高める（ユーザー離脱率を減らす）ことに成否がかかっている。ユーザー継続率はプロダクトを使い始めた日の人数で X 日後（7 日後、14 日後など）に戻ってくるユーザー数を割って算出する。

PART I

PART II

PART III

PART IV

PART V

PART VI

ユーザー継続率を高くするためには使い始めてから最初の数日のプロダクト体験が非常に重要になる。BtoC プロダクトの成功を測定するとき、長期的なユーザー継続率だけでなく、短期的に見て最初の数日でどのくらいのユーザーがプロダクトの価値を理解してくれていたか、という視点をもつことも重要である。このとき、19.3.1 項「プロダクトでよく使われる代表的な指標」で説明するコホート分析という手法が有効となる。最終的に収益を上げていくためには LTV（19.3.2 項「サブスクリプションモデルでよく使われる指標」参照）も同時に追っていく必要がある。

→ 7.4.3　評価指標を立てる

13.2　BtoB プロダクト

13.2.1　BtoB プロダクトの特徴

BtoB（Business to Business）とは法人企業同士のビジネス形態を指し、BtoB プロダクトとは企業ユーザーに対して提供するプロダクトのことである（図表 13-3）。業界やその中のセグメントの数だけマーケットが存在する。プロダクトマネージャーが解決すべき問題は企業が経済活動を行う中での課題をどう解決するかにフォーカスされるので、対象となる企業が存在する業界やドメインに深く根ざしたプロダクトとなる。

たとえば Twilio は音声・ビデオ通話・メッセージ送受信機能の仕組みを SaaS で提供する BtoB 企業で、ユースケースは以下のようになる。

- 不動産エージェントと住宅購入者をつなげる Trulia は Twillio のサービスを利用してエージェントと見込み客で音声・ビデオ通話できるようにしている。
- タクシー配車アプリの Lyft はドライバーとタクシーユーザーのプライベートの電話番号が互いにわからないようにして連絡を取れるようにしている。
- カスタマーサポートプラットフォームの Zendesk ではカスタマーサポート担当者とユーザーがデスクトップのウェブインターフェース上で直接会話ができるようにしている。

企業
Business

企業
Business

図表 13-3　BtoB ビジネス

　通常こうしたコミュニケーション機能を自社で実装しようとすると大きな手間と時間・コストがかかる。そこで各社は Twilio で提供されるサービスをクラウド越しで使うことで実装にかかる負担を大幅に減らすことができるようになっている。つまり Twilio は、企業とユーザーのコミュニケーションというドメインの中に位置する BtoB である。

　特定のドメインに深く根ざすためには、プロダクトを使う企業ユーザーのビジネスプロセスや企業側のステークホルダーに対する配慮はかなり広範に求められる。BtoC と違ってプロダクトが使われるようになるまでのプロセスがまったく異なる。フリートライアルのようにその企業の従業員が小規模に導入するボトムアップセリングという形式もあれば、企業上層部にアプローチしてトップダウンで案件を決めるハイタッチセリングという形式もある。

　したがって BtoB プロダクト企業の場合、営業チームが非常に強い力をもって多くの機能要望を上げるが、それがプロダクトマネージャーとしてつくっていきたい機能と異なる場合、議論や優先度づけが必要になることがある。このとき、本来プロダクトとしてつくるべき機能の優先度を下げて、営業チームが欲する目の前のユーザーの要望だけを開発してしまうと、まるで受託開発企業のようになってしまうため注意が必要である。

　BtoB スタートアップ企業でとくに CEO が営業出身ともなるとプロダクトマネジメントチームが機能していなければ、CEO の鶴の一声でプロダクト開発の方向性がぶれてしまう。こうした場合、普段からプロダクトマネージャーと CEO の間でコミュニケーションを取り、ロードマップやその基盤となる考え方の共有、CEO が仕様変更を要求した場合のリスクを伝えておく必要がある。

また、こうした鶴の一声が誰から発せられているのかについても注意したい。プロダクトに関して熟慮を重ねた人ならまだしも、実績がない人や過去に試したこともない人の声を職位が上だからという理由だけで聞いてしまうと迷走しかねない。プロダクトマネージャーとしては、データを駆使しそれではうまくいかないことをユーザーの代弁者としてはっきり伝える必要がある。

　この場合、CEO はプロダクト開発に関しては企業としてのビジョン、ミッションを明確に打ち立て、プロダクトチームへの権限委譲を行ったり、もしくは権限を高めたりといった調整が求められる。KGI や NSM の設定部分は深く関与するものの、一旦それらの指標が決定したあとは基本的にはプロダクトチームに任せ、プロダクトチームだけで判断できない優先度づけの部分で意思決定を助ける関わり方もある。できるだけプロダクトチームが自律的に動けるように CEO が環境を整えていったほうが、プロダクト組織がうまくまわっていく。

　リリースしてからユーザーのフィードバックの収集にタイムラグがあることも BtoB プロダクトの特徴といえる。リリースしたからといってすぐにユーザーが新しい機能を使い始めることはあまりなく、別途ユーザーへのトレーニングが必要だったり、カスタマーサクセスチームを通じた個別のオンボーディングが必要だったりする場合もある。

　BtoB プロダクトの場合は、競合との比較が容易ではないことがある。上記のように営業経由でしか手に入らないフィードバックもあり、仮にプロダクトがフリーミアムモデルを取っていたとしても、一部分を比較することは容易だが、よりコアな機能へのアクセスや拡張機能の展開には営業経由でユーザーとプロダクトの間を取りもつ必要がある場合もある。さらには、トップ営業を展開し顧客企業の上層部へ直接働きかけることで導入にはずみをつけることが必要となる場合もあろう。

　自社が競合分析をするためには、競合企業プロダクトを使っているユーザーのフィードバックをさまざまな方法で集めなければならない。カタログ上でのスペックの比較だけではなく、展示会等に参加しての生の声の収集をしたり、代理店からの声、第三者検証機関のデータなどを駆使したりしていくことになる。BtoB プロダクトは、ユーザーへのアクセスは容易ではなく、これは自社も競合も条件は同じといえる。

PART I

PART II

PART III

PART IV

PART V

PART VI

13.2.2 BtoB のプロダクトマネージャーに求められること

　BtoB のプロダクトマネージャーとして成功していくためには BtoC とは異なる要素が求められる。業界特有の商習慣に対する深い関心、ユーザーとユーザーを取り巻くステークホルダーに対する想像力、優先度のつけ方のバランスの3つである。

　プロダクトを使う相手が企業ユーザーである BtoB では、その業界における慣習やプロセスに対する理解がないと、なぜその問題が起こるのかがわからなくなってしまう。17.4 節「知識やスキルをアップデートする方法」でも述べるがプロダクトマネージャーは、解決策としてのプロダクトはそのまま業界の常識の範囲内で収めるだけではなく、創造的なアプローチで解決する方法も考えられないと、差別化につながらず結局価格競争に陥ってしまいかねない。したがって、業界特有の商習慣に対する深い関心が求められる。

　次に求められるのは、ユーザー自身だけでなく、ユーザーを取り巻くステークホルダーに対する想像力である。BtoB の場合は BtoC と違って、プロダクトを買う人と使う人が同じ人間とは限らない。顧客の中に複数のステークホルダーがいるのがつねである。ステークホルダーを大きく分けると、意思決定者、ゲートキーパー、インフルエンサーの3者となる。意思決定者に納得してもらうためにはゲートキーパーを納得させねばならず、インフルエンサーからの後押しなしにこれは実現できない。こうした異なる立場のステークホルダーそれぞれに配慮したメッセージを出すことを BtoB プロダクトマネージャーは求められる。そのため、自社内でのコミュニケーション能力もさることながら、顧客の組織内の上層部や現場レベルに対するコミュニケーション能力やプレゼンテーション能力も要求される。

　そしてもっとも大切なのが、優先度のつけ方のバランスである。先の項でも触れたが、営業やカスタマーサポートチームの声をどのように聞き、プロダクトマネージャーとしてつくっていきたいプロダクトのプランとどのようにすり合わせるかは重要な検討項目となる。営業チームやカスタマーサポートチームがもっと

も顧客の声を聞いていることは確かであるが、彼らが上げてくる機能改善要求はともすると狭い視野で語られることもあり、それをそのまま拾うことは避けたい。

　なぜそのような要望が上がってくるのか、ユーザーは何を達成したいと考えているのか、そうした背景まで洞察することで本当に必要なものは何かが見えてくるはずである。とはいえ、要望される案件によってはどうしてもサポートしないといけない場合もある。

　そこで1つおすすめしたいのが、外出し優先度づけという方法である。これはプロダクトマネージャーのところですべての声を拾うのではなく、営業は営業の中で、カスタマーサポートはカスタマーサポートの中でどうしてもサポートしてほしい機能改善要求トップ10を出してもらう。このとき営業チームにはとくにトップ10に対する営業案件の確度、契約の有無を明らかにしてもらう。

　プロダクトチームとしては受注に結びつかない案件のための機能改善はできるだけ避けたいし、契約がない場合は必ずしもコミットする必要もない。まずは営業チーム内で会社としてサポートしないといけない機能は何かについて揉んでもらう。

　営業チーム内での優先度づけを明らかにしてもらうことによってプロダクトマネージャー側の負担も減り、配慮すべき情報の質も上がる。営業チーム内で優先度について検討することで優先度を決める基準が明確となり、プロダクトチームとしてもトップ10のどこにフォーカスすべきかが明らかになる。

(13.2.3) BtoB プロダクトの成功の測定

　BtoB プロダクトは、企業単位、もしくは企業の中のグループ単位での導入が主となる。そのため、単純に収益を成功の要素とするのは間違いといえる。収益はあくまで結果であることを忘れてはいけない。

　また BtoC と同じく BtoB もユーザー継続率は重要な観点となる。一度の契約やその取引関係が数年単位にわたることも一般的である。契約更新時に顧客に再び自社のプロダクトを選んでもらうためには、プロダクトをよくするだけではなく、組織として顧客企業とどう向き合うかという点が BtoC とは大きく異なる。

　たとえばプロダクトに問題が起こった場合、どれだけ顧客のビジネスへの影響

を最小限にして迅速に解決できるかは、顧客の心理に大きく影響する。営業においても無理な提案や、一方的な提案をしていては顧客から選んでもらう機会を失ってしまう。プロダクトマネージャーは顧客と触れる別の部署とも協力し、プロダクト自体だけでなく、プロダクトに関わる人がどのように顧客と応対しているかにも気を配らないとプロダクトの成功はおぼつかないのである。部門が違うので直接的な関与はできないにしても、9.3.3項で述べたように影響力を高めればこうした人々の活動もサポートできる。

　プロダクトおよびそれを取り囲む各部門と顧客とのタッチポイントは、顧客満足度として現れる。顧客満足度を数値化する手法としてはネットプロモータースコア（NPS）が代表的である。BtoBでもNPSは有力な指標として成功の測定に用いられている。BtoBプロダクトマネージャーは狭義のプロダクト、広義のプロダクトの両面からNPSを向上するために何ができるかを考える必要がある。

　　　　　　　➡ 19.3.1 プロダクトでよく使われる代表的な指標

Chapter 14

未知のビジネスドメインに挑む

14.1 なぜビジネスドメイン知識が必要なのか

　プロダクトマネージャーが戦う土俵を知るための３つ目のポイントは、ビジネスドメインである。プロダクトマネージャーは未経験の業界に飛び込んだり、携わったことのないビジネスに取り組んだりすることがある。技術面、デザイン面で経験を積んでいたとしても、ビジネス面をおろそかにはできない。未経験であるなら会社や業界を理解するために素早くビジネスの構造を学ばなければならない。こうした知識をビジネスドメイン知識とよぶ。

　業界経験が長いことはプロダクトマネジメントの観点では諸刃の剣となる。業界を熟知しているからこそ「かゆいところに手が届く」プロダクトの提供が可能になる一方、提案する価値が小さくまとまりがちになる可能性がある。業界の常識に染まりすぎることによって視野が狭くなってしまうからである。

　もし同じ業界に長くいるなら、他の業界と比べて客観視する機会をもってみるとよい。別の業界の常識が革新的な UX をつくり出すきっかけになる。自らのドメイン知識に満足することなく、つねに思考が枠にとらわれていないかは意識していたい。

　ドメイン知識がない状態でプロダクトを開発しようとすると、どのようなことが起こりうるだろうか。IT 業界で先進的なテクノロジーにたくさん触れたプロダクトマネージャーやエンジニアが食や農業の業界に入ってきて起業したとしよう。もしかしたら食や農業の業界の人たちは IT を効果的に使えていない可能性があるからこそ、そこにチャンスがあるのは事実かもしれないが、ドメイン知識なしに、

小綺麗なオフィスでパソコンの画面に向かって仕事をしているだけではわからない世界がたくさんあるのもまた事実である。ドメイン知識を獲得するために現場に入り込む必要があることを忘れてはいけない。

　たとえば、生活様式の多様化に合わせるために、ある飲食業向けプロダクトがテイクアウトのサービスもし始めたとしよう。スマートフォンからのオーダーを可能にするなどの準備は整えたものの、それだけですぐにテイクアウトが可能になるわけではない。提供する飲食物によっては別途認可が必要なものもある。衛生管理も店内での飲食とテイクアウトでは大きく異なり、調理スタッフのオペレーションも変わってくる。このようなことは現場を知らないとなかなか理解できない。

　医療や金融、インフラ事業などの業界を代表として、多くの業界は国家による規制や業界独自の慣習も多く、業界外から見るとまだまだ効率化の余地が残されているように見える。そこに着眼した起業家が新規参入して大成功を収めることもある一方、提供を開始したプロダクトが一向に受け入れられず収益を上げられなかったため撤退を余儀なくされることもある。ドメイン知識が新規プロダクト提供検討時の前提とはならないが、ドメイン知識がなくてもよいということはまったくない。

　プロダクトチーム全員が同じレベルでドメイン知識を共有していない場合に起きる問題もある。たとえば音楽配信アプリを担当するプロダクトマネージャーが「レコード」という言葉を使う場合、「楽曲」を意味するのか、「録音」を意味するのか、「データベースなど何らかの保持されたデータ」を意味するのかの解釈はそれぞれメンバーによって異なる。

　プロダクトマネージャーが「楽曲」を意味しているのに、開発エンジニアが「録音」と解釈してしまうと、つくられるものはプロダクトマネージャーが当初考えていたものとはまったく異なるものになってしまう。このような問題を起こさないために、プロダクトマネージャーは音楽業界では楽曲をレコードとよぶことがあることをエンジニアと共有しておくことが求められる。

　ドメイン知識やそこで使われる言葉の意味を適切に他のメンバーに共有しておくことは欠かせない。

14.2 未知のビジネスドメインに挑むときのふるまい方──グローバル展開

　対象とするユーザーや市場を定義することもプロダクトマネージャーの重要な役割の1つである。業種によっては当初から世界市場をターゲットにすることがあるかもしれないが、目の前に見えるユーザーはあくまでも日本人であり、市場は日本に閉じていることもある。しかし、今日のプロダクト開発はグローバルの視点を抜きには語れない。

　普段、皆さんが使っているプロダクトやサービスでも、日本企業以外が提供するものも多くあるだろう。自らのプロダクトが国内だけをターゲットとしても、グローバル展開する企業が日本に進出し、競合になるかもしれない。逆に、グローバル展開することで、日本国内だけでは小さい市場だったものが拡大することも多い。プロダクト開発に際して用いるサプライチェーンやユーザーに最終的な価値を提供するまでのバリューチェーンでもグローバルを意識せざるを得ない。このようにプロダクトマネージャーがグローバル視点をもつべき理由は主に、サプライチェーンに由来すること、プロダクトの市場に由来すること、海外企業の日本進出に由来することがある。

14.2.1 サプライチェーンに由来すること

　グローバル視点をもつべき理由第一は、プロダクト開発のツールや基盤、開発リソースなどのサプライチェーンをグローバルで調達できるようになったためである。IT基盤として、AWSやAzure、GCPなどを用いたり、ツールとして海外SaaSを使ったりすることもある。これらのツールベンダーはユーザーの海外比率の高まりを受けて日本に支社をもち、日本語でのサポートを充実させているところも多い。

　まだ日本に拠点がなかったり、UIもまだ日本語化されていなかったりするようなツールであっても、それをいち早く活用することで、従来は不可能であったプロダクト開発が可能になることも多い。基盤やツールの選定がプロダクトの成否

に影響を与えることも見逃してはならない。

　たとえば、AWSなどのパブリッククラウド基盤は新機能の提供を特定のリージョン（地域）から開始することもある。多くは北米リージョンから開始される。その機能を使うことでプロダクト価値が高まることが期待されるが、内部的にはリージョンをまたがる通信が必要になり、処理速度への影響が懸念されることもある。国内ベンダーが提供する類似機能を代替として使うことも可能だが、AWSが国内リージョンへの展開を開始したならば、代替ツールは不要となる。

　このような場合は過去の例やすでに活用し始めた海外の事例を参考にするなどして、どのような選択が最善かを考えることが重要となる。技術的な検討はエンジニアが行うこととなるが、選定の際にはプロダクトマネージャーも関わることになるので、グローバルツールの勘所はおさえておきたい。

14.2.2 プロダクトの市場に由来すること

　第二の理由としては、自分たちのプロダクトの市場として海外を考えるためである。プロダクトが最初から海外をターゲットにしていなかった場合でも、海外市場を狙うことにより、より大きな市場規模を期待できる場合も多い。たとえば、日本国内のソフトウェア開発者の数は数百万人を超えることはなく、そこをターゲットにしたプロダクトは収益面での魅力が乏しい。

　ところが、海外のソフトウェア開発者にまで目を向けることにより、桁違いのユーザーをターゲットにできる。実際、JIRAやConfluenceというソフトウェア開発者向けのプロダクトに特化しているAtlassianは他企業の買収なども積極的に行い成長を続けている。Atlassianはオーストラリアの企業であるが、もし彼らがオーストラリア国内だけをターゲットにしていたならば、現在の規模にはならなかったであろう。

　プロダクトによっては、最終的にユーザーに価値を届けるまでのバリューチェーンの中で、自らがどのような役割を海外市場において担えるかを考えることにより、グローバルでの成長を狙える場合もある。グローバル市場の中で他社のバリューチェーンのどの部分を担うことができるかを考えることも有効である。さらには、日本に支社がある開発プラットフォームの外資系企業との協業により、

海外展開をするなども考えられる。

14.2.3 海外企業の日本進出に由来すること

　第三の理由としては、国内のみをターゲットにしている企業があったとしても、海外の企業が日本に進出してくることにより、競合となることが起こり得るためである。

　たとえば、旅行業界にはオンライン旅行エージェント（OTA）という業種が存在する。日本ではじゃらんや楽天トラベル、一休といった事業者である。日本の旅館やホテルは海外と異なり、部屋ではなく宿泊者の数で料金が決まっていたり、寝間着の準備などのために予約時に性別の入力を要求したり、夕飯とセットになったプランが一般的なことが多い。

　トリバゴやBooking.comなど海外のOTAは海外からのインバウンド客向けには日本独自の仕様に対応しなくてよいかもしれないが、日本人向けにはそうはいかない。おそらく、日本への参入当初は上記のような日本独自の仕様への対応に苦労しただろうが、いまでは日本人客にも十分満足できる機能を備えている。海外旅行に頻繁に出かける日本人も海外旅行時には海外のOTAを使うことも多く、旅行のたびに貯まるポイントなどに惹かれ、国内旅行でも海外OTAを使うことも増えてきた。

　このように、国内のみをターゲットにするつもりであっても、海外企業が日本進出とともに競合になることはどの業界でも起こりうる。うちの会社は国内だけを対象としているからグローバル視点は不要だ、という認識は通用しない時代となった。

14.2.4 グローバル展開を考えるときに必要なこと

　グローバル展開を考えるに際しては、図表14-1の要素について考慮しなければならない。

　グローバル展開の例としては、Googleが進める「Next Billion Users（NBU）」というイニシアティブが参考になる。これはインドやインドネシア、ブラジルな

どの人口が多くて成長が著しいながらも、インターネットの普及が進んでいなかったり、インターネットの活用が他の先進国に比べると遅れていたりするような地域に対してのプロダクト普及を図る活動である。

言語
ソフトウェア技術的には言語対応は容易になったが、言語／文字の特性や使われ方、文章のもつ響きやニュアンスなども気をつける

文化
何を尊重するかなどは異なる。忌避すべき事柄も多い

顧客のニーズ
ターゲットは所得や生活様式などによって異なる

規制
国家や業界による規制

競合
ローカル独自の競合の存在

パートナーシップ
展開において必要となるパートナーの開拓

基盤
使える基盤の違いを意識する必要がある。基盤には、IT基盤としての通信網や決済基盤、流通網なども含まれる

図表 14-1　グローバル展開に必要な視点

　とくに発展途上国の場合、家庭へのブロードバンド回線の浸透度もままならず、Wi-Fiの整備も進んでいない。結果としてモバイル回線に頼らざるを得ない場合が多い。このような中でアプリがバックグラウンドでユーザーの知らぬ間に大量の通信をしていると、ユーザーは通信料の高さに驚き、それがプロダクト体験のためという理由であったとしてもすぐにアンインストールしてしまうだろう。先進国ではモバイル回線は定額料金使い放題であることが一般的だが、途上国では数日、1週間単位でデータ量を追加しているユーザーも多数いることを忘れてはいけない。

　そのためNBUでは、たとえばインターネットの回線が低速で不安定なためにアプリをダウンロードしないスマートフォンユーザーが多いことから、小さいサイズのアプリを用意したり、データ量を削減したりするために圧縮やキャッシュの最適化がされている。知人に共有する場合でも、身近な人への共有も多いことが調査からわかったため、インターネット経由だけではなく、ピアツーピアを用いた共有を可能にした。

　中古のスマートフォンを利用するユーザーも多く、スクリーンが割れたまま使っていることも多いことから、UIのアイコンなどをできるだけ視認性の高いもの

にしている。

　NBU は Google 内に専門のチームが存在しており、UX リサーチャーやデザイナー、エンジニアなどとともに、プロダクトマネージャーが現地に赴き、ユーザーへのヒアリングや使われ方の観察や、実際の通信インフラや多くのユーザーが使うというネットカフェの状況などを調査のうえ、進められている。

　通信が低速で不安定な場合のために、軽量版のアプリを出す例は Facebook や Twitter、LINE などでも行われているが、ブラウザにおいてはプロキシブラウザとよばれる方法がある。これは、クラウド側でレンダリングまで行ったものを軽量ブラウザに転送することである。帯域幅の小さい通信であっても使われるブラウザがこれらの地域では以前より人気を博していた。UC Browser や Opera Mini がその代表例である。ターゲットなる市場で使われているプロダクトを理解することからも、その市場でどのような特有の状況やニーズがあるかを把握することは可能である。

(14.2.5) 参入対象国の選び方

　他国への参入では、特定の国を当初から対象とする場合とそうでない場合がある。究極的に世界すべてを対象とすることを目論んでいる場合、どの国から参入するかを検討する必要がある。とくに、使うユーザーの人種や文化にあまり依存しないプロダクトの場合、世界のどの国でもニーズがあるという先入観にとらわれてしまうことがあるが、実際には異なることも多い。

　たとえば国際送金を行う TransferWise の場合、事業の特質上、プロダクトがサポートできる国や地域は多ければ多いほどよいのだが、実際には国際送金を必要とする国とそうでない国、また既存の手段で事足りる国とそうでない国があった。TransferWise は自分たちでも自信過剰だったと認めているが、必要だったのは地道なマーケットリサーチだった。調査の結果、国際送金の需要が高い国を特定することが可能になった。

　また、国によって国際送金に期待するものが異なることも判明した。オーストラリアでは為替レートと操作が容易であることを重要と考えるのに対して、ヨーロッパやアジアでは送金完了までのスピード、ドイツでは信頼性が重要だった。

TransferWise ではこの結果に基づき、プロダクトキャンペーンを地域に合わせた
ものに変更したという。

　調査において、当初用いたのは世界銀行のデータだったという。それに基づき、
需要が高いと思われる国を優先させたのだが、実際には TransferWise のプロダ
クトのニーズは異なっていた。ある国は世界銀行のデータでは非常に有望なマー
ケットと思われたのだが、現地のパートナーとの協業事業は失敗した。そのため、
TransferWise は需要のある国を見つけ出すために、プロダクト本体に「wish」と
よばれる機能を実装した。これは TransferWise で送金するときに、送金先とし
て希望する国が送金リストにない場合にリクエストすることができる機能である。
TransferWise はこの機能を活用し、潜在需要のある国を探し出すことに成功した。

　グローバル展開は何度も失敗を繰り返す可能性を覚悟しなければいけない。ホ
ームデポやケンタッキーフライドチキン、ダンキンドーナツなど、グローバル進
出を試みては失敗のあとに撤退し、再度進出を図るということを繰り返して、や
っと成功を収めた例は事欠かない。法規制への対応やビジネスパートナーとの関
係の成否、プロダクトの機能や品質など、さまざまな問題を理由として撤退する
ことは想定しておく必要がある。

　失敗を繰り返す可能性はあったとしても、グローバル市場は魅力的である。自
社がグローバル展開をしなくても、グローバル企業が参入してくることもあれば、
競合がグローバル市場で競争力をつけて国内でもシェアを伸ばしてくるかもしれ
ない。また、プロダクト開発のためのリソース確保、基盤やツールの利用、再加
工や価値の付加によって、結果的にグローバルに価値を届けるなど、誰にとって
もグローバル市場は関係している。これからの時代のプロダクトは、つねにグロ
ーバルを意識し続ける必要がある。

14.3　未知のビジネスドメインを学ぶ方法

　ドメイン知識は暗黙知が多く、ネット検索や書籍であたれるものだけから学ぼ
うとすると本質を見失う可能性がある。そこでドメイン知識をより効果的に得る
ための4つの方法を紹介したい。

(14.3.1) プロダクトランドスケープ

　まったく予備知識をもち合わせていないプロダクトを担当することになった場合、何から学べばよいかわからず立ち往生してしまうことがある。プロダクトランドスケープはプロダクトの概観を効率よく把握するのを助ける方法である。

　通常プロダクトを理解する場合、実際に使ってその UI や UX を理解し、競合他社と機能比較をして終わってしまうことが多い。しかしプロダクトランドスケープはプロダクトの「その先」を見るために、図表 14-2 の 4 象限でプロダクトを分析する。近視眼に陥りがちなプロダクトに対する理解を、社会における立ち位置やユーザーからのプロダクトの見え方といった広い視野で捉えることができるようになる。

- People & Network：プロダクトを使うユーザーとユーザー同士のつながり
- Activities & Touch point：ユーザーはプロダクトを使う前後でどのような行動を取り、どのようにプロダクトに触れるか
- Technology & Trend：使っているテクノロジーや業界のトレンド
- Places & Organization：プロダクトを使う場所、組織、外部環境

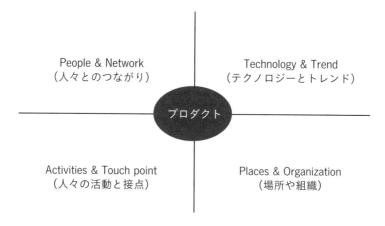

図表 14-2　プロダクトランドスケープの 4 象限

(14.3.2) モチベーション分析

プロダクトを使う背景にユーザーは何らかの意図や目的がある。それが明確に認識されるときもあれば、無意識のうちに行われることもある。モチベーション分析はユーザーが意図や目的を達成しようとしてプロダクトを使う際に、どのようなモチベーションがあるかを分析する方法である。

タスクを早く終わらせたいのか、わくわくしたいのか、知りたいのか、不安を解消したいのか、こうしたモチベーションとそれに応えるプロダクトの関係性は、ユーザーがどのような状況に置かれたときにもっとも強くなるのか？　モチベーション分析はプロダクトを手にするユーザーの心理面を理解するために行う。ユーザーの心理を摑まない限り、使い続けてもらえるプロダクトにはならない。

バリュー・プロポジションキャンバス（VPC）やカスタマージャーニーマップ（CJM）を書くことで結果的にモチベーション分析が可視化できる。とくにVPCにおけるペインとゲインおよびカスタマーの仕事分析（図表 6-2 のカスタマープロフィール欄）を行うことでモチベーションの要素を見つけることができる。

また CJM（図表 7-5）における「思考」の部分ではユーザーが特定の行動をとるときのモチベーションを時系列で追えるようになる。

(14.3.3) 対立スコープ

対立スコープとは、情報を集めるときに賛成、反対、中立の立場から話をして

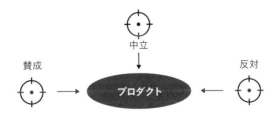

図表 14-3　対立スコープ

もらい、賛成意見の理由、反対意見の理由、中立ならどのような情報があれば賛成もしくは反対になるか、という3つの観点を動的に見る方法である（図表14-3）。情報のバランスが取れ、偏見を最小化できる。

　たとえばプロダクトに関する意見を聞くにしても、どこがよいか、悪いかを聞くのではなく、営業からは売る際に気になっている弱みを、エンジニアからは営業やマーケティングなどビジネスサイドに感じる弱さを、ユーザーからは率直な意見を聞く。大事なことは、立場の違う人からの批判的意見とその背景を重ね合わせていくことで、リアルな情報を把握することである。

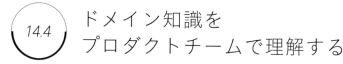 トレードオフを発見する

　トレードオフとは何かを得ると別の何かを失うような関係性にあるもののことである（図表14-6）。プロダクトを成長させる中での難しい意思決定を読み解くことでドメインの構造を見抜くことができる。たとえば、社内で複数のステークホルダーがいる場合、ステークホルダーの間でどのようなトレードオフによって現在の意思決定に至っているのかを調べることで社内の部署間の関係性がわかることがある。

　他にも、プロダクトとユーザーの間にトレードオフが存在するかどうかを考えることはドメイン知識を深めるきっかけとなるだろう。トレードオフを解消する方法を検討することでプロダクトに新たな成長機会をつくる可能性が生まれる。

14.4　ドメイン知識を プロダクトチームで理解する

　プロダクトチームで活動する際に、プロダクトマネージャーが積極的にドメイン知識を獲得する一方、開発メンバーはそこまでドメイン知識がない、という状況も発生しうる。開発チームはプロダクトマネージャーほど深いドメイン知識をもつ必要はないが、つくっているプロダクトがどのように使われるのかを理解するために最低限のドメイン知識をもつことが望ましい。

開発チームがドメイン知識をもつためにプロダクトマネージャーは以下のような場を設けるとよいだろう。

14.4.1 ランチ・アンド・ラーン

ランチ・アンド・ラーン（Lunch and Learn）とは人が集まりやすい昼食時間を利用して、30〜45分程度の勉強会を行うことである。ドメイン知識をもつ者同士が互いに知識を触発し合う。会社がランチを提供するのもよい。

少人数でも大人数でもよく行われる形式で、トピックは技術的なものに限らない。就業時間中に別途ミーティング時間を設けなくて済むのでカジュアルに学ぶことができる。

14.4.2 クラッシュコース

クラッシュコース（Crash course）とは、特定の技術領域やビジネス領域の知識がない人に対して、基礎的な仕事ができるレベルに引き上げる目的で設ける1〜2時間ほどに内容を詰め込んだコースのことである。特定の内容を深掘りする際にも行われるトレーニング形式である。

ワン・オー・ワン（1on1）とよばれる形式など、人数は少人数に絞って行われることが多い。新チームへのアサインや入社直後などのオンボーディングの中で実施されることが多い。

14.4.3 テックトーク、エキスパートトーク

テックトーク（Tech Talk）、あるいはエキスパートトーク（Expert Talk）とは、部署内全体のミーティングや全社ミーティングなど比較的大きなミーティング形式で、特定の分野の第1人者や非常に詳しい人にプレゼンテーションしてもらうことである。

テックトークは比較的エンジニア主体で、エキスパートトークはエンジニアに限らない。時間としては30〜60分が一般的で、広く内容を周知したい、理解し

てほしいというときに行われる。

14.4.4 ファイヤーサイドチャット

ファイヤーサイドチャット（Fireside chat）とは暖炉の横もしくはキャンプファイヤーの横で話すといった意味で、特定の内容に関してカジュアルに話し合う形式のことである。全社ミーティングなどの大きな場で行われることが多く、壇上にソファーを用意したりしてリラックスした形式で行われる。

テーマやトピックを専門的に難しく語るものではなく、当事者やエキスパートがどのような思いを抱いて仕事に携わっているかといった心意気を共有する形式として使われる。

14.4.5 ファイブ・イン・ファイブ

ファイブ・イン・ファイブ（5 in 5）の正式名称は 5 questions in 5 minutes（5 分間で答える 5 つの質問）である。特定の領域に関する知識をハイレベルかつ簡単に理解してもらうための導入として使われ、5 つの代表的な質問に対して 1 分ずつ答えていくものである。

ミーティングで話すというより、各ドメインの専門家がビデオに録画したり、ドキュメント形式でまとめたりすることもある。入社直後の社員へのオンボーディング情報として使われることが多い。

14.5 ビジネスドメインの法規制を理解する

プロダクトの特性によって関わってくる法律が異なる。「他人の通信を媒介」するようなプロダクトであれば電気通信事業法、アプリ内でポイントを購入する場合には資金決済法、無線のついたハードウェアを開発するときには電波法などの法律に則ったプロダクト開発をしなければならない。

たとえば「出会い系サイト規制法」という法律では、届け出を行っていない事業者は「出会い」の要件を満たすサービスを提供してはならないことになっている。プロダクトは出会いを目的として設計していないつもりであっても、ユーザーが出会い系のように使ってしまった場合には規制に抵触していると捉えられてしまう可能性があることに気をつけなければならない。そこで「面識のない異性との出会いを目的とした行為を禁じる」といった一文を利用規約に追加しておくことで、もし万が一そういった疑いを向けられたときにも論理的に反論することができるだろう。

　とくに、電気通信事業法などはユーザー同士のメッセージ機能がある場合にプロダクト提供者が電気通信事業者に該当する可能性があるため、プロダクトマネージャーが法律を知らないままに機能を追加してしまい、届け出を出さずにサービス提供をしてしまう危険性もある。

　プロダクトマネージャーは法律の専門家ではないため、すべての法規制を理解することは難しいが、知らなかったでは済まされない。適切に専門家に相談をすることを心がけてほしい。

PART I

PART II

PART III

PART IV

PART V

PART VI

Chapter 15

技術要素の違いによる
ふるまい方の違い

　ターゲットとするユーザーにどのようなプロダクトを展開するかが決まったと
しても、それをどのように実現するか、技術要素に何を選択するか、どのように
プロダクトで使うかによってプロダクトの体験はまったく異なるものになる。プ
ロダクトマネージャーとして種々の技術要素にはどのような得手不得手があるの
かを理解しておくことは、ユーザーへの価値の提供方法を考えるうえで重要な鍵
となる。ここではすべての技術要素に言及することはできないが、プロダクトマ
ネージャーとしてぜひ理解しておきたい事柄を取り上げる。

　スマートフォンやスマートウォッチ、タブレット、スマートグラス、スマート
スピーカーに代表されるスマートモバイルデバイス（以下スマートデバイスとよ
ぶ）は 2007 年の初代 iPhone の登場をきっかけに、目まぐるしく進化している
（図表 15-1）。スマートフォンユーザーは世界で 35 億人を超え、地球上の 2 人に
1 人はスマートフォンをもっていることになる[1]。Apple の Apple Watch の売上
は 2019 年時点で 1 兆円を超え、MacBook など PC 製品よりも大きな収益を上げ
ている。これだけ巨大な存在になったスマートデバイスは今後も当面は無視でき
ない存在であり続ける。

　スマートデバイスはもち運びしやすくて手軽なので、デスクトッププロダクト
と比べてユーザー層がより多岐にわたることを忘れてはいけない。ユーザーの中
には目の不自由な人、耳が聞こえない人、障害を抱えたユーザーも存在する。も
ちろんどこまでプロダクトが対象とするユーザーと定義するかにもよるが、スマ
ートデバイスが爆発的に世界に浸透したいま、インクルーシブ（Inclusive）とい
う考え方が Google や Apple を中心に広まってきている。

※1　2020 年時点。

アプリの色使い1つを取っても、たとえば白色はつねにポジティブに解釈されるわけでなく、国や文化・宗教によっては悪い色にも解釈される。ユーザーもつねに健常者であるわけではない。色の差に制限を設けることで色盲の人でも見やすく、ボイスコントロールに対応することで目の不自由な人でも使えるようになる。デスクトッププロダクトよりも制約が厳しいスマートデバイスだからこそ、プロダクトのUXをよく練っていかないと、幅広いユーザーを獲得することはできない。

スマートデバイスならではの制約を理解したうえでプロダクトをつくり直さなければ、UXが成立しない可能性すらある。しかし、一旦ユーザーに受け入れられれば爆発的な数のユーザーがついてくる可能性があるのもスマートデバイスの面白さである。プロダクトマネージャーとしてハードウェアのスマートデバイスをつくることや既存のスマートデバイスプラットフォーム上で動くアプリをつくることも増えていくだろう。

スマートカー　スマート　スマートグラス　タブレット　スマート
　　　　　　　ウォッチ　　　　　　　　　　　　　スピーカー

図表 15-1　さまざまなスマートデバイス

15.1　ハードウェアプロダクト

15.1.1　ハードウェアプロダクトの特徴

ハードウェアの世界にもプロダクトマネジメントは有効である。ただし、ソフトウェアとは異なる観点が求められる。たとえばソフトウェアプロダクトと比べて、ハードウェアプロダクトは変更にかかるコストが高い。ソフトウェアであればコードを修正してしまえば終わるものが、ハードウェアは金型からつくり直さ

なければならない可能性もある。量産化するとほぼ変更することはできず、ラベル1つでも間違えることは許されない。そのため開発時点での徹底した品質管理を通じて問題が発生するパターンの把握を行う必要があり、プロダクトリリースまでにどうしても工数や時間がかかってしまう。

　また、よいアイデアがあったとしてもその実現性は部品の性能や調達可能性などにも依存する。加えて生産に関わるプロセスや法規制によって使えるコンポーネントにもそもそも制限があるなど、さまざまな外部依存性が存在する。その結果、プロダクトをリリースするリードタイムにも影響し、ソフトウェアのように頻繁にリリースするということが難しくなる。

　他にもハードウェアプロダクトは火災の原因となりうるなど、ユーザーの生命にも関わるので物理的なテスト環境を用意して、ソフトウェア以上に網羅性と完結性を追求しなければならない。セキュリティの観点でもハードウェアが解体されて中の部品から重要な情報が抜き取られてしまうことがあるので、何をプロダクトの内部に残し、何を残さないかといった観点も重要となる。

(15.1.2) ハードウェアと IoT

　これからのハードウェアは IoT（Internet of Things）になっていく傾向がある。IoT とはあらゆる物をインターネットにつなぐことである。ハードウェア単体で使われることがあたり前だったものが、インターネットにつながることで想像もしていなかった価値をつくれるのではないか、という構想に端を発している。「インターネットにつながる」とは、データを発信できる、データを受信できる、データを送受信できるという3つの意味がある。

　たとえば、水筒がインターネットにつながることなど誰も想像してこなかった。IoT 関連技術の進展により、運動中のユーザーに水分補給の時間と適量を知らせてくれる水筒のプロダクトがある（図表 15-2）[2]。これまでオフラインで使うことがあたり前だったハードウェアがインターネットにつながることで、これまでにない体験を生み出す可能性を秘めている。

※2　https://hidratespark.com

図表 15-2　IoT プロダクトの一例

15.1.3 ハードウェアのプロダクトマネージャーに求められること

　かつてマーク・アンドリーセンが "Software is eating the world.（ソフトウェアが世界を食い尽くす）" といったように、現在はソフトウェアのためのハードウェアという位置づけが世界の主流となっている。たとえばテスラは世界の自動車メーカーの中で時価総額世界一となった[3]。これほどの強さを見せた理由を一言でいえば、テスラは車をハードウェアではなく、よりよい乗車体験を提供するためのソフトウェアの実行環境と位置づけたからである。

　テスラはつねにドライバーのステアリング動作、アクセルやブレーキのかけ方、路面状況などユーザーであるドライバーがどのように車を利用しているかの情報を収集している。こうした情報はテスラの自動運転データとして利用されたり、車両パフォーマンスを最適化したりするソフトウェアの改善に使われる。

　また、従来は車両をディーラーにもって行ってその都度ソフトウェアの更新を依頼しなければならなかった。一方テスラの自動車には "Over the air upgrade" という機能があり、自動車を使っていないときにインターネットアクセスがある環境に置いておくと、車載ソフトウェアを自動的に更新することができる。

　集められたデータの恩恵を従来よりも高速に享受することができるため、ユーザーはテスラの車両を使えば使うほどそのデータが新機能開発に役立てられ、安全性が高まり自動車の価値が上がるようになっている。加えて、テスラはソフト

※3　2020年時点。

ウェアの特徴を最大限に活かすハードウェア設計をしているため、まったく新しいハードウェアプロダクト体験を提供できている。

テスラを追従するような動きは他の自動車メーカーにも見られる。トヨタ自動車は 2020 年 3 月に NTT と業務資本提携を行い、その会見において豊田章男社長は自動車もスマートフォンに代表されるようなソフトウェアとハードウェアの分離をし、ソフトウェアを先行して開発・実装する「ソフトウェア・ファースト」を実践する必要があると述べている。

従来、自動車のフルモデルチェンジは刷新されたハードウェアに乗り換えなければならなかったが、マイナーモデルチェンジを行うとソフトウェアの更新だけで新たな価値を享受できるようになる。まさに、ソフトウェアのためのハードウェアという位置づけである。

また、ショベルカーやブルドーザーなどの工事現場用建設機械を扱う建設機械セグメントで、2019 年時点で日本では圧倒的 1 位、世界でも 2 位のマーケットシェアを誇る小松製作所は、KOMTRAX という建設機械をどこにいても管理できるソフトウェアで高い価値を顧客に提供している。

従来、建設機械は人里離れた場所で利用されることも多く、盗難や点検・修理で多大なコストと時間が事業者と顧客の双方にかかっていた。そこで各建設機械に GPS を載せ、センサーで油圧部分の情報を収集することによって、機械の場所・稼働状況・部品の消耗具合が一目瞭然となった。

その結果「この機械は 100 時間のエンジン稼働時間に対し、仕事をしたのは 70 時間しかありませんでした。30 時間無駄にエンジンをかけたので、運転手にこういう指導をしてください」や「この機械はそろそろ部品の交換が必要です」といったこれまでにない価値を顧客に提供することができるようになった。現在ではこのプラットフォームが進化し、他社製品のものであっても同社製の外づけ製品を取りつければ KOMTRAX 上で同様の情報が管理できるようになっている。

このように、自動車は買い換えないと乗り物の体験をアップデートできない、建設機械は維持管理に多大なコストがかかる、といった「これまでのハードウェアではあたり前」と思われていたところに画期的な価値をもち込んだり、ハードウェアにソフトウェアの力を取り込んで新たな体験を提供したりしていくことが、ハードウェアのプロダクトマネージャーには求められている。

AI プロダクト

AIの定義はまだ定まったものがなくいろいろな説があるが、本書では「人間の知能的な行動をコンピュータープログラムが自律的に行えるようにする一連のテクノロジー」と定義する。

現代のプロダクトにおいてAIの話を聞かない日はないほど、AIへの注目度は高い。もちろんAIは正しく使えば無類の価値をユーザーにもたらすことができ、現にそれを実現したプロダクトが差別化に成功している。

現在はAIを利用していないとしても、これからのプロダクトマネージャーは遅かれ早かれ関係する領域になるだろう。AIを使ったプロダクトを構想するとき、まずAIの技術的特徴や限界を熟知し、プロダクトにどのように適用すれば大きな価値をユーザーにもたらすことができるかを考える必要がある。あくまで解決すべきはユーザーの課題であり、AIはそのための手段であることは忘れてはならない。

加えてAIを活かすために会社がどうあるべきであるかも含めて、社内のさまざまな関係者とコミュニケーションできる存在でなければならない。AIを活用できるプロダクトには大きく次の3つの要素がある。

- 大量のユーザーの行動に関するデータが社内に存在する
- プロダクトを使うユーザーの行動や消費パターンが動的に変化する
- パーソナライズされた体験を大規模に展開する

プロダクトにおいてAIはレコメンデーション、マッチング、予測、検知などの自動化が一人ひとりのユーザーに大きな価値をもたらす。ただし、こうしたAIによる選択がもし現実の世界で間違いであった際に、その損失があまりに大きい場合はAIの利用に適していない。

ユーザーの課題をAIで解決することで本当に無類の価値を提供できるのか否かは吟味が必要である。「AIありき」で走ってしまうことが必ずしもユーザーにとってベストといえるかどうかはわからない。

15.2.1 AI プロダクトマネージャーに求められること

　プロダクトマネージャーが AI を使ってより優れた価値を提供するためには、いくつか意識すべきことがある。まずは AI を成り立たせるテクノロジーに対する理解はある程度あったほうがよい。具体的には AI を実現するための手法である教師あり学習、教師なし学習、ディープラーニングの用法とユースケース、データサイエンス、ビッグデータ基盤といったあたりは基礎である。そのうえで必要なのは、データセンスである。

　これは以下のような質問に対して適切な方針やアクションを定めることができることを指している。

　　①大量のデータをどのように集め、機械学習で使えるよう適切に整形するか？
　　②機械学習の精度とエラーによるインパクトのバランスをどのようにとるか？
　　③得られるデータに対してどのようにラベルづけやメタデータを付与するか？
　　④プライバシー法規制にどのように向き合うか？
　　⑤リアルタイムかつ大量のユーザーの反応をどのようにフィードバックとして
　　　受け取るか？

　これらにどのように応えていくかで、AI を活用するプロダクトマネージャーとしての真価が問われる。

15.2.2 AI プロダクトの成功の測定

　AI を取り入れた機能をもつプロダクトの成功は AI によってもたらしたユーザーへの価値で測定されるべきである。たとえば、AI がユーザーのほしいものを先回りして提示できたのか、ユーザー自身ではできなかった大量で複雑なことが AI のおかげで短時間に終わらせることができたのか、ユーザーがしていることが AI によってさらに効率よく高精度でできるようになったのかなど、ユーザーへの価値はプロダクトによって異なる。

　いずれにせよ、そうした価値はタスクの完了であったり、ユーザーの選択といった行動に表れたりするので、どれだけユーザーが AI と共に行動したかは成功

の要素として考えやすい。

ただし、AI プロダクトで気をつけなければならないことは倫理性である。個人が提供するデータの扱いや意思決定を AI に委ねる度合いはもちろん、ユーザーに共感を得られるレベルかどうかといった観点もある。

図表 15-3 は縦軸にヒトがマシンに対してどれだけ好意的になれるかを、横軸にマシンの能力や見た目がどれだけヒトに近づいているかを示している。ここで不気味の谷（Uncanny Valley）とよばれる領域があり、AI ロボットの能力が人間に近づくと、人はそのロボットを避ける領域があることがわかっている。

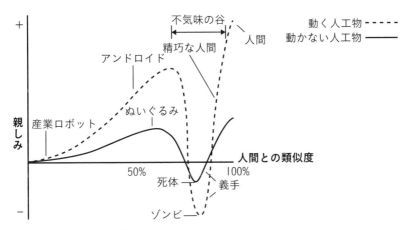

図表 15-3　不気味の谷[※4]

これと同じことは、ロボットではない AI プロダクトにもあてはまる。たとえばスマートスピーカーに話しかけて、音楽を再生するところまでは便利だろうが、家庭内で喧嘩が始まったときに急に悲しげな曲がかかり始めたらユーザーはどう思うだろうか。こうした気持ち悪さは時代とともに感じ方は変わるかもしれないが、少なくともプロダクトマネージャーとしてはどこまでが「AI やデータを収集、利用することによる価値」でどこからが「やりすぎ」なのか、その判断を間違えてしまうとプロダクトの成功はおぼつかない。

※4　https://icog.group.shef.ac.uk/trusting-the-uncanny-valley-exploring-the-relationship-between-ai-mental-state-ascriptions-and-trust/

PART

プロダクトマネージャーと
組織の成長

Chapter 16 プロダクトマネジメントと組織

Chapter 17 プロダクトマネージャーのスキルの
　　　　　　伸ばし方

Chapter 18 プロダクトマネージャーのキャリア

Chapter 16

プロダクトマネジメントと組織

 16.1 プロダクトマネジメントを組織に導入する方法

　もしプロダクトマネージャーやプロダクトマネジメントという概念自体が根づいていない組織に所属しているとしたら、どのように働きかけるとよいだろうか。

　いきなりプロダクトマネジメントの必要性を伝えたり、プロダクトマネージャーを置くべきであるという提言をしたりしたとしても、共感を得ることは難しいかもしれない。そのようなときは、プロダクトマネージャーがいないことによって起きている課題に目を向け、共通の課題認識をもつことから始めるとよい。現状の課題を挙げ、周囲を巻き込んでその原因を考えてみよう。プロダクトマネージャーを置くことはあくまでも手段である。ある手段を取ることを組織として決めるには、目的を明確にすることが必要であり、その目的は現状の課題の解決につながっていなければならない。そのため、まずは現状の課題の共有が前提となる。

　現状の課題の中に「プロダクトの成功にコミットしている人の不在」が出てきたら、それを足がかりにプロダクトマネジメントの必要性について組織内で啓蒙を始めるとよい。プロダクトマネジメントの不在に起因すると思われる課題が出てこない場合には、問題を浮かび上がらせるために以下のような質問を投げかけてみるとよい。

「私たちのプロダクトには、大義とそれに基づく方針はありますか?」

「私たちは方針に従って的確な、時として厳しい意思決定をしていますか?」

「プロダクトは誰のどのような課題を解決し、誰にどのような価値を届けようと

しているかなど、関係者全員が共通の目標をいえるでしょうか？」

　これらはプロダクトを成功に導く重要な要素を問う質問である。もし、関係者が明確に回答できなければ、これらの要素を満たす存在であるプロダクトマネジメントの必要性を訴えるとよい。

　プロダクトマネジメントの重要性まで伝わったなら、プロダクトマネジメントの土壌となる文化を組織に根づかせるようにしてみる。プロダクトの重要性やプロダクトづくりのことを解説した書籍などを全員で課題図書として読み、いま組織に必要な考え方などを学びたい。

　プロダクトマネジメントで模範となるような取り組みをしている企業の方に講演に来てもらいアドバイスを受けるなど、組織外からの知見を活かすのもよい。

　他にもいろいろな取り組みが考えられるが、最初は自分の上司や周りの同僚から巻き込んでいきたい。身近なところから仲間づくりを始め、それを徐々に広げていく。なかなか理解を得られないことがあるかもしれないが、諦めずに現状の問題点の共有から始め、その解決を模索するとよい。

　一方、組織のトップに直接啓蒙する方法も有効である。ただし、現場レベルの課題をトップに挙げられる手段が確立されていたり、それが奨励されていたりすることが前提となる。トップに直訴してプロダクトマネジメントやプロダクトマネージャーの存在の重要性が認められたとしても、身近なところでの仲間づくりは不可欠となる。現状の課題認識がうまくいかない場合は、現場に立ち返るとよい。ユーザーの声を聞くなどして、ユーザーをつねに意思決定の中心に置くようにすることもおすすめしたい。

16.2　プロダクト志向組織への移行ステップ

　プロダクトマネジメントが定着し、成果を出している組織はプロダクト志向であると述べた。プロダクトマネージャーだけでなく、エンジニアやマーケター、営業などプロダクトに関わるメンバー全員がプロダクトの価値を理解し、プロダクトの成功であるビジョンの達成、ユーザー価値と事業収益の向上に邁進してい

る。それぞれの職種の役割を理解し、職務を全うすることに努力している。分業を極めることではなく、全員が互いの職務へと越境することもありながら、最後は自分の立ち位置を理解している。

　営業は事業収益だけでなく、ユーザー価値の重要性を理解することに加えて、自らもそのために何ができるかを考える。逆に、エンジニアはユーザー価値だけでなく、その先に事業収益を向上させる手立てを考える。このような組織がプロダクト志向組織である。

　プロダクトマネージャーが存在しない組織からプロダクト志向組織への移行は一夜にしてできることではない。全社的な動きになるため、いくつかのステップが必要となる。その際に有効なABCDEフレームワークを紹介する。ABCDEフレームワークは以下の単語の頭文字をとっており、それぞれに組織としてどんなステップを踏むべきかを示したものである（図表16-1、16-2）。

　初めて社内にプロダクトマネージャーを導入する場合には、小さなプロジェクトの単位で始めるのがよい。1人のプロダクトマネージャーに対して、1〜3人のエンジニアからなるチームでもよい。小さなプロジェクトであったとしても、プロダクトマネージャーが意思決定者となる体制にしておくことが重要である。まずは仮説検証サイクルをテンポよく回し、どのようにプロダクトが進化していくか

図表 16-1　ABCDE フレームワークの各ステップ

ステップ	概　要
Awareness （認知）	組織の意思決定層にプロダクト志向の必要性を認知してもらう
Belief （信念）	小さな単位でプロダクトマネジメントを導入し、最初から終わりまで任せる組織の意思決定層にプロダクト志向の必要性を理解してもらう。組織の意志決定層にプロダクトマネジメントおよびプロダクト志向の重要性を理解してもらい、その推進者を信用してもらう
Commitment （コミットメント）	「プロダクトチーム」の立ち上げに必要な人をアサインする。限定的なスコープを対象とする。組織がプロダクト志向に移行することにコミットメントする
Diffusion （拡散）	プロダクトチームの担当領域を拡大したり、プロダクトチームを増やしたりする。組織がプロダクト志向を拡散、伝播させていく
Embeddedness （組込み）	プロダクト志向を組織のすみずみに行き渡らせる。組織がプロダクト志向を組み込む

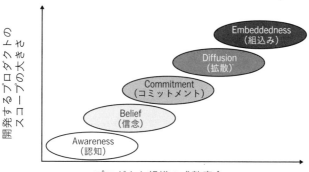

図表 16-2　ABCDE フレームワークの流れ

を目のあたりにすることで、プロダクト志向の魅力に気づけるはずである。そこにデザイナーやデータサイエンティストが加わりプロダクトチームが拡大していくと、さらにプロダクトの進化が洗練されていく。

　プロダクトマネジメントの第一歩を踏み出したからといって、過度な期待は禁物である。失敗から学び続ける姿勢こそが大事なのであり、どんなに優れたプロダクトマネージャーであっても、試みすべてが百発百中であることはない。それ以上に、プロダクトマネージャーが果敢にしかけることで、企業が継続的に投資するにあたってもっとも筋のよい打ち手を学び、導き出すことに価値がある。

(16.2.1)　プロダクトの 4 階層をつくる

　PART Ⅱ や PART Ⅲ で述べたような検討を重ねてプロダクトをつくることができたならば、プロダクトマネジメントの土壌ができたといえる。つまり、プロダクトの Core、Why、What、How の 4 階層を固めることが、プロダクト志向組織への第一歩である。プロダクトの 4 階層を考える際は、階層の上にあるプロダクトの Core から考えるのがスムーズに思えるが、すでにプロダクトがあるときにビジョンやミッションのような本質的なところから検討を始めると議論が発散してしまうことがある。もちろん、プロダクトのミッションやビジョンを定めることは非常に重要であり大きな効果が見込まれるが、プロダクトマネジメントを始めたばかりのチームには少し難易度が高い。

そういった組織では、プロダクトのWhyから開始するのがもっとも取りかかりやすい。具体的にはリーンキャンバスの課題とカスタマーセグメントの検討である。プロダクトチームで、プロダクトのユーザーとなる人物像はどのような人であるかを議論して、チーム全員が同じユーザーを念頭においてプロダクトづくりができる状態を整える。プロダクトチームで明確にペルソナやターゲットとするセグメントを共有していない場合、「プロダクトのユーザーはどんな人であるか」という問いは議論が発散する可能性もあるが、プロダクトチームの各メンバーが大切にしたいと考えているユーザー像を互いに理解し合うことは、チームビルディングの効果もある。

ユーザーだけではなく、自社の強みと弱みを客観的に分析して「なぜ自社がするのか」についても明らかにしておくとよい。プロダクトを長く続けていると自社の特徴や市場の特徴を当然に思えてしまうこともある。他社にまねされずに自社だからこそできる強みを再認識することも、プロダクトの方針を強めてくれる。

また、最初から完璧なものをつくることを目指してはいけない。プロダクトのWhyを完璧につくることではなく、プロダクトのWhyの検討で得たものをもとに、プロダクトのCoreやWhatのFitとRefineを確認して広い視野をもつことを優先してほしい。プロダクトの4階層の中を行ったり来たりすることを繰り返して、徐々にプロダクト全体を完成させていきたい。

16.3 ジョブディスクリプションにより責任範囲を明確にする

プロダクトマネージャーは、プロダクトマネージャーとして独立した職能の組織（プロダクト組織やプロダクトマネジメント組織などとよばれる）に所属する場合と、事業主体の組織に所属する場合がある。これは組織が機能型組織であるか事業主体型組織であるかによって決まる。

いずれの組織構造であっても、プロダクトマネージャーは確立した職種として採用・育成され、評価されることが理想である。採用、育成、評価は人材戦略の要であり、その軸となるのがジョブディスクリプションである。

ジョブディスクリプションとは日本語では職務記述書ともよばれ、特定の職種

に求められる職務が説明されたものである。職務を遂行するために必要な能力や条件なども付帯し、主に人材の採用に利用される。一般的には募集要項の内容として馴染みがあるものである。

　ジョブディスクリプションは、日本では単なる募集に利用されるのみであるが、欧米では企業と従業員間での職務内容と賃金に関する契約書であるとみなされている。ジョブディスクリプションに記載されている責務を果たすことが従業員の務めであり、企業がプロダクトマネージャーに期待している役割もそこに記載されているのが本来のあり方である。

　このように、ジョブディスクリプションはその組織において望まれるプロダクトマネージャー像を示したものとなるため、採用のみならず人材育成の目標、さらにはその育成を支援するための評価にも使われる。

　ジョブディスクリプションは企業の求人情報として公開されているため、プロダクトマネージャーを募集している企業の採用ページを覗くと、各社のプロダクトマネージャーのジョブディスクリプションを見ることができる。

　インターネットでプロダクトマネージャーという職種を検索してみるとわかるが、各社のジョブディスクリプションには共通点もあるものの、相違点も多い。同じプロダクトマネージャーという名称であっても、期待される役割は企業によって異なる。

　たとえば、プロダクトマネージャーに技術的にも高いスキルを求める企業もあれば、事業責任者に近い役割を期待する企業もある。前者で有名な企業はFacebookである。採用時にコーディングスキルを確認され、入社後のトレーニングでも実際にプロダクトのコードを修正するブートキャンプに同じタイミングで入社したエンジニアとともに参加する。後者の例としては、AmazonのEC部門がある。技術領域については、プロダクトマネージャーとともにテクニカルプログラムマネージャーという職種のメンバーが担当するようになっているため、技術面よりも事業面での職務が中心となる。他にも、各社のジョブディスクリプションを見ると、さまざまな特徴があることがわかる。

　このように、プロダクトマネージャーという職種を自社で確立していくためには、他社のジョブディスクリプションなどを参考にしつつ、自社のジョブディスクリプションを設定することが有用である。

PART I
PART II
PART III
PART IV
PART V
PART VI

Chapter 17

プロダクトマネージャーの
スキルの伸ばし方

17.1 プロダクトマネージャーに なるための方法

17.1.1 立ち位置を決める

　プロダクトマネージャーになる方法は1つではない。プロダクトマネージャーには多様なスキルが求められ、最初からそれらすべてを兼ね備えた人もいない。ではどのようにプロダクトマネージャーのキャリアを始めることができるかを概観しよう。2.1節でプロダクトマネージャーに必要な3つの領域として、ビジネス、UX、テクノロジーを挙げた（図表2-2）。

　3つの領域のうち、まずは自分が自信がもてる領域、もしくはしっかりとした実績がある領域をつくろう。エンジニアであればテクノロジーであるし、営業・マーケティング・ビジネス開発職であればビジネス、デザイナーであればUXといったように、立ち位置を決めることから始めたい。自らが拠って立つ領域を1つ決めたうえで残り2つの領域のうち自分にとって興味がある、もしくは取りかかりやすい領域へと広げていこう。PART VIにこれら領域の最初の足がかりとなる基礎知識を整理しているので合わせて読んでほしい。

17.1.2 自分なりのプロダクトマネージャー像 を組み立てる

　これからプロダクトマネージャーを目指すなら、自らの立ち位置を決め不足し

ている領域を補うことを続ける中で、社内にプロダクトマネージャーがいればぜ
ひ話しかけてみよう。いまどんなことを考えていて、何が問題で、それにどのよ
うにアプローチしているのかといった思考プロセスを追体験してみてほしい。自
分も同じ状況だと想像して何が違い、何が足りないのかが見えてくる。

　社内にプロダクトマネージャーがいなくても心配することはない。日本国内・
国外を問わず、またさまざまな業種・業界にたくさんのプロダクトマネージャー
がいる。情報発信をしている人たちにコンタクトしてみたり、セミナーに参加し
たりすることでより多くの気づきを得ることができる。プロダクトマネージャー
をしている人たちから生の情報を得て、自分なりのプロダクトマネージャー像を
逐次更新していってほしい。17.2節「プロダクトマネージャーとしてのスキルの
育て方」も合わせて読むと、自分のスキルを伸ばすより効果的な方法が摑めるは
ずである。

(17.1.3) プロダクトマネージャーの1日

　プロダクトマネージャーの仕事のイメージを摑むために、1日のタイムスケジュ
ールを紹介する。図表 17-1 に BtoC プロダクトを担当するプロダクトマネージャ
ーのある1日を示す。多くの会議をこなしながら、ステークホルダーの意見をま
とめ、プロダクトチームを率いていくことがメインの仕事となる。会議の時間が
多い印象があるが、プロダクトに必要な調査やドキュメント作成もこなしている。

図表 17-1　BtoC プロダクトを担当するプロダクトマネージャーの1日

時　間	行　動
8:00	起床
8:30	朝食
9:00	朝のニュースチェックや Slack のキャッチアップ
9:30	
10:00	KPI モニタリング、プロダクトの What に関するドキュメントワーク（PRD など）、
10:30	AB テスト計画
11:00	上司と 1on1
11:30	チーム定例

12:00	昼食（仕事から離れる時間）
12:30	
13:00	デザイナーと進行中の UI ／ UX 案についてミーティング。ラフスケッチな状態から、画面モックアップとなって動く姿を見るとやはりわくわくする
13:30	PM チームとロードマップに関する議論。向こう 12 ヶ月のマクロ環境や社会的イベント、ユーザーを取り巻く環境のさまざまなシナリオを考えつつ、ユーザーにもっとも価値がありそうな方向を見定める
14:00	
14:30	休憩をはさみつつ、プロダクトの Why のための調査、プロダクトの What や How を伝えるためのプレゼンテーション作成、ミーティングの準備など
15:00	
15:30	AB テストのレビューミーティング。あまり施策の効果が見えないようなので、別案を考えるための仮説をデータサイエンティストと議論
16:00	スプリントレビューミーティング (担当チーム１)
16:30	カスタマーサポートチームとミーティング。先日リリースした機能について、ユーザーの賛否が分かれているようなので、次の手をどう考えるか腕の見せどころ
17:00	新規施策についてステークホルダーとミーティング。各ステークホルダーの視点を抜きに成功はおぼつかない。目指すべき方向に抜け漏れがないかを遠慮なく指摘してもらう
17:30	エンジニアと現在進行中のテストについてミーティング。思ったよりパフォーマンスが上がっていないことに対し、対応オプションを選ぶ
18:00	休憩・プライベートタイム・仕事のキャッチアップ
18:30	スプリントレビューミーティング（担当チーム２）
19:00	夕食
19:30	
20:00	海外にいるチームメンバーと 1on1
20:30	
21:00	仕事から離れる時間・プライベートタイム
21:30	
22:00	
22:30	自己学習タイム（オンラインコースや海外のオンラインセミナー受講、語学学習、読書、国内や海外のアプリ比較など）
23:00	
23:30	
0:00	就寝

次に BtoB スタートアップ企業のプロダクトマネージャーのある1日を図表 17-2 に示す。BtoC のプロダクトマネージャーに比べて、営業チームとのコミュニケーションを多く取ることで、ユーザー価値を最大化することを目指している。

図表 17-2　BtoB スタートアップ企業のプロダクトマネージャーの1日

時　間	行　動
8:00	起床
8:30	朝食
9:00	朝のニュースチェックや Slack でのキャッチアップ
9:30	スプリントレビューミーティング
10:00	営業チームと見込み客の獲得方法に関するミーティング。競合企業の営業が話している営業トークに対するよいカウンターメッセージを発案
10:30	ドキュメントの作成、プロダクトの Why に関する調査、ミーティングの準備など
11:00 11:30	カスタマーサポートチームと、既存顧客からの技術的問題に関するエスカレーション対応。顧客が何に苦しんでいるかを理解できるよい機会となる
12:00 12:30	昼食（仕事から離れる時間）
13:00	営業チームと販売チャネル拡大のための施策に関するミーティング。ロードマップとの兼ね合いで次期プロダクトリリースとからめられれば大きく広がりそうな手ごたえ
13:30	マーケティングチームと新規プロダクトのローンチに関するマーケティング施策に関するミーティング。ホワイトペーパーに何をどこまで書くか、その内容や打ち出せるメッセージについて意識合わせ
14:00 14:30	KPI モニタリング、プロダクトの What に関するドキュメントワーク(PRD など)・調査、AB テスト計画
15:00	営業チームに同行し、潜在顧客へのインタビュー。なぜ自社ではなく他社製品を使っているのか、その裏にはどんな課題を抱えているのか、その要因を探りたい
15:30	営業チームに同行し、見込み顧客へプロダクトロードマップについての説明。ロードマップへのフィードバックから顧客が向こう 12 〜 18 ヶ月で何を目指しているかを具体的に知れるよい機会
16:00 16:30	顧客へのヒアリングをもとに、次期プロダクト施策のアイデア発想
17:00	休憩・プライベートタイム・仕事のキャッチアップ

17:30	デザイナーと現在進行中のプロトタイプに関する議論
18:00	
18:30	ファイナンスチームと新規プロダクトのプライシングに関する議論
19:00	夕食
19:30	
20:00	仕事から離れる時間・プライベートタイム
20:30	
21:00	
21:30	
22:00	自己学習タイム（オンラインコースや海外のオンラインセミナー受講、語学学習、読書、競合プロダクトのユーザーコミュニティを眺めるなど）
22:30	
23:00	
23:30	
0:00	就寝

17.1.4 プロダクトマネージャーへのステップを踏み出す

　プロダクトマネージャーになるためのステップは社内にプロダクトマネージャーがいるか、いないかで方法が分かれる。

　身近にプロダクトマネージャーがいる場合、何か手伝いはできないかを申し出てみるのは1つの手である。会社によっては認められないかもしれないし、自分にとって業績評価の対象になる仕事ではないかもしれない。しかし、プロダクトマネージャーという職務は実際に体験してみないとわからないところも多い。苦労は買ってでもしろといったものだが、プロダクトマネージャーの近くで少しでも働けることは大きな知見を与えてくれるはずである。

　身近にプロダクトマネージャーがいない場合、自分で何かプロダクトをつくってみることが1つの手である。社内における新規事業とまではいかなくても、自分個人のプロジェクトとして小さく試してみるのはよい体験になる。もしくはプロダクトマネージャーがいる環境を探してみたり、転職を狙ったりするのも1つ

の方法といえる。ただし、ある程度の準備やプロダクトマネージャーとしての思考訓練を積んでおこう。たとえば気になるアプリをダウンロードして使ってみて、自分がプロダクトマネージャーになったつもりで思考を巡らせてみる。そのアプリはどんなユーザーを対象としているか、何が実現できるのか、どのように収益化しているか？　使っていておかしいと思うところはどこか？　なぜ特定の画面だけロードが遅いのか？　アプリをさらに進化させるにはどうすればよいだろうか？　あらゆる角度で自問自答してみる。こうした思考実験はプロダクトマネージャーとしての思考力を鍛えてくれる。

（17.2）プロダクトマネージャーとしての スキルの育て方

　プロダクトマネージャーに求められるものが非常に多岐にわたる中、何から手をつけて、どのようにスキルを伸ばしていけばよいかについて解説する。

（17.2.1）「土壌」を選ぶ

　プロダクトマネージャーとして活躍したいのなら、まずは自分が興味ある分野を選ぶべきである。植物と土壌が合っていなければうまく育たないのと同じように、プロダクトマネージャーとして根を張り、幹や枝葉を育てていくためにも、広く深く学んでいくことが苦痛にはならない分野を選びたい。興味がある分野を選ぶにあたってビジネス形態、UX、技術要素の3つのスコープがある（図表17-3）。どれから始めてもよいし、組み合わせて考えてもよい。14.3節「未知のビジネスドメインを学ぶ方法」やPART VIを参考にしつつ、自分の興味の対象を見つけてほしい。

　現在在籍中の企業でプロダクトマネージャーを目指す場合であっても、これから新たに参画する企業のプロダクトマネージャーを目指す場合であっても、興味ある分野を選択できるかどうかがスキルの成長度合いに影響してくる。

図表 17-3　プロダクトマネージャーの土俵の例

ビジネス形態	UX	技術要素
BtoB	SaaS 系	ウェブ
BtoC	モバイルアプリ系	モバイル
CtoC	消費者向けハードウェア系	AI
	ビジネス用途ハードウェア系	IoT

(17.2.2) スキルを育てるために必要な好奇心の3軸

　植物を生育するには水と土壌と日光の3要素が必要なように、選んだ分野で自分のスキルを伸ばしていくためにも3つの要素が必要である。これを「好奇心の3軸」とよび、次のように表すことができる

　好奇心の3軸 ＝ 好奇心の強さ× 好奇心の広さ× 好奇心の深さ

　好奇心の強さとは、自分が選択した分野に興味を抱いている度合いである。これが強いほど前のめりの姿勢になることができるので、たくさんの知識や経験を短期間に獲得することができる。

　好奇心の広さとは、特定の分野に加えて隣接する分野や応用範囲、さまざまなユースケースやユーザーに対する感度などプロダクトマネージャーとして必要な視野の広さに関わることである。たとえば音楽に興味があるプロダクトマネージャーの場合、さまざまなアーティストの音楽配信に関する仕事では喜々としてプロダクト開発にあたれるものの、アーティストとレーベル会社の間のライセンスなど法務的な部分はまったくわからないようではプロダクトマネージャーとして不十分である。わからないことがあっても興味をもって学べる姿勢でありたい。

　好奇心の深さとは、特定の分野について適切に深掘りすることを厭わないことである。プロダクトマネージャーは多様な知識を必要とする一方、ステークホルダーと議論し、意思決定をするためには表面的な知識だけではなく、適度な深さも要求される。

→ 17.3 プロダクトマネージャーに求められる知識の適度な深さとは

PART I

PART II

PART III

PART IV

PART V

PART VI

17.2.3 プロダクトマネージャーと人材モデル

(1) I型、T型、π型の人材モデル

　ビジネスパーソンがスキルを獲得していく様子は、図表17-4のように欧文の字形にあてはめられて語られることが多い。I型とは特定の分野に非常に精通したプロフェッショナルもしくは専門職であることを示している。T型とは1つの専門性をもちつつ隣接分野に対する一定の造詣がある状態を指す。これらの発展型はπ型となり、T型にさらにもう1つの専門性が付加されることを表している。どれも企業において必要な人材であり、それぞれの型に求められるものは違う。しかし、プロダクトマネージャーを目指したい人、プロダクトマネージャーとしてさらに成長したい人はπ型からさらに発展した型を追求したい。

図表 17-4　I型、T型、π型の人材モデル

(2) プロダクトマネージャーはW型の人材モデル

　プロダクトマネージャーの人材モデルはW型である（図表17-5）。プロダクトマネージャーはさまざまな知識やスキルを知り視野を広くもつことがつねに求められるが、これがWの上部に相当する。音楽好きのプロダクトマネージャーの場合は、どんな楽曲が流行っているかだけでなく、その裏にある業界構造や著作権の扱い、配信技術や収益を上げるビジネスモデルなどプロダクトをつくるために必要な知識は多岐にわたるので、これらへの目配りも必須となる。

　プロダクトマネージャーは担当プロダクトの領域のみならず、その隣接領域での知識やスキルに対する適度な深掘りも求められる。これがWの上下に伸びている部分に相当する。表面的に知っているだけではステークホルダーとの会話もま

図表 17-5　W型の人材モデル

まならない。

　プロダクトマネージャーはさまざまな知識とスキルをある程度の深さまでもつと、知見や見識の交点から新たな洞察を生むことができる。これがWの真ん中の交点と下部に相当する。たとえばエンジニアとの議論でユーザーの観点でフィードバックをしたり、デザイナーとの会話でビジネスの観点でコメントをしたりするといったことである。異分野とのかけ合わせから新たな気づきを得ることも求められている。

　上記の型と照らし合わせて、いま自分はどの部分の努力をしているのかを把握するために仕事を見直してみてほしい。

プロダクトマネージャーに 求められる知識の適度な深さとは

17.3.1 プロダクトマネージャーは知的総合格闘家

　プロダクトマネージャーの知識には、適度な深さが求められると先ほど述べた。まず理解しておきたいことは、プロダクトマネージャーは特定分野の研究者や専門家ではないということである。適度な深さが求められるとはいっても、研究論文を書くこともなければ、実験室にこもって実験をするわけでもない。PART Ⅰで述べたようにプロダクトマネージャーが6つのスキルである発想力、計画力、実行力、仮説検証力、リスク管理力、チーム構築力が必要な理由は、プロダクトを成功させる仕事が知的な総合格闘技だからである。特定の技が抜きん出ているだけで務まる仕事ではないので、深掘りするレベルや対象を間違えてはいけない。ここでいう「総合」とは、6つのスキルを使いこなして誰よりもユーザーのことを

理解し、解決しようとしている問題を多面的に語れ、形に落とし込んでユーザーに届けられることを意味する。なぜユーザーはその問題を抱えているのか？　その背景にはどんなビジネス・文化・社会的背景があるのか？　どんな解決策がふさわしいか？　その解決策はどのくらいビジネスとして成り立つのか？　こうしたプロダクトに関するさまざまな問いに対し、自分なりの答えや仮説をもって6つのスキルや知識を駆使できることが求められる。

(17.3.2) 知識の深さをチェックする3つの視点

　どんな分野でもかまわないが、自分が特定のドメインのエキスパートと議論する場面に遭遇したとする。特定ドメインのエキスパートとはソフトウェアエンジニアやデザイナー、データサイエンティストやセールス、カスタマーサポートなどプロダクトマネージャーからすれば何らかのステークホルダーにあたる人々である。こうした人々と議論するときに、次の3点ができていればプロダクトマネージャーとして自分の知識の深さは及第点と考えてよい。

　①発言内容がわかる

　②質問ができる

　③コメントから視点を広げられる

　まずはそのドメインで使われる用語や基礎的なプロセスなどがわからなければそもそも相手の発言が理解できない。仮に発言内容がわかったとしても、質問して不明点を明らかにできなければプロダクトマネージャーとして判断を間違えてしまう。質問をして相手の発言内容がしっかり理解できたとしても、そこから視点を広げられるようになってほしい。プロダクトマネージャーは答えのない問題を解き続けることになるので、視点は広ければ広いほど無駄のない解き方ができる可能性も生まれる。上記3点のチェックポイントを通じて自らの知識の深さを認識し、プロダクトマネージャーとしての学びを深めてほしい。

　また、プロダクトマネージャーに必要な6つのスキルに関しては、「知っている」「知らない」という知識の深さの測り方とは異なる見方をする必要がある。6つのスキルはさまざまな場面で使いこなさなければならないので、何か1つができればよいというものではない。各々のスキルがどのように組み合わさるかをプ

ロダクトマネージャーの実際のタスクを例に挙げてみよう。

　定量・定性データを見て課題を見つけたい場合は仮説検証力、発想力に加え、データの解釈はプロダクトマネージャー1人で行うよりもデータサイエンティストやデザイナー、エンジニアと協働して行うこともある。そのためチーム構築力も必要になる。

　次の四半期に何をつくるかを考える場合は短期的にすべきことを考えるだけでなく、中長期の視点ももつ必要がある。先々の時間軸の中でプロダクトチームのメンバーらとどんな施策を行っていくことが事業収益やユーザー価値につながるかに答えを出さなければならないからである。つまりロードマップをつくることでもあり、仮説検証力、発想力、計画力はとくに求められる。

　自分が手がけたプロダクトが原因で障害が発生した場合は起こってしまったことを隠すのではなく、しかるべきステークホルダーに適切な報告と対処法を伝え、チームとしてどのようにダメージコントロールを行うかも大切な仕事である。実行力、リスク管理力、チーム構築力はとくに求められる。

　このように、プロダクトマネージャーの6つのスキルはそれぞれ互いに密接に絡んでおり、プロダクトマネージャーが直面する個々の場面で適切に使い分ける必要がある。

　6つのスキルが使いこなせているか、その深さはどの程度かを知るためには、プロダクトマネージャーとして自分がいつもどのような場面で苦労するかを考えてみよう。苦労は6つのスキルのどこを深めることで解消されていくかを考えることで次にやるべきことが見えてくるはずである。

17.4 知識やスキルをアップデートする方法

　プロダクトマネージャーとして継続的に知識やスキルを広め、深めていくことは日常のことだといってよい。これらは一度身につけておしまいというものではなく、恒常的にアップデートが必要なものである。ただし世の中にあまたある知識を効率よく学び、獲得していくかにはある種のやり方がある。ここではドメイ

ン知識を例に以下の方法をおすすめしたい。この方法はドメイン知識にかかわらず他の知識を獲得するのにも有用なので、目的に合わせて応用してほしい。

- SNS を使う（たとえばツイッター）
    - 業界のリーディングカンパニーをフォローする
    - 業界のキーマンをフォローする
    - 業界に強い VC をフォローする
    - 検索する
    - マーケティング・リサーチファームのレポートを読む
- 業界情報を読む
    - キーワードで "<自分の知りたいプロダクト名> review"（英語の場合）、"<自分の知りたいプロダクト名> 口コミ" または "<自分の知りたいプロダクト名> 評判" で検索する
    - craft.co を使う（US 系スタートアップ企業の場合）
    - SPEEDA を使う
    - 業界新聞や業界特化サイトを読む
    - 公開企業であれば財務諸表を読み、同業他社と比較する
- 他の業界を学ぶ
    自分がいる業界だけではなく、隣接業界やまったく異なる業界を知ることも新たな気づきを得るヒントになる。
- 足で稼ぐ
- 業務を体験する
    自分が初めて触れる業界の業務を体験することが非常に有効である。現場に入ってみて初めてわかる各スタッフの業務プロセスやそのときの感情など、よりリアルに理解することができる。営業と一緒に客先を回ってみたり、カスタマーサポートの 1 日体験をしてみたりすることが考えられる。
- 業界イベントに参加する
- ミートアップに参加する
- VC 主催のイベントに参加する
- 業界経験者、その道のプロとのネットワーキング
- 入門講座を受ける、入門書を読む（知識体系の概観を掴む）

弁護士や医者といった士業に匹敵する水準の知識が必要な場合、少なくともそういった相手と話ができるレベルになるために、幅の広さを優先して勉強することをおすすめする。知識には樹形図のようなつながりと広がりがある。まずは大きな幹と太い枝を形づくる原理原則をおさえたい。オンラインの入門講座や入門書から取り組んだうえで、自分のプロダクトに深く関係する領域を追求していきたい。

17.5 W 型モデルで自分のスキルをマッピングしてみよう

　プロダクトマネージャーの人材モデルである W 型と 6 つのスキルを重ね合わせると、図表 17-6 のように表現することができる。
　W の上部に 6 つのスキルを並べている。この並び方に決まりはないが大事なことは以下の 3 点である。
・自分がもち合わせていないスキルはあるか？
・スキル単体として十分な深さに至っているか？
・多様なスキルを組み合わせて価値を出せているか？

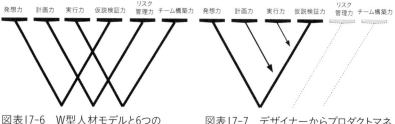

図表17-6　W型人材モデルと6つの　　　　図表17-7　デザイナーからプロダクトマネ
　　　　　　スキルの重ね合わせ　　　　　　　　　　ージャーを目指す人の場合

　たとえばデザイナーからプロダクトマネージャーを目指す人のスキル構成が、図表 17-7 であったと仮定しよう。デザイナーとして発想力はあり、インタビューなどを通した仮説検証力も備わっている。プロダクトの UI と UX を適切に計画し、実装に落とし込める計画力と実行力もある程度はある。ただしビジネス的なリスクを管理したり、チームをゼロから自分で構築したりした経験はない。この場合、リスク管理力とチーム構築力はその人にとってのスキルを上げるための

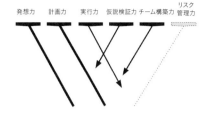

図表17-8　経験を積み始めた人の場合

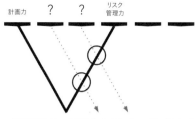

図表17-9　経験をすでにもっている人の場合

機会となる。計画力や実行力もチームを率いるためステークホルダーを巻き込むという視点では、まだまだレベルアップが必要であることが見えてくる。

　プロダクトマネージャーとして経験を積み始めた人の場合、図表17-8のように表せたとする。プロダクトに対してさまざまなアイデアが思い浮かび、それを計画に落とすことは非常に得意である。しかしアイデアはアイデアでしかなく、それが本当にユーザーに必要とされるのか、ビジネスとして成り立つのかを定性的・定量的に仮説検証する必要がある。そのアイデアがビジネス的にどのようなリスクをはらんでいるかにも精通する必要がある。先に述べた通り、スキルの並びに決まりはないので、並び替えてみることで自分に何が足りていないか、どこを伸ばせばよいかの見通しがつきやすくなるであろう。

　プロジェクトマネジメントの経験のあるプロダクトマネージャーの場合、図表17-9のように計画力とリスク管理力がすでにあるとしよう。残り4つのスキルのうちとくに何を伸ばすことで価値の高いプロダクトマネージャーとなることができるだろうか？　自分がもっているスキルとの価値ある「交点」を生み出す組合せを考えてみよう。

　W型モデルはプロダクトマネージャーとして伸ばすべきスキルのうち、何が足りていて何が足りないかを認識するツールであるため、人事評価のためのツールではないことには注意しておきたい。6つのスキルを個別に「もっている」「もっていない」だけではプロダクトマネージャーとしての評価は十分ではない。6つのスキルをさまざまな局面で組み合わせて使いこなし、最終的に事業収益やユーザー価値の向上につなげられることができて初めてそのスキルが血肉化しているといえる。そのためには、W型モデルの6つのスキルの深さと交点の組合せをどれ

だけつくれるかが重要になってくる。

　本書を読み返す機会があれば、W型モデルのことを頭の片隅に意識しながら読み返していくと、どこのスキルをより伸ばせばよいかが見えてくるに違いない。また、初めて読んだときと時間をおいて読んだときに受ける印象の違いを確かめてほしい。最初は難しく感じたところも、経験とともに深い納得や新たな気づきが得られるかもしれない。それは皆さんの中にW型モデルの新たな交点が形成されている証拠であり、何よりもプロダクトマネージャーとして成長している証しといえる。

(17.5.1) プロダクトマネジメント組織の成長

　プロダクトマネジメント組織の成長はすでに述べた組織文化の醸成などを前提としたうえで、ここではとくにプロダクトマネージャーの採用と育成、および双方に必要となる評価について解説する。

(1) プロダクトマネージャーの採用

　プロダクトマネージャーの採用は、組織にどのようなプロダクトマネージャーが必要かを明確にすることから始まる。

　PART IVで触れたようにプロダクトの $0 \rightarrow 1$ のステージではイノベーター系プロダクトマネージャー、$1 \rightarrow 10$ のステージではグロース系プロダクトマネージャーのふるまいが求められる。担当するプロダクトがステージの垣根を越える場合には、いずれかのステージが得意であったり、経験が豊富であったりすることが望ましい。

　具体的には、組織の人材ポートフォリオを作成し、組織内でのプロダクトマネージャーに求められる6つのスキルの適用範囲とそのレベルの両面から組織に不足しているスキルを洗い出す（図表17-10）。その後、プロダクトマネジメント組織に足りないものを補完するようなスキルセットを定義し、そのポジション用のジョブディスクリプションをつくる。

　採用において重要となるのが、マーケティングである。ジョブディスクリプションにマッチする人材に、自社のプロダクトマネージャーのポジションを認知し

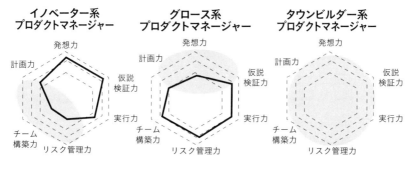

イノベーター系
プロダクトマネージャー

グロース系
プロダクトマネージャー

タウンビルダー系
プロダクトマネージャー

現状：1人　理想：2人　　現状：2人　理想：3人　　現状：0人　理想：2人

※実線が現状、網かけ領域がプロダクトマネジメント組織の不足部分

図表 17-10　プロダクトマネジメント組織の人材ポートフォリオ例

てもらう必要がある。採用は人事の職務の中でも、むしろマーケティングや営業に近いといわれることがあるが、それは自社の商品を売る代わりに自社のポジションを売っているからである。自社のポジションを魅力的にする過程で、組織の課題に気づくこともあるだろう。よい機会なので、プロダクトマネジメント組織としての魅力を高めるようにしたい。

　応募を締め切ったあとは面接となり、プロダクトマネージャーのスキルや素養の確認をすることが一般的である。プロダクトマネージャーのスキルの確認としてよく問われるのが、自分の好きなプロダクトとその理由を述べてもらったり、架空のプロダクトの担当者となって企画を進めてもらったりするものがある。どちらもユーザー理解や課題と解決策、プロダクトとしての成功の定義など、プロダクトマネージャーとして仕事を進めるうえで必要な要素が含まれている。

　エンジニアとの会話で必要となるソフトウェア技術の有無を確認するには、一般的なソフトウェアについての挙動などを聞くこともある。たとえば、技術的なスキルを問うためには、ウェブブラウザを立ち上げアドレスバーにサイト名を入力しそのサイトがブラウザ内に表示されるまでに、技術的には何が起きているのかを説明してもらうといったことがある。

　その他には、ビジョンやミッションなどのプロダクトの Core を問うものやユーザー理解を問うもの、実際の解決策や UI などについてのもの、さらにはそれら全体を実行するための手腕を確認するもの、チームを率いるためのリーダーシ

ップを確認するものなど、多岐にわたる。

　面接の結果、採用になったとしても、入社後のオンボーディングまでは気を緩めてはならない。オンボーディングが終了して初めて、プロダクトマネージャーの採用が無事終了したといえる。オンボーディングとして最初に携わるプロダクトマネジメント業務を適切に準備し、オンボーディング期間中、マネージャーかメンターが伴走し、成功裏に終わらせるように努力する必要がある。

(2) プロダクトマネージャーの育成

　プロダクトマネージャーの育成は、すでに述べたプロダクトマネージャーとしてのスキルの伸ばし方をマネージャーやメンターのような立場で支援することとなる。重要なことはスキルを学ぶ機会を与えると同時に、それを実践する場を提供することである。

　座学で学べるスキルだけではプロダクトマネージャーとしての実務をこなすことは不可能といえる。スキルを活用するためには、失敗も含めた経験が不可欠になる。そのためオン・ザ・ジョブ・トレーニング（OJT）が活用され、企業によってはOJTを中心に据えるところも多い。経験を積んだプロダクトマネージャーをメンターとし、そのサポートを受けながら実務をこなしたり、他チームのプロダクトマネージャーと交流したりすることなどを通じて、さまざまな局面においてプロダクトマネージャーとしてのふるまいを学んでいく。

　経験の種類は多ければ多いほうが望ましいため、プロダクトマネージャーを育成目的で他のプロダクトチームに異動させるようなことも行われる。

　本来、プロダクトマネージャーは短期間で異動を繰り返すのではなく、1つのプロダクトをある期間担当し、成長ステージをまたぐ形でプロダクトを育て上げていくのが理想である。しかしとくに若くて経験の浅いプロダクトマネージャーを育成する場合は、1年単位などの比較的短いサイクルで複数のプロダクトを経験させることが有効である。もちろん、それを何回も繰り返すのではなく、2年や3年の育成期間に限定して行うことが望ましい。

　どのような方法を採るにせよ、プロダクトマネージャーの育成は座学と経験を組み合わせることが一般的である。プロダクトマネージャーの6つのスキルを意識して、経験の場を考えしてほしい。たとえば、いままでとは違うメンバーから

構成されるチームでプロダクトを担当させることで、チーム構築力を実践できる場を与えたり、不確実性が著しく高いプロダクトを担当させることで仮説検証力の向上の機会を与えたりする。

(3) プロダクトマネージャーの評価

　プロダクトマネージャーに限らず、人事評価は能力評価と業績評価の組合せで行われることが一般的である。能力評価はその職種のジョブディスクリプションに職位（ジョブグレード）ごとに差異を加えたものを評価基準とする。能力評価はその名の通り能力を評価するものであるが、その能力を保持していたとしても、それを活用し、事業に対しての貢献がなされない限りは宝のもち腐れとなる。能力単体で評価するのではなく、業績評価との組合せが重要となる。

　人事評価は一般的には直属の上司が行うが、プロダクトマネージャーの能力も業績も、実際にプロダクトを共に育て上げていくプロダクトチームメンバーやステークホルダーからのほうがよく見える部分も多い。一般的に直属の上司が、プロダクトマネージャーがプロダクトチームと進めている仕事の実際を直接知ることは難しい。そのため人事評価では、直属の上司以外にプロダクトチームメンバーやステークホルダーなどからの評価も加えることがある。プロダクトマネージャーはチームを率い、プロダクトを成功に導くことが役割であることから、正式な評価者としてプロダクトチームメンバーやステークホルダーが入っていないとしても、彼らからの視点は重要である。

Chapter 18

プロダクトマネージャーの
キャリア

 ## 18.1 プロダクトマネージャーの肩書と役割

　プロダクトマネージャーは、担当範囲や担当プロダクトの重要性や複雑さによって、高いスキルが要求される。スキルと実績でキャリアを積んでいき、職位が上がっていく。肩書（ジョブタイトル）は組織によって異なるが、一般的には図表 18-1 のような呼称でエントリーレベルから組織長、そして会社を代表する職位までが用意される。

　プロダクトマネジメント組織が大きくなると、組織を健全な形で成長させる立場の人間も必要となる。具体的には、シニアプロダクトマネージャーやリードプロダクトマネージャー、プロダクトマネジメントディレクター、プロダクトディレクター、プリンシパルプロダクトマネージャー、プロダクト担当 VP(VP of Product) や CPO(Chief Product Officer) などである。

　シニアプロダクトマネージャーやリードプロダクトマネージャー、プリンシパルプロダクトマネージャーは人事権をもつマネージャーとなっていない場合も多いが、人事権をもつプロダクトマネージャーを補佐するような形で人と組織の成長に対しての貢献が期待される。読者の皆さんがこのような立場に就く際に考慮すべきことを解説する。

　プロダクトマネージャーとしてのキャリアは、担当領域が広がっていく形で構築されていく（図表 18-2）。最初のエントリーレベルのプロダクトマネージャーはプロダクトの一機能を担当するなど、自らが責任をもつ領域は極めて小さいことが多い。

290　｜　Chapter 18　プロダクトマネージャーのキャリア

やがて経験を積んでいくとスキルが上がり、組織内で信頼も得られるようにな
り、担当領域がプロダクト全体や複数プロダクトにわたるようになる。これらの
範囲を1人で担当することは難しいため、上位職になると他プロダクトマネージ
ャーを指揮し、組織として領域を担当することとなる。

図表18-1　さまざまなプロダクトマネージャーの肩書と役割

肩　書	役　割
アソシエイトプロダクト マネージャー（APM）	エントリーレベルであり、多くは他のプロダクトマネージャーからの指導を受けながら業務を遂行する。担当する領域はプロダクトの中の最小単位の機能などである。テック企業が「新卒として」APMを採用しているところもある
プロダクトマネージャー	一般レベルであり、プロダクトマネージャーとして業務を完遂する能力をもつ。担当する領域は大きなプロダクトの場合はその一部分や機能、小さなプロダクトの場合はプロダクト全体となる
シニアプロダクト マネージャー リードプロダクト マネージャー	シニアレベルであり、プロダクトマネージャーとして業務を完遂することに加え、事業戦略の立案と実施への貢献も求められる。担当する領域はプロダクトやプロダクト群となり、アソシエイトプロダクトマネージャーやプロダクトマネージャーの指導も行う（ピープルマネージャーとなることもある）
プロダクトマネジメント ディレクター プロダクトディレクター プリンシパルプロダクト マネージャー	シニアレベルであり、プロダクトマネジメント組織を率いる。大きなプロダクトかプロダクト群を担当するプロダクトマネージャー組織をピープルマネージャーとして担当する。プロダクト全体の戦略立案を担うとともに、プロダクトマネジメント組織の組織づくりにも責任をもつ プリンシパルプロダクトマネージャーというような肩書の場合、ピープルマネージャーとはならずに、卓越したプロダクトマネジメント能力でプロダクトへの貢献を行うようなポジションが用意されていることもある
プロダクト担当VP CPO	経営陣もしくはそれ相当のレベルのポジションであり、全社のプロダクト戦略とプロダクトマネジメント組織に責任をもつ

　エンジニアなどの他職種の場合はピープルマネージャーにならずとも、純粋な
専門職として職位を上げることが可能なような人事制度をもつ会社もある。しか
し、プロダクトマネージャーの場合は担当領域を広げることにより、事業への貢
献度を高めることが多いため、上位職となるに従ってピープルマネージャーとな
り、組織に対しての責任ももつようになる。これにより、プロダクト内もしくは
会社のプロダクト間での戦略に一貫性をもたせることも可能となる。

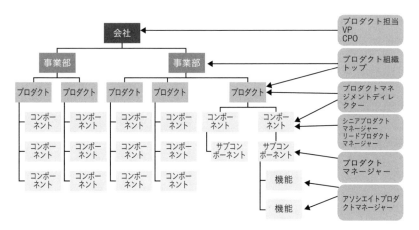

図表 18-2　組織におけるプロダクトマネージャーの担当領域の広がり

プロダクトマネージャーを務めた あとのキャリア

　プロダクトマネージャーはスキルの範囲が広範にわたるため、プロダクトマネージャーを務めたあとのキャリアも次のように多彩であることが多い。

- ・起業して CEO になる
- ・公共サービスや NPO サービスの開発に挑戦する
- ・ベンチャーキャピタルに移る
- ・エンジニアリングディレクターや CTO など技術部門のトップへと昇進する
- ・デザイナーやデータサイエンティストへと職種を変える
- ・コンサルティングの領域に移り、プロダクト開発を助ける立場につく
- ・プロダクトマネジメント教育に力を注ぎ後進の育成に従事する（例：Product School など）
- ・プロダクトに対する洞察力を生かしてテクノロジージャーナリストになる

　このように、プロダクトマネージャーの経験は人生の選択肢を増やしてくれることは間違いない。

PART

プロダクトマネージャーに 必要な基礎知識

Chapter 19　ビジネスの基礎知識

Chapter 20　UX の基礎知識

Chapter 21　テクノロジーの基礎知識

Chapter *19*

ビジネスの基礎知識

　プロダクトマネージャーに必要な知識として、ビジネス、UX、テクノロジーの交差領域を中心に解説してきた。しかし、プロダクトマネージャーの責任範囲を越えて、プロダクトをつくるために必要な知識範囲はより広く、これらもプロダクトチームとコミュニケーションを取るために知っておいたほうがよい。

　プロダクトマネージャーはビジネス職であるともいわれるが、ビジネス職がカバーする領域はとても広く1人ですべてを網羅することは難しい。プロダクトマネージャーが主に関わるビジネス職は事業企画や営業チームであることから、Chapter 19では彼らとコミュニケーションを取るために必要な基礎知識について補足する。

19.1 収益、コスト、ビジネス環境の基礎知識

19.1.1 ビジネスの基本構造

　どのような業界のどのようなビジネスであっても、生き残らなければビジネスとしての意味はない。問題はどのように生き残るかである。プロダクトマネージャーとしてビジネスを捉えるとき、まずは基本となる利益、収益、コストの関係性をおさえておく必要がある。なお、投資やコーポレートファイナンスといった領域は本書では割愛する。

　ボランティアや慈善事業でなければ利益が積み上がることが生き残ることにつながり、プロダクトが事業として成り立つための根本的なゴールとなる。利益は次のように計算する。

利益 ＝ 収益−コスト

利益を伸ばすには２つしか方法がない。収益を上げるか、コストを下げるかである。この計算式は企業の環境によってさまざまな展開が可能となる。たとえばNetflix のような動画配信サービスの場合を考えると次のようになる。

利益 ＝ 収益−コスト

　　　＝（サブスクリプションプラン×有料会員数）−（コンテンツにかかるコスト ＋ 固定費 ＋ その他変動費）

買切り型やパッケージ系プロダクトであれば、以下のようになるだろう。

利益 ＝ 収益−コスト

　　　＝（商品価格×売った商品数）−（商品の原価 ＋ 固定費 ＋ その他変動費）

　自身が手がけるプロダクトが、どのような収益構造とコスト構造になっているかを大まかに把握しておくことは、ビジネスプランがどこまで現実的で、どこからが大きな賭けになるのかという見通しがつけやすくなる。

19.1.2 収益モデル

　収益を得るときの型を収益モデルという。本書では買切りモデル、サブスクリプション、ダイナミックプライシング、オークション、従量課金、段階型プライシング、フリーミアム、ペネトレーションプライシング、キャプティブプライシング、レベニューシェアについて解説する。

(1) 買切りモデル

　買切りモデルは、ユーザーがプロダクトの利用を始める最初のタイミングでのみ課金をして、その後は支払いをせずに利用することができるものである。従来の多くの製品やサービスは買切りモデルを取っていた。

(2) サブスクリプション

　サブスクリプションはユーザーがある一定の期間（毎週、毎月、毎年など）ごとにプロダクトに対する金額を払う収益モデルである。たとえば以下の Netflix の例のように１ヶ月単位でサービスの使用およびサービス品質もしくは解約を選べ

PART I

PART II

PART III

PART IV

PART V

PART VI

るようになっている。

- ベーシックプラン（880 円 / 月）：1 デバイスに対してストリームとダウンロードが可能
- スタンダードプラン（1320 円 / 月）：2 デバイスに対してストリームとダウンロードが可能。画質も HD グレード
- プレミアムプラン（1980/ 月）：4 デバイスに対してストリームとダウンロードが可能。画質も HD か、対応していれば 4K 画質で見られる

　いまでは BtoC、BtoB を問わず多くのサービスはサブスクリプションのモデルを踏襲している。プロダクト形態としてもオンラインのみならず、オフラインで利用されるものについても適用されるようになった。

　サブスクリプションモデルが広く浸透している主な理由としては、次の 4 つが挙げられる。

①1 回の課金が少額でユーザーにとって払いやすい

②都度消費に比べて収益の見通しがつきやすい

③一度に長期コミットメントする必要もなく、自動更新が可能であればユーザーの購買意思決定に要する負荷が減る

④使用中サービスに付加サービスを追加するクロスセル、もしくはプロダクト消費量を大きくするアップセルという手法で追加収益を狙える

　もちろん利点だけではない。サブスクリプションモデルでプロダクトを成り立たせるためには、ライフタイムバリュー（Life Time Value：LTV）というユーザーが長期にわたって支払う金額に対する見通しや、ユーザー継続率、ユーザー獲得にかけるコスト（Customer Acquisition Cost：CAC）に気を配ることも重要となる。

　サブスクリプションモデルのデメリットは投資回収に時間がかかることである。とくに非サブスクリプション型の収益モデルからサブスクリプションモデルへの転換を図ると、利益を上げられるようになるまでの時間はある程度の赤字を覚悟しなければならない。これはフィッシュモデルで表される（図表 19-1）。サブスクリプションモデルは社内やプロダクトに大きな転換が伴う以上、コストが一時的にかかるのは否めない。ただユーザーが継続的に使ってくれるプロダクトを展開できるのなら、サブスクリプションモデルはぜひ考えるとよい。正しく移行で

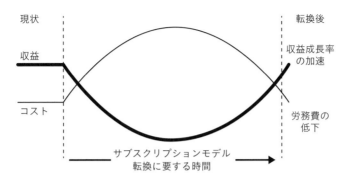

現状   転換後

収益   収益成長率
                        の加速

コスト

                       労務費の
                       低下

サブスクリプションモデル
転換に要する時間

図表 19-1　フィッシュモデル

きれば収益を上げるスピードがこれまで以上に上がるはずである。

(3) ダイナミックプライシング

　ダイナミックプライシング（Dynamic Pricing）はユーザーからの需要や、季節性、天候や時間といった要因でユーザーの消費行動が大きく変わる場合に適切なモデルである。一番わかりやすい例が飛行機のチケットである。旅行系のサイトを見ているとオフシーズンとオンシーズン、平日と休日、朝と夜ではチケットの価格が異なっていることがある。

　これは通常ユーザーアクセスが少ないタイミングで価格を抑えることで確実に購買につなげるチャンスを高めると同時に、ユーザーアクセスが多いタイミングでより高い金額でも買ってもらえるチャンスを高めている。こうすることで全体としての収益性を高めている。

　ダイナミックプライシングを選ぶ場合は、プロダクトの価格弾力性が高く（値段が変わると需要も大きく変わる）、提供できる価値の総量に限りがある場合に検討するとよい。

(4) オークション

　オークションの起源は紀元前 500 年ごろまでさかのぼる。供給に対してもっとも多く払える者だけが対象を競り落とすことができるモデルである。インターネットアクセスがあたり前になった現代においても健在である。ヤフーオークショ

ンや eBay はそのよい例で、インターネット創世記からインターネットオークションをいち早く実現させた。

　Google ももともとは AdWords や AdSense というネット広告でのオークション形式の収益モデルをもっていたが、Double Click 社を買収後にディスプレイ広告の規模を拡大し、巨額の利益を得ていることは有名である。

　オークションをプロダクトに取り入れて効果を出すためにはいくつか検討すべきポイントがある。プロダクトの供給に対して、ユーザー側に多様な選択肢や代替手段がある場合は提供側が価格の決定に強い力をもつことができない。

　Google は高いシェアを得ていた検索市場で検索結果に広告を載せるという唯一無二のプロダクトを提供することで、圧倒的な価格優位性を確立した。プロダクト提供側が売り手市場をつくれる場合、オークションモデルは非常に有効となる。

(5) 従量課金

　従量課金（Pay as you go）は水道料金やガス料金を想像するとわかりやすい。基本料金を超えた場合は使った分（時間、回数、プロダクトなどさまざまある）だけ支払うモデルである。

　GE はこれまでリースがあたり前だった医療デバイスやエンジンの世界に使用状況をモニターできる仕組みを導入し、従量課金を取り入れることが可能となった。その結果ユーザーが使った分だけを課金でき、さらにユーザーのどのプロダクトがメンテナンスや部品交換がまもなく必要かといった予測も行えるようになった。ユーザーの満足度と収益アップを実現することに成功したのである。

　従量課金を導入するにあたっては、GE が行ったようにユーザーがどのようにプロダクトを使っているかが逐一把握できる仕組みが必要である。逆にいえばこれまで「なんとなく」価格が決まっている場合、プロダクトとして利益を得ているのか損をしているのかわからないことが多い。そうした場合に従量課金を導入する方向でプロダクトを進化させると、大きなイノベーションを起こすことができる可能性がある。

　また従量の捉え方となる「使った分」には、時間、回数、プロダクトが扱うデータ量といった切り口もある。プロダクトの提供価値と合わせて柔軟に考えてほしい。

(6) 段階型プライシング

　段階型プライシング（Tiered Pricing）はプロダクトの機能をカテゴリーにわけ、その消費形態に応じて段階ごとに価格をつけるモデルである（図表 19-2）。たとえばベーシック、パーソナル、プロ、ビジネスのように段階ごとに使える機能やサポートレベルが追加されていく。

　段階型プライシングの場合、単にユーザーを増やすだけでなく、いかにしてアップセル（より上位のプランを導入してもらう）を実現するかがポイントになる。そのため機能の分類の仕方には注意が必要である。たとえばパーソナルプランを利用しているユーザーをプロプランへと誘導する方策はユーザーへの価値設計が問われるところである。

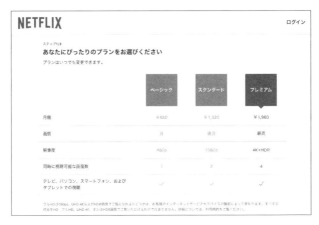

図表 19-2　段階型プライシングの例[※1]

(7) フリーミアム

　フリーミアム（Freemium）とは「フリー」と「プレミアム」という言葉から生まれた造語である。プロダクトの価値がわかる基本機能を無料で提供し、プロダクトを気に入ってくれたユーザーやより多くの機能や容量が必要な場合は有料（プレミアム）で使用してもらうという考え方である。LinkedIn、Evernote、Dropbox といった企業がフリーミアムを導入したことで広く知られることになった。

※1　　https://www.netflix.com/signup/planform

19.1　収益、コスト、ビジネス環境の基礎知識　｜　299

フリーミアムのよいところは、ユーザーがプロダクトを使い始める心理的障壁が非常に低いことである。もしプロダクトを使う1人のユーザーが複数のユーザーをよび込む、ネットワーク効果を引き起こすことができればフリーミアムを検討する素地は大いにある。ただし、有料ユーザーへの転換を効果的に進められない場合はプロダクトを運営するコストばかりがかかってしまうので注意が必要となる。

　シリコンバレーのスタートアップ企業の経験則では、フリーユーザーが有料ユーザーに転換するのはおよそ10%以下である。オンラインゲーム業界の人気タイトルであったとしても60%のフリーユーザーはプロダクト使用開始初日で離脱、28日後に定着しているユーザーは6.5%となっている[※2]。

　どこまでを無料で提供し、どのタイミングで有料に転換してもらうのか、そのモチベーションになる価値設定はどうするか、といったあたりは十分に考えるべき重要なところである。

(8) ペネトレーションプライシング

　ペネトレーションプライシング（Penetration Pricing）は、プロダクトが存在する市場にプレイヤーが多く存在したり、競合環境が非常に厳しかったりする場合、あえて価格を下げて市場に投入することで一気にマーケットシェアを拡大しにいくモデルである（Penetrationとは突入するの意）。単純に競合より値段を下げるだけでなく、「1つ買うともう1つ無料」「最初の1年は50%オフ」といった場合もペネトレーションプライシングである。

　ユーザーにとって別のプロダクトへ乗り換えるスイッチングコストがかかる場合や、使い続けるほど得と感じるプロダクトからわざわざ乗り換えさせなければならない場合などにも使われるモデルである。

　手に届きやすくなる分、マーケット認知度は上がりやすいが、想定していないユーザーが飛びつくこともあり、価格をもとに戻すと離脱してしまうことが起こる。競合と価格競争を引き起こしてしまうことや、独占禁止法違反の恐れもあるモデルなので導入は慎重に行ったほうがよい。

※2　https://appfollow.io/blog/5-key-lessons-to-boost-retention-and-increase-engagement

(9) キャプティブプライシング

キャプティブプライシング（Captive Pricing）はコアプロダクトに関しては値段を低く抑えて敷居を低くし、交換パーツや消耗品、追加機能に関しては高めに値段を設定するモデルである。

代表的なプロダクトがプリンターである。多くのプリンターで本体の価格とインクの価格を比べると、インクを2〜3度交換すると本体以上の価格を支払っていることに気づく。プリンターの価値はプリンター自身がもつ機能であるが、そのコストをインク販売によって回収している。

(10) レベニューシェア

レベニューシェア（Revenue Share）とは、事業者がサードパーティーやパートナーシップを組んだ会社と協力して行った共通のビジネスを通して得られた収益を、一定の比率で配分するものである。オンライン広告や音楽配信、ライドシェアといった主にプラットフォーム型プロダクトでよく見られる。

たとえばオンライン音楽配信プラットフォームの場合、アーティストが楽曲を提供しその再生回数に応じてプラットフォーム事業者が売上を配分するモデルである。プラットフォーム利用者数やコンテンツ提供者数、コンテンツ自身や広告の売上などからシェア比率とその付帯条件、エンドユーザーに提示する価格を決めていく。コンテンツの消費動向やユーザーの動きに対するかなり正確なトラッキングメカニズムが必要になる。

19.1.3 収益モデル選定の際に気をつけるべきこと

数多くの収益モデルの中から適切なものを選ぶポイントは5つある。

(1) ユーザーと収益モデルの相性

1つ目はプロダクトのターゲットユーザーと収益モデルの相性である。古くからの業界の慣習や、ユーザーの行動習慣によっては収益モデルが受け入れられないことがある。

たとえば法人顧客の購買ルールや税制がサブスクリプションモデルに適合して

おらず、購入しにくい思われてしまうのはその一例といえる。

　いくら収益性が期待できたとしても、ユーザー側のプロセスが収益モデルの変化に追いついておらず、ギャップが生まれ収益モデルが受け入れられなくては意味がない。一方で、先の GE のようにこれまであたり前だった収益モデルにまったく新しいモデルをもち込むことでプロダクト提供者とユーザー双方が便益を得られることもある。事前のユーザーリサーチでしっかりと検証しておくことが望ましい。

(2) 価格に影響するトレンド

　2つ目は価格に影響する要素のトレンドである。ユーザーが行動や購買を決定するのは価格だけではない。極端な例を挙げると今後モバイルユーザーの増加が頭打ちになり、逆に減り始めたらモバイルアプリの収益モデルにどう影響するだろうか？

　設定した収益モデルの前提条件は不動のものではない。価格に影響する要素のシナリオプランニングやリスク検証はある程度しておかないと、変化に対応しきれなくなることがある。

(3) プロダクトステージとの関係

　3つ目はプロダクトのステージとの関係である。収益モデルはプロダクトのライフサイクルや競合環境、ユーザーとの関係性や広がりにも影響を受ける。大企業の新規事業開発の一貫としてプロダクトをリリースする場合、十分な顧客基盤がそのまま流用できるのなら最初から収益モデルを積極的に構築してもよいかもしれない。一方でまだ強固な顧客基盤がない場合は、シンプルな収益モデルで始めたほうがよい場合もある。

　たとえばペイメントプロダクトの Square はその立ち上げ直後、すべてのトランザクションに 2.5％の使用料金を取るという収益モデルだけで展開した。透明性が高く、わかりやすいという利点を活かしユーザーに価値を理解してもらうことを優先したのである。

　もし Square が収益優先で従量課金制のように込み入った収益モデルや、ペイメントプロダクトのタイプ別に値段を変えたりしていたら、ユーザーへの浸透は

遅れていたかもしれない。一方 BtoB の場合は一度決めると変更が非常に難しい場合があるので、慎重に検討したほうがよい。

(4) 競合の収益モデル

4つ目は競合の収益モデルである。PART II でも紹介したように、Netflix がビデオレンタル市場において、従来の借りた本数と日数分の支払いから定額モデルへ転換した事例が該当する。その結果は皆さんが知っての通り、Netflix の圧勝となった。収益モデルの選定は優位性を築くきっかけとなる。

(5) 収益モデルの開発難易度

5つ目は自社にとっての収益モデルの開発難易度である。大企業の新規事業の場合は、既存ビジネスの収益モデルに組み入れないといけないこともある。スタートアップの場合は、限りあるリソースの中で、複雑なサブスクリプションモデルを構築することは難しいこともある。この場合 Build or Buy（自分でつくるか、サードパーティーのソリューションを買うか）の判断を行い、システムの総所有コスト（Total Cost Ownership：TCO）や収益性がどのくらい期待できるかのシミュレーションを行わなければならない。

こうした活動もプロダクトマネージャーの重要な仕事である。どのような収益モデルを選定したとしても、もっとも大事なことはプロダクトが提供する価値の大きさと、その価格が釣り合っているかどうかである（8.2.2 項「プロダクトの価格を決める」参照)。

(19.1.4) 収益を拡大するための手法

収益を拡大するための主な手法としては、ネットワーク効果、フリーミアムとフリートライアル、クロスセルとアップセルの3点をおさえておきたい。

(1) ネットワーク効果

ネットワーク効果とは、プロダクトを使うユーザーが増えれば増えるほど、プロダクトの価値が増大することである。代表的な例が Facebook、Instagram、

PART I
PART II
PART III
PART IV
PART V
PART VI

Pinterest である。

　これらのプロダクトは次のようなサイクルを生み出し、指数関数的なプロダクトの価値の増大をもたらした。ユーザーがコンテンツ（テキスト、写真、動画）を載せていく→プロダクトを使いたいと思うユーザーが増える→さらにコンテンツの投稿が増える→ さらにユーザーが増える。

　もちろんこれらのプロダクトは最初から指数関数的にユーザーが増えていたわけではない。いくつかのアプローチが挙げられる。

　1つ目は、特定のセグメントでしっかりとネットワーク効果が出ることを確認してから、プロダクトを外へと広げていく方法である。Facebook は最初ハーバード大学の学生ネットワークから始まった。また Reddit は社内ユーザーによって多くのコミュニティーをつくり会話のきっかけを多くつくった。

　2つ目は、単機能をフリーで提供しユーザーの裾野を増やす方法である。Adobe は Acrobat Reader を無償で配布することで Adobe ユーザーの礎を築いた。

　3つ目は、プラットフォームとしてサービス参加者とサービス提供者のマッチングを加速する仕組みをつくる方法である。Airbnb はフォトグラファーを短期集中で大量投入し、宿泊場所の写真をより魅力的に一変させた。

(2) フリーミアムとフリートライアル

　スタートアップの場合、プロダクトが初期のころはまだユーザー数も少なくマーケティング予算も限られている。しかし、ユーザーの心理的抵抗をできるだけ少なくしてプロダクトに触ってもらわないことには、プロダクトの価値はなかなか伝わらない。そこでよくとられる戦略がフリーミアムやフリートライアルである。

　先述のようにフリーミアムとは、プロダクトの価値の一部を無償提供し、満足してもらえたら有償ユーザーになってもらう戦略である。Dropbox は IPO 前に提供していた無料ストレージ容量は 2GB と少ないものの、モバイル向けアプリで Office ドキュメントファイルを Dropbox 上で編集できる機能と、アプリから2タップでファイルを保存できる機能を他社に先駆けてリリースした。

　素早い機能改善で Google Drive や Microsoft OneDrive といった大手と渡り合い、一時期は Apple が Dropbox を買収しようとしたほどだった。最終的には

2018 年に IPO を成し遂げている。

　フリートライアルとは、一定期間プロダクトのフル機能を使ってもらい、期間終了後は有償ユーザーになることで継続利用できるようにする戦略である。フリートライアルの時点で機能を絞って提供し、トライアル終了後にフル機能を解放する場合もある。

　どちらの方法を採るにせよ、プロダクトマネージャーとして考えなければならないのは、フリー部分の機能は何かである。プロダクトは最終的に収益を上げなければならない以上、フリーミアムの場合はフリー部分が広すぎてもいけないし、狭すぎても価値が伝わらない。そこでクロスセルとアップセルという考え方が重要になる。

(3) クロスセルとアップセル

　プロダクトの基本的価値を気に入ってくれたユーザーがプロダクトに定着してくれたら、プロダクトは終わりではない。プロダクトのビジョンの実現へ向けて継続的に改善や新規機能を投入していく。収益面を考えると、ただ投入すればよいというものでもない。たとえば新規機能を使うには追加費用を求めることもよくある方法である。そこにはクロスセルとアップセルという 2 種類のアプローチがある。

　クロスセルとはプロダクトの別の機能を有償で提供することである。たとえばオンライン保険のサービスなら、すでに自動車保険に加入しているユーザーに生命保険を勧めるといったことである。アップセルとはプロダクトの機能そのものは変わらないものの、有償でプロダクトの容量や能力を大きくする方法である。たとえばオンラインストレージで容量が足りなくなったら、有償で容量を追加するといったことである。

　アップセルと同様の考え方としてシートエクスパンション（Seat Expansion）とよばれるものもある。これは Google Workspace が実施しているように利用する従業員の数に応じて課金額を変え、メールやスケジュール管理のカレンダーなど機能そのものは大きな違いはないという方法である。

　プロダクトマネージャーとしては、プロダクトの価値をどのように切り出して提示するかが、プロダクトの収益性を左右するとつねに意識しておきたい。

PART I
PART II
PART III
PART IV
PART V
PART VI

19.1.5 コストの考え方

　すばらしいアイデアを実現するにはコストがかかる。資金であれ人的資本であれ、プロダクトを開発するリソースは無限にあるわけではないため、コストに見合ったリターンを得られるところに投資したい。プロダクトマネージャーは地に足をつけた判断をするために、コストの考え方についても知っておかなければならない。

　企業活動のコストは会計上、総費用とよばれる。総費用は固定費と変動費の2種類に分けることができる。固定費は、売上や販売数量が上がったとしても基本的には変わることがない費用のことである。具体的には、土地や自社ビルにかかる費用や人件費など、販売する数量が1つ増えたところで金額が固定であるものである。

　変動費は、プロダクトの売れ行きの増減によって変わる費用である。たとえば、ハードウェアプロダクトの原価や、セールス活動にかかわる費用、従量課金を利用している場合のクラウドサービス利用量などである。今後売上が伸びることで増加する変動費と、売上が伸びてもある一定までは固定となる固定費の違いは、コスト構造の概要を理解する基本となる。

　コストは固定費と変動費という区別以外に、会計上は具体的な用途である科目として分類されることもある。主に以下の3つの科目を意識しておくと実務上役に立つ。

①原価：売上のうち必要なリソースの調達にかかった費用
　例）サーバーのコスト、サードパーティーサービスの利用コスト、開発に用いたコンピュータやソフトウェアのコスト
②販売及び一般管理費：販売をするための費用や、企業を運営するために必要な費用
　例）営業のためのコスト、広告宣伝のためのコスト、バックオフィス運営のためのコスト
③研究開発費：新しい知識発見のための研究開発費用
　例）新しい技術の研究開発のための費用

PART I

PART II

PART III

PART IV

PART V

PART VI

また、シリコンバレーでは機能追加についてチームで議論をしているときに、エンジニアから「That's a quite expensive solution.（随分と高価な解決策ですね）」といわれることがある。これは、機能が生み出す価値に対する追加コストがあまりにも大きいという指摘である。

実装にかかるコストは上記の3科目のうち原価にあたるので、エンジニアの人件費か、クラウドサービスの利用量などの技術的な費用を指してexpensive（高価）という表現をしている。

エンジニアからこのようにいわれたときには、軽量な機能に切り替えることや、大きな価値を得られる確証をもつまで小規模で始めることなどによって、価値に見合ったコストに調整するべきである。

こうしたコスト感覚をもったうえで、売上をいかに伸ばし、どこまで費用対効果（Return On Ivenstement：ROI）を高めることができるのかを検討し、優先度決めに活用するとよい。

19.1.6 ビジネス環境の変化を知る

プロダクト単体におけるビジネスの基本構造がわかったとしても、ビジネスを取り巻く社会環境や世の中のトレンドを見失っているとうまくいくものもいかなくなってしまうことがある。

ビジネスの大局を理解するために、図表19-3の要素について概要だけでも知っておくと役に立つ。

図表 19-3　ビジネスの大局に影響する主な要素

要　素	内　容
歴史	日本史だけでなく世界史も含む
地理	日本と欧米、日本とアジアといった日本が関わるところだけではなく、プロダクトによっては北米と中南米というように日本以外の地域視点も必要
政治・法律	規制を重視する政治か、競争に対してオープンな法制度かなど
経済	どこに投資が向かい、何が成長しているか、それはなぜか。人々の消費活動のトレンドなど
民族・文化	ユーザーをとりまく文化的な背景や民族的な習慣や、思考習慣など
哲学・思想	どのような哲学・思想が受け継がれているか、もしくは新たに台頭しているかなど

こうした要素から、現在どのような波が来ているか、もしくは来そうか、そうした波をうまく活用できないかという視点でプロダクトを考えることも重要である。

　ここでは列挙した要素の中から 2021 年時点でとくに配慮すべき 3 点について、具体例を交えて解説する。ただし新型コロナウイルスの世界的流行など突発的かつ予見困難な事象については触れない。あくまでプロダクトの開発を左右する世界的なトレンドに基づいて述べることにする。

(1) ユーザー獲得コストの増加と Willingness to Pay（払ってもよい価格）の低下

　年々、新しいユーザーを獲得するために必要なコストが上昇傾向[3]にあり、スタートアップや新規事業を展開するときのコストを押し上げている。その主な原因はオンライン広告の単価上昇である。オンライン広告が浸透したことによって出稿企業が増加し、オンライン広告を使ったユーザー獲得競争が激化する傾向にある。

　そのため、企業はオンライン広告に代わるより効果的なユーザー獲得チャネルを模索しており、サブスクリプションモデルの場合にはフリートライアルやフリーミアムが該当する。その他のユーザー獲得の手段には多くの場合、オンライン広告以上の追加投資が必要であることから、フリートライアルとフリーミアムが現在の主流となっている。

　サブスクリプションモデルの台頭により、ユーザーは手軽に月額や使った分だけなどで払い、価値を素早く手軽に消費するようになった。これにより、いままでは高価なソフトウェアを購入し、自らのシステムに組み込んで使っていたことに比べて、ユーザーがその価値に払ってもよいと考える価格（Willingness to Pay、後述）を押し下げることになった。

　この流れを象徴するのが Adobe であろう。Adobe は 2011 年からこれまでのライセンス買切り型プロダクトから Adobe Creative Cloud というサブスクリプションモデルへの移行を開始した。スマートフォンの浸透とインターネットアクセ

※ 3　Facebook を使った広告の場合、CPM（ユーザー 1000 人に広告を表示するためのコスト）は 2017 年だけで 171%、Twitter は 27%、LinkedIn は 15%それぞれ増加している。

ス人口の増加に伴って、デジタルクリエイティブ市場は拡大基調であったがその波に乗り切れていなかった。

　移行前はソフトウェアのリリースサイクルが18ヶ月、プロダクトあたりの単価も1300ドル（約13万円）〜2600ドル（約26万円）と非常に高額で、Adobeの収益サイクルは波が非常に大きく、ユーザーもなかなか新機能が使えないというジレンマに直面していた。

　CEOの強いリーダーシップのもとAdobeはサブスクリプションモデルへの移行を敢行、2013年にはライセンス買切り型プロダクトのアップデートを停止し、以降の新機能はすべてCreative Cloudで行う決断をした。

　当初、サブスクリプション版は7日間フリートライアル付きでシングルプロダクトの月額費用が9.99ドルから、フルプロダクトラインナップでも月額52.99ドルとなり、サポートやアップグレードに関わる費用もすべて月額費用でまかなわれるようになった。この結果ユーザーが手軽に試しやすくなり、新機能をユーザーに18ヶ月も待たせることなく継続的に提供可能となった。Creative Cloud初期バージョンのリリース時と比べると、現在では収益が約3倍に成長している（図表19-4）。

　この例に象徴されるように、ユーザー獲得コストを必要かつ適度な水準に留めつつ、ユーザーが負担する支払価格を抑え、プロダクトとして継続的に使いやすくしたサブスクリプションモデルがこれまでの買切り型ビジネスを凌駕する波が来ている。　　　　　　　　　　　　　➡ 8.2.2 プロダクトの価格を決める

(2) ユーザー自己学習型（Self-educated）プロダクトの台頭

　スマートデバイスの台頭により優れたUI／UXが身近に触れられるようになった。これは買い手の購買行動にも変化をもたらしている。たとえばBtoBプロダクトの場合はこれまでプロダクトがリリースされるごとにベンダーから時間をかけて使い方を教わることが多かった。

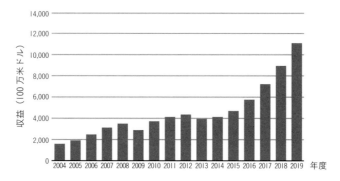

図表 19-4　Adobe の収益推移（2004 – 2019）※4

　プロダクトによってはこうしたサポートは引き続き行われるだろうが、Slack や Dropbox など BtoB 用途であっても、消費者向け UX（Consumer Grade UX）と同じくらい直感的に使えるプロダクトが広まっていることは無視できない。これはユーザーがベンダーから使い方を教わるよりも、自分で試して使えるかどうかを判断したいという意思の変化と考えられる。

(3) プロダクト体験（Product Experience）の優先度の変化

　UI／UX が進化していく中で、プロダクトの UX が購買意思決定プロセスにおける本質になってきている。ブランド力がプロダクトの購買意思決定に及ぼす影響はこれからも残るだろう。しかしそれ以上に革新的なプロダクト体験はブランド力を凌駕する力をもっている。

　たとえばビデオ会議サービスとしていまや Zoom の知名度は圧倒的だが、同社が台頭する前の米国市場においては Cisco や Microsoft、Citrix のほうがブランド力は勝っていた。

　ところが徹底的にシンプルに使いやすくつくり上げた Zoom は各社の UX を凌駕し、2020 年 4 月時点で月間アクティブユーザー数が 3 億人に到達するほど成長した。華美な広告やブランド力以上に、プロダクトのもたらす価値こそユーザー

※4　https://www.statista.com/statistics/266399/revenue-of-adobe-systems-worldwide-since-2004/

の心をつかむ時代となっている。

　こうしたトレンドの大きな波に乗るほうがよいのか、あえて逆張りをするほうがより革新的なのかはプロダクトの置かれた状況や市場によっても異なる。大事なことはこうしたトレンドを前にして、どのようなアプローチがユーザーに一番価値を届けられるかを考え抜くことである。

19.2　パートナーシップを構築する

19.2.1　パートナーシップとは

(1) パートナーシップの目的

　自社だけでプロダクトの開発から営業、マーケティング、ユーザーへの流通まで完結できる会社はおのずと限られてくる。そこで、自社にない、もしくは弱い機能を補完するための方法がパートナーシップの活用である。

　パートナーシップとは市場の中でプロダクトを差別化して際立たせたり、テクノロジーを利用したりすることで新たな価値を生み出すなど、自社でできることを越えてユーザーに価値を提供するための企業や行政、教育機関などと一部、もしくは全体における連携のことである。その目的は大きく分けて4つある。

　①市場の中における認知度向上

　②市場参入時における負担をできるだけ小さくする

　③既存・新規市場へのアクセスの拡大

　④自社でゼロから立ち上げるよりも素早くスキルや経験を獲得しイノベーションのスピードを上げる

　パートナーシップの背景には、どんなに資金が潤沢な会社であっても、1社でアクセス可能なユーザーすべてにリーチして、ユーザーのすべてのニーズを満たすことは実質不可能であるという考え方がある。SaaS形態のプロダクトは素早いリリースを可能にしたことは事実だが、同時に市場の中で多くの競合を生むことにもなっている。たとえばマーケティングテクノロジーの領域では世界中で約8000

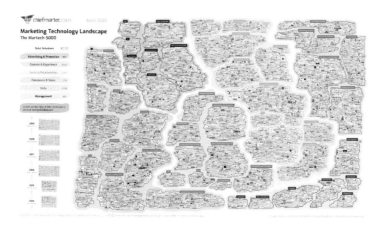

図表 19-5　マーケティングテクノロジーのカオスマップ[※5]

社がひしめいている（図表 19-5）。

　プロダクト本来の価値を高めることは大切だが、数多くの競争がひしめく市場の中では必ずしも生き残れるとはいえない。プロダクトマネージャーとしてプロダクトの価値をさらに際立たせるために、パートナーシップを使ってプロダクトを拡張したり、価値を届ける先を増やしたりしていく戦略を考えることは、とくに成長期や成熟期にあるプロダクトにとっては重要な選択肢となる。

(2) パートナーシップの種類

　ここでは代表的なパートナーシップの形態を概観してみよう。代表的な形態はチャネルパートナーである。チャネルパートナーとは主に GTM（8.2 節「ユーザーにプロダクトを提供する仕組みを整える」参照）で活用されるパートナーシップである。

　ユーザーへのリーチにおいてよく活用される形態であり、パートナーの中での付加価値のつけ方によって、ディストリビューター、リセラー、VAR（Value Added Reseller）、システムインテグレーター、MSP（Managed Service Provider）とい

※5　https://chiefmartec.com/2020/04/marketing-technology-landscape-2020-martech-5000/

う分類がある。

　ディストリビューターは「卸売」の立ち位置で在庫をもったり営業活動の裏方として活動する。リセラーは生産者たる一次企業もしくはディストリビューターからプロダクトを仕入れ、再販するがその際にプロダクトに対して何か変更を加えるようなことはしない。ただサポートや導入支援の部分でのサービス提供を行うことがある。

　この発展的な形態としては、再販するプロダクトにサービスなどの価値を乗せるVARやシステムインテグレーター、プロダクトに関するすべてのサービスを請け負うMSPがある。

　パートナーシップには販売チャネルの補完だけではなく、技術部分でのパートナーシップもある。たとえばパートナーシップ企業の技術を相互に利用するテクノロジーパートナーシップやOEM、より深く踏み込んだストラテジックアライアンスなどがある。自社のプロダクトの価値がより高まり、ユーザーの手に届きやすくなるパートナーシップとはどのようなものかは熟考したい。

（19.2.2） パートナーエコシステムの型

　パートナーエコシステムとは、異なるパートナーシップの組合せによる価値創造の戦略である。さまざまなパートナーシップ形態の中でも多くの参加企業を集め、互いに価値をもち寄って大きな価値やイノベーションを促すあり方である。前述のパートナーシップ形態は1対1もしくは1対多の場合が多いが、パートナーエコシステムはエコシステム参加企業すべてが何らかのメリットを享受する代わりに、一定のコミットメントを果たすことで成り立つ。

　パートナーエコシステムには類型があり、エコシステム構築を行う（資金やリソースを提供するスポンサー企業）側とエコシステム参加者をコントロールする側（エコシステムマネージャー企業）の立ち位置で4種類にわけることができる（図表19-6）。

（1）ロックイン型
　ロックイン型はエコシステムを構築するためのハードウェアやソフトウェアが

PART I
PART II
PART III
PART IV
PART V
PART VI

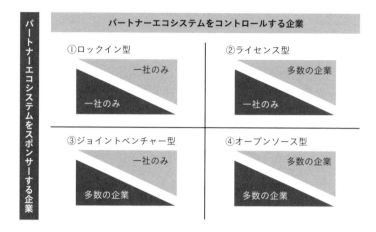

図表 19-6　パートナーエコシステムの型[※6]

1 社によって独占的に提供され、そこに参加するパートナー企業は独占している
1 社のコントロールを受ける形態である。

　代表例は Apple である。macOS や iOS、iPhone や Apple Watch といったソフ
トウェアやハードウェアは Apple 独自のものであり、Apple のパートナーエコシ
ステム参加企業は Apple のコントロールを一様に受ける。

　他にも Cisco も同様に、Cisco 独自のネットワーク機器のハードウェアとソフ
トウェアを提供する一方、Cisco のパートナー企業は Cisco の基準によってグレ
ード分けがなされる。ロックイン型に参加する企業はスポンサー企業のプロダク
トに直接手を加えることはできず、プロダクトを使う代わりに別の価値を提供
する。

(2) ライセンス型

　ライセンス型は 1 社によって支援され、そこに参加する多数の企業は独自にプ
ロダクトを開発したり、サービスを提供したりする形態である。代表例は ARM
である。

※6　"Opening Platforms: How, When and Why" by Thomas R. Eisenmann, Geoffrey Parker, Marshall Van Alstyne

2016年にソフトバンクが3.3兆円で買収したことでも話題になったが、ARM
は半導体の設計図を半導体製造会社へ提供する代わりにライセンス料を徴収し、
工場で生産・出荷されるたびにロイヤリティー収入を得ている。現在スマートデ
バイスやIoT製品といった省電力、高セキュリティーの半導体設計では世界で圧
倒的シェアをもつに至っている[7]。

(3) ジョイントベンチャー型

　ジョイントベンチャー型は多数の企業によるスポンサーを受けつつ、ジョイン
トベンチャーとして設立された企業がパートナーエコシステムをコントロールす
る形態である。代表例は動画配信サービスのHuluである。

　Huluは米国キャリア企業Comcastの1部門であるNBCユニバーサルテレビ
ジョングループと、米国ウォルト・ディズニーの1部門であるディズニーABCテ
レビジョングループによるジョイントベンチャーとして設立された。Huluで提供
される映像コンテンツは多くのパートナーシップ参画企業によって成り立ってい
るが、コンテンツのコントロールはHuluが独占的に行う。

(4) オープンソース型

　オープンソース型は多数の企業によるスポンサーを受けているのと同時に、コ
ントロールする企業も多数にわたる。代表例はLinuxである。Linuxはオープンソ
ースのOSとしてAT&T、Cisco、Facebook、富士通、Google、日立、Huawei、IBM、
Intel、Microsoft、NEC、Oracleといった世界中の企業がスポンサーとして存在
する。

　一方で、Linuxを実際に商用展開する際にどのようなディストリビューションパ
ッケージにするかは参画企業に任されている。

　たとえばRed Hat(現在はIBMの傘下）のRed Hat LinuxやCanonicalが展
開するUbuntuがそれにあたる。QualcommやRoombaといった企業はLinuxと
互換性をもつためのドライバーを用意したり、OSの中心部分（カーネルとよぶ）
を自社用につくり変えたりする。こうした部分は各企業が独自に行う。

---

[7]　2019年時点。

19.2.3 プロダクト戦略に合わせたパートナーシップを構築する

パートナーシップの活用はプロダクトの価値と可能性、スタートアップ企業が大企業と組めるという理由でパートナーシップに飛びついてしまうことが散見される。パートナーシップの中身によってはスタートアップ企業にとって開発リソースをむやみに割かれてしまい、身動きが取れなくなってしまう状況に陥ることがある。

こうなるとパートナーとなった大企業と一蓮托生となってしまい、一体誰のためのプロダクトなのかがわからなくなってしまうということも起こりうる。それがスタートアップ企業にとって望ましいならともかく、プロダクトのビジョンから遠ざかるようであれば大きな痛手である。パートナーシップの中身や帰結についてはプロダクトマネージャーが社内のステークホルダーとしっかり議論したうえで決めていってほしい。

適切なビジネスパートナーを選定するためにはプロダクトの Core と Why を思い出して、ビジョンを達成でき、一番効率がよく、よい関係を結べることを確認する必要がある（図表 19-7）。プロダクトの What にとらわれて、すでに関係の深いパートナーを選択することや、目の前に提示された収益に飛びついてしまわないように気をつけなければならない。

そのためには、ビジョンをもとにビジネスパートナーを選定するための評価指標を作成し、評価が高いところから順番に検討したい。ビジネスパートナーを見る前に評価指標をつくるようにしてほしい。

選択したビジネスパートナーとよい関係を築くために、相手の関係者がプロダクトにかかわることで得られるメリットや、競合ではなく自社とのアライアンスを結んでもらうことができた要因、守らなければいけない契約条件を可視化しておこう。

とくに、こういった交渉をするビジネス部署と開発部署の距離が遠いような組織では、連携不足から知らない間に相手の関係者を軽視してしまうことがある。

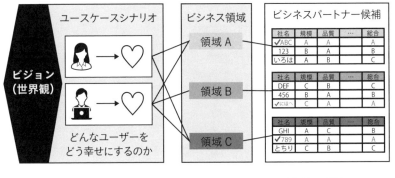

図表 19-7　ビジョンとユーザーシナリオ、パートナーの選定軸の関係

ビジネス部署が知らない間に開発部署が購買したデータを契約で禁止されている
ような改変をすることや、関係者がメリットと感じている事項がいつの間にかプ
ロダクトからなくなっているなど、認識の差から起きる事故は防がなくてはなら
ない。部署間の垣根を越えて共通認識をつくることは、プロダクトマネージャー
の仕事である。

19.3　指標を計測し、数字を読む

　7.4.3項「評価指標を立てる」でプロダクトの指標の立て方と North Star
Metric (NSM) について紹介をした。ここでは具体的に、NSM を分解した KPI と
なる指標をどのように計測し、分析するかを解説していく。

19.3.1　プロダクトでよく使われる代表的な指標

　プロダクトの中で計測されることが多い代表的な指標を紹介する。データ分析
の入り口は無数にあるので、どこから手をつけていいかわからなければ、データ
サイエンティストとともに分析にあたるのがよい。
　データから見えてくるユーザー像を捉えていく楽しさを感じられるようになれ
ば上出来である。

（1）継続率

ソフトウェアプロダクトの成功を測るうえで、業界にかかわらず重要な指標となってくるのがユーザー継続率（User retention）である。まず、継続率が示しているユーザーがプロダクトに定着している状態について解説する。

ユーザーがモバイルアプリをインストールし立ち上げると、たいていアカウントを開設することになる（図表19-8）。メールアドレスや携帯番号認証などでアカウントをつくると、ユーザーは初めてプロダクトを使うことになる。これをシリコンバレー企業ではFirst Time User Experience (FTUX：ユーザーが初めてプロダクトに触れたときの体験。エフタックスもしくはエフチューイとよばれる）という。ここでユーザーにプロダクトに興味をもってもらうことで、アンインストールされずに別のタイミングでまた使ってくれることになる。

図表 19-8　モバイルアプリの定着率とユーザーの使い方の関係例

プロダクトに定着したユーザーは継続してプロダクトに戻ってくる一方、定着していないユーザーは2回目を使ったあとは使わなくなってしまっている（アンインストールされた可能性もある）。

プロダクトをインストールしてから最初に使い終えるまでの間、ユーザーはプロダクトに対して非常に強い印象をもつことになる。たとえばアカウント開設の際、ユーザーから得る情報について「なぜこれを必要としているのか、許可しないとどうなるのか」といった不安を取り除くメッセージを準備することで安心してもらうなど、企業の多くはFTUXを重要視しており、専門のプロダクトチームが設けられることもよくある。

FTUXがうまくいけばユーザーはプロダクトに興味をもってくれるので、時間

PART I

PART II

PART III

PART IV

PART V

PART VI

をおいてまた戻ってきてくれる。このときユーザーが初日から数えていつ戻ってくるかを計測してユーザー継続率を算出する。

たとえばある新規ユーザーは初日のユーザーとして Day0（もしくは D0̂）とカウントされ、次の日に使ってくれれば D1 ユーザー、5 日目に使ってくれれば D4 ユーザーとしてカウントする（企業によっては初日のユーザーを D1、5 日目のユーザーを D5 とよぶ場合もある）。

今週使い始めたユーザーが 1 週間の間に初日、3 日目、6 日目に 3 回使ったとすれば、そのユーザーは D0、D2、D5 としてそれぞれカウントされる。こうしたデータの可視化の手法としては図表 19-9 のようなコホート分析がよく使われる。

一番左の列にユーザーが使い始めた日付、その右の行に経過日（週や月）を記し、ある日に使い始めたユーザーが日を追うごとにどれくらいプロダクトに戻ってきているかを継続率[8]で表し、継続率が高いほど濃い色で表示されるようなヒートマップとなっている。ユーザーがプロダクトを使い始めてからどのくらいで離脱してしまうのか、逆に離脱しているようならそれを防ぐ手立てを考えるきっかけを与えてくれる。

日付	D0	D1	D2	D3	D4	D5	D6	D7
1/4	100%	90%	80%	70%	60%	50%	40%	30%
1/5	100%	95%	88%	76%	62%	58%	42%	33%
1/6	100%	94%	82%	71%	66%	52%	45%	31%
1/7	100%	92%	81%	70%	63%	51%	53%	
1/8	100%	91%	81%	72%	64%	52%		
1/9	100%	91%	85%	72%	61%			
1/10	100%	93%	83%	71%				
1/11	100%	92%	83%					
1/12	100%	90%						

図表 19-9　コホート分析

---

[8]　継続率 = 任意の日数におけるユーザー数÷ある日にプロダクトを初めて使い始めたユーザー数（D0 ユーザー数）

① DAU と MAU

DAU とは Daily Active User の略で、プロダクトを使ったユーザーの 1 日の数を表す。MAU とは Monthly Active User の略で、DAU と同様にその月にプロダクトを使ったユーザーの数を表す。ユーザー数の計測は、プロダクトや業界によるが一般的にはユーザーの利用（ログインだけだとしても）を確認したタイミングでカウントすることが多い。

たとえば DAU が 1 万人だとすれば、1 万人のログインがあったことになるが、その 1 万人がどのようにプロダクトを使ったかは問わない（そこから何らかのアクションを取ったユーザーを DAU と定義してもよい）。気をつけたいのはこの 1 万人のユーザーはすべてユニークユーザーであることである。同一ユーザーが 1 日の間に 2 回ログインしたとしても 2 人ログインしたとはみなさず、1 人としてカウントするのが通例である。同じ考え方は MAU にも適応される。

② ユーザー継続率曲線

プロダクトの DAU や Day X（X は任意の日数）ユーザーの数がわかれば継続率の傾向を知ることができる。たとえばある日の新規ユーザーが 1 万人いたとして、そのうち D2 に 3000 人、D3 に 2500 人、D4 に 2000 人が利用したとすると、ユーザー継続率は D2 は 3000 ÷ 10000 で 33.3 ％、D3 は 2500 ÷ 10000 で 25 ％、D4 は 2000 ÷ 10000 で 20 ％ となる。

グラフにすると図表 19-10 のようになり、この曲線のことをユーザー継続率曲線 (User Retention Curve) という。

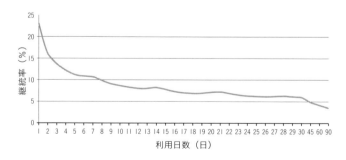

図表 19-10　ユーザー継続率曲線

プロダクトによってユーザー継続率曲線は大きく分けて３パターンに分かれる。
(図表 19-11) ユーザー継続率曲線がまっすぐ右下に向かっているようであれば、
プロダクトは PMF を達成していない。日が経てば経つほどユーザーが逃げてい
るからである。

一方、D1 で大きく落ちるものの、その後は緩やかに継続率が下がっていくのが
よく見られるパターンである。理想的には、D1 では大きく落ちるが、その後はゆ
るやかに継続率が増えていく状態である。日を追うごとにユーザーがプロダクト
に定着していることが読み取れる。

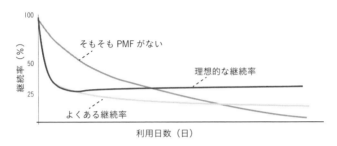

図表 19-11　ユーザー継続率曲線のパターン

(2) 離脱率

離脱率 (Churn rate) は継続率と表裏一体の重要な指標で、これら双方に目を
配るほうがよい。新規ユーザー獲得に成功し、継続率を上げる改善にばかり目を
向けていると、そもそもなぜユーザーが離脱するのかを考えるきっかけを失って
しまう。

離脱率は穴の空いたバケツのようにじわじわとプロダクトの成長を阻害する (図
表 19-12)。バケツからの水漏れを遅くするような対処をしないと、いくら新規ユー
ザーが増えてもプロダクトが成長しない事態に陥る。

離脱率は目に見えないところが原因となって上がることも多い。プロダクトの
見た目の美しさや使いやすさは継続率改善には効いてくる。しかし起動するたび
のローディング時間で長く待たされたり、重要な機能が壊れていたりするとユー
ザーは離れてしまう。

UI 上の表面的なバグだからといって対応を後回しにしていたものがプロダクト

の総合的な UX を大きく損なってしまっていることがある。継続率だけを考えているだけでは、離脱率の上昇を見逃してしまうことがあるので注意したい。

図表 19-12　離脱率の考え方

① AARRR モデルとファネル分析

離脱率を考えるうえで有用なモデルは AARRR モデルである（図表 19-13）。ユーザーがプロダクトに気づくところからインストールして使い始め、有料ユーザーとなっていく様子を階層化したものである。上から下へ行くに従い通常はユーザー数が減っていくので、その形状からファネル（漏斗）とよぶことが多い。獲得ユーザー数（Acquisition）やアカウント作成ユーザー数（Activation）の部分をトップオブファネル（Top of Funnel）、有料ユーザー数（Revenue）や他のユーザーを紹介してくれたユーザー数（Referral）の部分をボトムオブファネル（Bottom of Funnel）とよび、集中して働きかける階層を分けて考える。

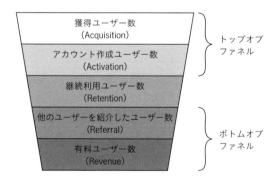

図表 19-13　AARRR モデル

扱うプロダクトやビジネスによっては、Referral と Revenue は順序が逆になる場合もある。買って使ってもらって初めてユーザーに Referral する気になってもらうこともあれば（とくに BtoB）、SNS でバズを起こして Referral してもらってから Revenue につなげる場合もあるからである。

各階層を見比べてユーザー数の落ち込みが大きなところに着目する。たとえば Facebook を利用したキャンペーンや広告などでランディングページ閲覧をしたユーザー数（Acquisition）が増えたとしても、アカウント作成ユーザー数（Activation）の落ち込みが激しければそのキャンペーンは成功したといえない。

なぜ激しく落ち込んでいるのか、プロダクトのメッセージの出し方からアカウント開設完了に至るまでの流れの中で一番ユーザーが離脱している部分はどこであるかを分析する必要がある。その過程で「なぜユーザーが離脱するのか」に対する仮説を立てていくことになる。

(3) ネットプロモータースコア

ネットプロモータースコア（Net Promoter Score：NPS）とはプロダクトを使ったあとにユーザーがどのような印象をもつかを定量的に計測するための指標である。2003 年に米国系コンサルティング会社の Bain and Company によってつくられて以降、BtoB、BtoC にかかわらず幅広く使われプロダクトや企業に対するユーザーの満足度やロイヤリティーを理解するために用いられる。

スコアは− 100 から +100 の間で表示され、高いほどよい。計測の仕方は、以下のようなシンプルな質問をユーザーに投げかける。

「あなたが○○○を友人や親戚に薦める可能性は、どのくらいありますか？」
（○○○はプロダクトやサービス名、企業名が入る）

この質問に対して、0 から 10 までの 11 段階から選んでもらう（図表 19-14）。

こうして得られた結果から点数に応じて、批判者（0〜6 をつけた人）、中立者（7、8 をつけた人）、推薦者（9、10 をつけた人）の 3 つのグループにユーザーを分類する。各グループの人数が全体のうち何%を占めるかを導き、推薦者の割合から批判者の割合を引くことでスコアが求められる。たとえば推薦者が 80%、批判者が 10%いた場合、NPS は 70 になる。批判者が推薦者よりも多ければ NPS はマイナスになる。

図表 19-14　NPS の例

　NPS にはトランザクショナル NPS とリレーショナル NPS の 2 種類がある。前者は毎月、4 半期、毎年といった定期的にユーザーに問いかけるものであり、リレーショナル NPS は時期に関係なく何らかのプロダクト体験の終わりに問いかけるものである。

　どちらがよい・悪いということではなく、定時観測としてのプロダクト全体の体験を評価する NPS と個別の体験についてユーザーの反応を知る NPS は、それぞれがマクロレベルとミクロレベルで計測しているという特徴がある。NPS で何を知りたいのか、得られたデータをプロダクトの成長にどう活用するのかをあらかじめ決めておいたほうがよい。

19.3.2 サブスクリプションモデルでよく使われる指標

　サブスクリプションのように継続的にプロダクトの価値を提供する場合は、従来の買切り型のプロダクトとは指標の捉え方が異なる。サブスクリプションモデルでよく使われる指標には図表 19-15 のようなものがある。

　コストの観点におけるソフトウェアとハードウェアプロダクトの決定的な違いは、限界費用（Marginal Cost：MC）である。限界費用とは生産量を 1 つ増やしたときに必要な生産費用を指す。

　たとえばあるラーメン屋では 1 日 200 杯まで提供できるとすると、199 杯目から 200 杯目はラーメン 1 杯分の変動費がかかるだけだが、200 杯目から 201 杯目となると、いまの店舗の設備だけでは足りなくなってしまい、厨房の改造や店舗の拡張など大きな投資が必要になる。このラーメンを 1 杯多くつくることになったときに追加でかかる費用が限界費用である。限界費用は提供できる限度を迎え

たときに急激に上がることは、ハードウェア的な世界ではよくある話である。

図表 19-15　サブスクリプションモデルによく使われる指標

略　称	名　称	概　要
MC	限界費用（Marginal Cost）	生産量を1単位増やした場合に必要とされる費用
CAC	ユーザー獲得費用（Customer Acquisition Cost）	新規ユーザーを1人獲得するために必要なマーケティングコスト
LTV	ライフタイムバリュー（Life Time Value）	ユーザーがそのプロダクトと関係をもっている期間を通して支払う金額の総量
CV	ユーザー1人あたりから得られる収益（Customer Value）	ユーザーの平均購入額とユーザーの平均利用頻度を積算し、ユーザー1人あたりによってもたらされる単位期間あたりの収益を示すもの。たとえばユーザー1人あたり7500円の平均購入額が1年のうちに4回平均して発生していれば、CVは3万円となる
ACL	平均ユーザー定着期間（Average Customer Lifespan）	1人のユーザーがプロダクトを利用する期間の平均
MRR	月次経常収益 (Monthly Recurring Revenue)	月ごとに決まって発生する売上
ARR	年次経常収益 (Annual Recurring Revenue)	年ごとに決まって発生する売上
ARPU	ユーザー1人あたりの平均収益 (Average Revenue Per User)	売上をユーザー数で割って計算される1人あたりの平均収益
ACV	年次当たりの契約金額 (Annual Contract Value)	1年間での受注金額の合計

(1) ユーザー獲得費用とライフタイムバリュー

ソフトウェアの場合はユーザーが1人が増えたところで、その1人のためにコードを追加することはしない。既存のサーバーではさばききれないほど急激にユーザー数が増え提供できる限度を超えるような状態が接近しない限り、限界費用はゼロに近い。

しかし、サブスクリプションの場合にもユーザーが1人増加することによって増加しているコストがある。それがユーザー獲得費用（Customer Acquisition

Cost：CAC）である。サブスクリプションの場合、継続的に使い続けてくれるユーザーを増やすためには、いかに新規ユーザーを増やすかが重要になってくる。月間のCACを式で表すと以下のようになる。

月間 CAC ＝ 月あたりのセールス・マーケティング費用÷月あたりに獲得できた
新規ユーザー

CACはコストである以上値は小さいほど望ましい。実際は業界やプロダクトによるためサブスクリプションでは利益の観点と相対化することでその健全性を判断する。利益の観点とはライフタイムバリュー（Life Time Value：LTV）である。LTVとはユーザーが定着している間にどのくらいの収益が上げられるのかを測る指標である。

LTVを算出するためにはユーザー価値（Customer Value：CV）と平均ユーザー定着期間（Average Customer Lifespan：ACL）が必要になる。たとえばEコマースプロダクトを例に取ってみると、それぞれ以下のように求めることになる。

CV＝ 全ユーザーの平均購入額×全ユーザーの平均利用頻度

ACL＝ 1 ÷離脱率

LTV ＝ CV × ACL

LTVとCACが明らかになると、1ユーザーあたりの経済性（Unit Economics：UE）という指標を導くことができる。UEはSaaSビジネスの健全性を示すものとして広く使われており、次式で計算できる。

UE ＝ LTV ÷ CAC

LTVとCACの関係性については以下の3パターンがあり、それぞれプロダクトマネージャーとして気を配るべきポイントがある。

① LTV > CAC

LTVがCACを上回っているということは、コストよりも利益を出せている状態である。とくにUEが3以上であれば、SaaSの世界においてはプロダクトは順調に成長しているとみなされる。100万円を投資すれば300万円がリターンとして得られる状態となっている。この場合、グロース戦略に打って出てよい。

② LTV ＝ CAC

LTVとCACが等しいということは、投資に対するリターンが同じ状態である。

この場合、グロース戦略に打って出るのは危険であるといえる。どのようにLTVを上げるか、いかにしてCACを下げるかを考えなければならない。これは現在展開しているプロダクトの価値に新規性がないか、価値を感じてもらえていない可能性を示唆している。もしくはクロスセルやアップセルをうまく取り入れることでLTVを向上させることができる可能性がある。

③ LTV < CAC

LTVがCACを下回っているということは、ユーザーを獲得するたびに利益を失っている状態にほかならない。これはもっとも危険な状態である。一時的ならまだしも、継続的にこの状況に陥っているのならそもそもプロダクトづくりの一歩目から間違っている可能性がある。手遅れになる前に見直したほうがよい。

(2) その他の指標

LTVとCAC以外にサブスクリプションモデルを考えるにあたっておさえておきたい指標は以下の4つである。

① MRR

MRR (Monthly Recurring Revenue) とは月次経常収益のことである。サブスクリプションモデルでは、ユーザーが一定期間ごとに繰り返し支払うことを想定しているために、継続収益を予測するために利用する。年単位で見る場合はARR (Annual Recurring Revenue) とよばれる。

② ARPU

ARPU (Average Revenue Per User) とは単位期間の中であげられた収益をユーザー数で割ったものである。ユーザー1人あたりの平均収益を示している。LTVより算出が簡単なので、収益傾向を簡単につかむ場合によく使われる。似たような指標にARPA (Average Revenue Per Account) とよばれる、単位期間の中で上げられた収益をアカウント数で割ったものがある。

なおBtoB SaaSの場合はARPUのU (User) は契約企業単位を示し、ARPAのA (Account) はその企業に所属する個々人のユーザーアカウント単位を示して区別して使う場合もあるので注意が必要である。ARPPU (Average Revenue Per

Paying User)という指標もあり、これは有料ユーザー1人あたりという意味になる。

③ CAC 回収期間

CAC 回収期間（CAC Payback period）とはユーザーがどれくらいの期間継続利用すれば CAC を回収できるかを示すものである。シリコンバレーだと、スタートアップであれば通常 15 ～ 18ヶ月を示すことが多いが、12ヶ月以内に収めることが望ましいとされている。

④ ACV

ACV（Annual Contract Value）とは単年度当たりの契約金額のことである。主にエンタープライズ系プロダクトで使われる。たとえば3年で300万円の契約で導入支援に 90 万円だった場合、ACV =（300+90）÷ 3 = 130 万円／年 ということになる。主に年間契約の料金メニューをもっているサブスクリプション型プロダクトで使われる。

(19.3.3) データを収集するための技術的な知識

ユーザーデータを活用するためにはデータを集める仕組みが必要である。集めるためには、どのようなユーザーのアクションをデータにするかを決めなければならない。プロダクトマネージャー自身で行うこともあればデータサイエンティストとともに定義していくこともある。

（1）アクションの定義

アクションを定義するポイントは、「どのアクションを収集するか」「アクションの付加情報」の2つがある。たとえば動画配信サービスを利用するユーザーがあるドラマのエピソードを見ようとして画像をクリックしたとしよう。プロダクトマネージャーとしてはこのアクションはぜひ取得したいアクションデータである。

アクションの付加情報として、ユーザーのクリックはノートパソコン、スマー

トフォン、スマートTVといったさまざまなデバイスからなされ、当然各デバイスにはOSアプリのバージョンがあり、どのデバイスから利用したのかを取得することで改善につながる。クリックされた時間やおおまかな位置情報も集めるとユーザーの一側面が見えてくるだろう。

　また、クリックした作品が画面のどの位置にあるのかといった情報を集めると、どこに何を表示すればユーザーはよりクリックしてくれそうか、などの検証にも役に立つ。このように、どのアクションにどの付加情報を合わせて収集するか、という定義はデータ活用のために非常に大切になる。

(2) データの記録場所

　次にポイントとなるのが、サーバーサイドとクライアントサイドのどちらでユーザーデータを記録するかである。どちらにも得手不得手があるので集めたい情報についてプロダクトマネージャーとエンジニアが話し合って決める。

　記録し、収集するためのツールはいくつかあり、それらのツールを使うことで得手不得手を解消できることもあるため、エンジニアと利用予定のツールやその長所・短所について相談するとよいだろう（図表19-16）。

図表 19-16　ユーザーデータの記録場所による特徴

記録場所	長　　所	短　　所
クライアントサイド	・サーバーに通信できない状態でも、ユーザーのアクションを確実に拾い、通信が復活したときに記録できる ・画面を読み込んでからクリックするまでに何秒かかったのかなど、細かい挙動をユーザーイベントとして収集することができる	・モバイルアプリでサードパーティのツールを埋め込んで使う場合には、アプリのサイズが大きくなる弊害がある ・クライアントデバイスの挙動に依存する（ブラウザやAdBlockerにより動きが変わることも）
サーバーサイド	・サーバーのタイムスタンプで集計することができる ・アクセスしたことのログを記録しておけば、後からさかのぼって集計が可能である	・サーバーを介さずに実施される処理が集計できない、もしくはタイムラグがある

PART I

PART II

PART III

PART IV

PART V

PART VI

(3) データの処理

集まったデータを最終的に活用するためには ETL (Extraction, Transformation, Loading) 処理を経て社内のデータベースに格納する必要がある。ETL 処理とは集まったデータが文字化けしていたり、異常値を示していたり、空欄だったりとクリーンではない場合にクリーンナップを行い使用可能にする操作のことである。

集まったデータを集計するタイミングには、大きく 3 種類ある。

① リアルタイム：収集対象のアクションをユーザーが実施し、ユーザーイベントが上がってくるたびに随時処理を行い、リアルタイムでユーザー動向を見られるようにする。

② バッチベース：3 時間毎、1 日毎など、データが集まるのをまって定期的に処理する。

③ イベントベース：その他、ある特定のイベントが発生したタイミングで処理を開始する。

プロダクトマネージャーとしてはデータをリアルタイムで知りたいかもしれないが、一般的にリアルタイムがもっともコストが掛かる。使える予算やエンジニアのスキルによっては望みどおりにいかないことが多い。どのように妥協点を見出し、本来リソースを使うべきところに集中できるかが腕の見せどころとなる。

(4) データの分析

データの集積が終わればいよいよ分析が可能となる。何度も繰り返し見る数字であれば、必要なデータをグラフ化し、それを一箇所に集めたダッシュボードを構築して可視化するとより使いやすくなる。ただしあまりにダッシュボードが増えすぎて、どのグラフのどこを見ればいいかわからないといった状態に陥らないためにも、可視化をすることで本当に価値があるデータを見極め、場合によっては関係者と議論をするとよい。

定常的に見る数字以外を分析する際、データベースに格納されていれば SQL を使うこともある。1 日あたりのアクティブユーザー（DAU）といった単純な数字だけでなく、1 日あたりのユーザーのアクション数、特定コンテンツにアクセスしたユーザーの時間帯別分散といった複雑な分析もできる。プロダクトマネージャーも基本的な SQL は使えたほうがよいと考えるが、使い慣れていないのであればデ

ータサイエンティストとともに分析しよう。

さて、ここまでユーザーデータを収集・集積・分析するという観点で説明をしてきた。これらは自社開発することも可能だが、サードパーティを使う場合も一般的である。図表 19-17 にモバイルプロダクトで利用可能なサードパーティーを挙げる。

図表 19-17　モバイルアプリのサードパーティー別の特徴

レイヤー	項目	役割	代表的なベンダー
収集	ヘルスチェック	プロダクトのヘルスチェックやクラッシュなど、ユーザーの体験を阻害してしまう部分をトラックする	Firebase Crashlytics, Datadog, New Relic
	ユーザー属性情報収集	ユーザーがプロダクト内で取るアクションに対して、そのログと付加情報（App version, OS, Device type, Location 等）をあわせて集める	Adjust, Appsflyer, Singular
	ディープリンク	ウェブサイトからモバイルアプリへ遷移する際に、インストールを挟んでもユーザーのアクションをトラックできる	Branch, Button
集積	データパイプライン	上記のようなログを集めるためのデータパイプライン	Treasure Data, Alooma, Snowplow
分析・テスト	アナリティクス	パイプラインから集まってくるデータを分析するためのツール	Tableau, Google Analytics, Adobe Analytics, Mixpanel, Kissmetric, Amplitude
	AB テスト	分析の結果、新たな仮説をテストするための AB テストツール	Optimizely, Apptimize, Google Optimize
統合プラットフォーム	カスタマーデータプラットフォーム	上記の個別のソリューションをまとめて提供するプラットフォーム	Segment, mParticle

19.3.4　データを読み解くための統計的な知識

（1）AB テスト

AB テストとは仮説を検証するために行われる手法の１つである。ユーザー群

PART I
PART II
PART III
PART IV
PART V
PART VI

を2グループにわけ、片方のグループにのみプロダクトの新しいUI／UXや機能改善を体験してもらい、何も変更が加わっていないグループと比べることで施策の効果を検証する。このとき、変更を体験してもらうグループのことをテストグループ（もしくはトリートメントともよぶ）、何も変更が加わっていないグループをコントロールグループという。

ABテストは、新機能を適応したテストグループと変更をしていないコントロールグループの結果を比べるだけでのシンプルな手法である。しかし、結果を比べるには統計学の知識が必要であり、実際にはABテストから結果を読み解くのは難しい。

たとえば、クリック率を改善するためのUI変更をABテストして、コントロールグループのクリック率が70.0%、テストグループが70.1%という結果が出たとしよう。このとき、0.1%分よい結果がでているからといって、テストグループに適応した機能が優れていると判断してもよいだろうか。70.0%のうちの0.1%はとても小さいために、この結果からUI変更が改善を促したとは判断できないと感じるのではないだろうか。ABテストの結果を読み取るには、確率的に偶然や誤差ではなく、意味があると考えられる改善があるかどうかを判定しなければならない。この意味がある差がある状態を「統計的に有意差がある」という。

統計的に有意差がある結果を出すためには、テストをする人数や期間も重要になる。テストの対象にする人数をサンプルサイズという。たとえば、コントロールグループのクリック率が70%で、テストグループが100%だったとしても、コントロールグループの対象者が100万人でテストグループが3人であればこの結果を鵜のみにしてはいけないことが想像できる。

テストしたい機能のユーザーへの影響がとても大きい場合には、その変更を適応するユーザーの数を小さく抑えたいと考えるかもしれないが、あまりにもサンプルサイズが小さければ正しい結果を取得することができない。

では、ABテストは何人に実施して何%の改善があれば、新機能がよい結果を出しているといえるのだろうか。これはテストする内容によって異なるため、正しく求めるには統計学の知識が必要である。もし社内にデータサイエンティストがいるなら、ABテストの設計から相談するとよい。

ABテストに必要なサンプルサイズを推測したり[9]、結果に有意差があるかどうかを確認したりすることができる[10]オンラインツールも多くある。ABテストを実施するときは、せっかく実施した結果を無駄にしないためにも、結果を正しく読み解くことを心がけてほしい。

ABテストをする際の注意点は、一度に多くをテストしすぎないことである。たとえばある画面に5箇所の変更を加えたとすれば、どの変更がもっとも効果的だったのか、逆にUXを悪くしてしまったかがわからなくなってしまう。

実施する場合には、テストグループを複数パターン用意して行うことになるためABCテスト、Multivariate AB testなどともよばれることがある。ただし、グループの数を増やせば用意しなければいけないサンプルサイズも増えるので、十分なユーザーが集まるのに時間がかかり結果としてテスト期間が長くなってしまうという点は考慮しておきたい。

またABテストを行う前に、どの指標を上げることが目的なのか、テストのゴールは何か、どのような関連指標を観察するかについては明確にしておきたい。ABテストの結果、ある指標は上がったが、別の指標は下がったということがよくある。

プロダクトマネージャーとして何を許容し、どうなったら施策の見直しとするのかという意思決定基準を明らかにしておくことで、テストの結果の解釈でプロダクトチーム内の足並みが乱れることを防ぐことができる。

ABテストが終わった際にはその分析結果をドキュメント化し、社内に情報公開していこう。失敗していても恥ずかしがることはない。そこから何を学んだのかが重要であり、そうした学びは徹底的に社内に共有すべきである。こうした各プロダクトマネージャーの学びの蓄積によって、よりよい仮説が生まれやすくなる。

(2) 基礎的な統計学の知識

数字を読むとは、目の前の数字がプロダクトや意思決定にもたらす意味を読み

※9　https://www.optimizely.com/sample-size-calculator/

※10　https://www.qualtrics.com/blog/calculating-sample-size/

取ることである。たとえば「300」という数字を目にしたとき、それが大きいのか小さいのか、健全なのか危険なのかといった数字から推し量れる情報を読み取らなければならない。そのためには数字を比較することが第一となる。

　日本の総人口や総世帯数、平均年収や就業人口数など基本的な統計数値を大まかに頭に入れておくことで、比較と考察の見当をつけやすくなる。また損益計算書やキャッシュフロー計算書を読み取れるに越したことないが、まずは数字自体を比較し読み取るための基礎的な考え方をおさえよう。

①平均値

　平均値とは、複数の数値の総和を算出し、数値の個数で割った値のことである。複数の数値を比較する際のわかりやすい方法ではあるが、平均値だけを見てしまうと誤った解釈をしてしまう。たとえば、プロダクト評価の平均点が70点であったとき、個々の点数が70点近辺に集まっていた場合と、100点周辺および40点周辺にかたよっていた場合では数字の解釈の仕方が変わってくる。

　KPIのように過去60日や90日といった比較的長期にわたる時系列データの場合、全体の日数で平均を取るよりも、過去3日間や7日間ごとなど、期間を区切って平均を取る「移動平均」という考え方が一般的である。自社のユーザーが新機能を一定期間の間に何回使ってくれているか、など大まかに傾向を知るためによく使われる。

②中央値

　中央値とは、複数の数値を小さいものから大きいものへと順番に並べたとき、真ん中（中央）に位置する数値のことである。1,1,1,2,4,4,4,5,8,8,15,20,33という数値群があった場合、中央値は「4」となり、平均値は「8.15」となる。

　ここで中央値と平均値のかい離が大きい場合は要注意である。平均値を押し上げている原因は少数の大きな値による可能性があるからである。少数の大きな値を飛び値として除外する必要があるかもしれない。つまり、プロダクト評価の平均値が高いからといって喜ぶのは早計といえる。中央値を確認して極端なユーザーによって数値が引きずられていないかを確認しよう。

③最頻値

　最頻値とは、複数の数値の集合のうちもっとも出現回数が多い値のことである。上記例の数値群では「1」と「4」が最頻値となり、その数字が現れた回数（度数）はそれぞれ「3」となる。上記はわずか 13 個の数値群だが、実際には数百、数千個以上の数値群から分析することになる。

　最頻値は、膨大な数値群の中でどこにボリュームゾーンがあるのかを示してくれる。ユーザーインタビューを集計した際に、ユーザーの声がどこにもっとも集まっていたかを知る際には平均値とともに使うことをおすすめする。最頻値が大きいことだけにとらわれるのではなく、逆に数字が集まっていないことに着目することでサイレントマジョリティー(声なき大多数) に気づける可能性がある。

④分散

　データのばらつきを表す数値を分散とよぶ（図表 19-18）。[1,1,1,1,1] という数列はばらついておらず分散が小さく、[1,1,100000,10000000,10000000000] という数列は前者に比べてばらついており分散が大きいと表される。たとえば、翌年の売上見込みを立てる際に 1 年間を通して月ごとの売上のばらつきが大きい場合、その原因を特定したほうがいいだろう。

　身長やカスタマーアダプションカーブなど、自然界にあるいろいろな事象に対してよくあてはまるといわれているばらつきのことを正規分布（Normal distribution）とよぶ。データを扱うときに、そのばらつきが正規分布に従っていることを仮説立てて扱うことも多い。たとえば、データが正規分布に従っている場合、平均値、中央値、最頻値がともに近い値を取る（図表 19-19）。

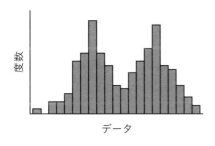

図表 19-18　分散

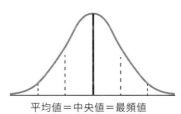

図表 19-19　正規分布

ところが、実際のプロダクトのデータをヒストグラムで並べた場合、つねに正規分布の形を取るわけではなく、図表19-18のように山が複数できる場合もある。
　このような場合は、2種類のデータが混在している可能性を示しているため、2つの最頻値をそれぞれ分析することを試みてもよい。データをただ数列で眺めているだけではこういった傾向に気づきづらいため、グラフに書いてみることが有効である。

⑤累積確率分布
　累積確率分布は対象とする事象が起こる確率を積み上げていくことで表現する。さいころを振って目が出る確率をグラフにしてみると、図表19-20の左のようになる。
　これを「さいころを振ってX以下の目が出る確率」の累積確率分布として示すと右図のようになる。さいころの目のようにどの目も均等に現れる場合の分布は右上がりになるが、実際のプロダクトで扱うデータではさまざまなカーブを描くことがある。

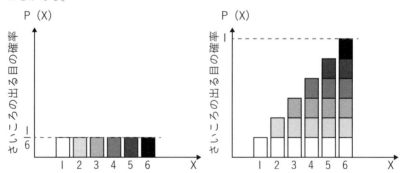

図表19-20　確率（左）と累積分布関数（右）

　累積確率分布を見ることで、どのパターンがもっとも確率が高いのかが一目瞭然になる（図表19-21）。たとえば無料ユーザーが特定の機能を使う回数が増えていった場合、何回利用をするとどのくらいの確率で有料化につながるのか、といった分析をするのに使われたりする。

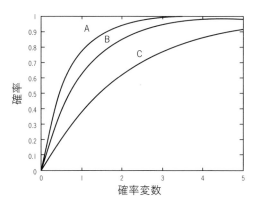

図表 19-21　累積確率分布

⑥変化率

　時系列データを扱う場合、その数字が期間中にどの程度変化したかという変化率は、数字のインパクトを図るうえで注目される。変化率は次のように求めることができる。

　変化率 =（期間の最後の数字 − 期間の最初の数字）÷期間の最初の数字

　変化率を 1 年前の数字と今年の数字で比較すれば単年成長率（Year-over-Year：YoY）がわかる。複数年単位での成長率を見る場合は年平均成長率（Compound Annual Growth Rate：CAGR）を見るのが基本といえる。

　たとえば、2015 年から 2019 年までの過去 4 年間の売上高の推移が図表 19-22 のように表せたとする。

図表 19-22　売上高の推移の例

年	2015	2016	2017	2018	2019
売上高（億円）	100	112	138	140	155

　この場合、2015 年から 2019 年に至る CAGR は、以下のように計算することができる。

　$\text{CAGR} = (155 - 100)^{\frac{1}{4}} - 1 = 11.58\%$

　n 年間で成長した金額に対して 1/n で累乗し、1 を引くことで求められる。

19.4 知的財産の扱い

19.4.1 基本的な知的財産権

プロダクトと知的財産は切っても切れない関係にある。自らのプロダクトが他者の権利を侵害することは避けなければならない。また、ライセンスビジネスを行う場合など、知的財産そのものが一種のプロダクトのように収益源となることもある。

(1) 知的財産制度の概要

知的財産権制度は「知的創造活動によって生み出されたものを、創作した人の財産として保護するための制度」[※11]である。これには、発明や考案、意匠、著作物などの人間の創造的活動により生み出されるものや産業上利用可能性がある自然界における発見、商標や商号など事業活動に用いられる商品やサービスを表示するもの、営業秘密などの事業活動に必要な技術や情報が含まれる。これらについて、とくにITプロダクトのプロダクトマネージャーに関係する権利を整理したのが図表19-23である。

プロダクトマネージャーは、これらすべての知的財産について概要を把握する必要がある。企業で知的財産について社内研修などが用意されていない場合には書籍や外部セミナーなどで基本的な知識は習得しておくことが必須となる。

知的財産について知らないと、自社の特許化可能な技術を秘密保持契約がない相手に話してしまい、先方に活用された後からそれに気づいても権利を主張できないということも生じうる。一方、第三者から提案されたアイデアを採用し、プロダクトに組み込んだ後で、そのアイデアが特許化されていたことを聞かされ、多額のライセンス料が発生することなどもある。

本書ではプロダクトマネージャーがとくに気に留めるべき産業財産権である特許権、意匠権、商標権の3つと著作権について解説をする。なお産業財産権とは、

※11　https://www.jpo.go.jp/system/patent/gaiyo/seidogaiyo/chizai02.html

特許権、実用新案権、意匠権、商標権の４つを指す。

図表 19-23　IT プロダクトにかかわる知的財産権の概観

分　類	権利等	対　象	該当する法律
知的創造物についての権利等	特許権	発明	特許法
	実用新案権	物品の形状等の考案	実用新案法
	意匠権	物品、建築物、画像のデザイン	意匠法
	著作権	文芸、学術、美術、音楽、プログラム等の精神的作品	著作権法
	回路配置利用権	半導体集積回路の回路配置の利用	半導体集積回路の回路配置に関する法律
	営業秘密	ノウハウやユーザーリスト	不正競争防止法
営業上の標識についての権利等	商標権	商品・サービスに使用するマーク	商標法
	商号	商号	個人の場合は商法 会社の場合は会社法
	商品等表示	周知・著名な商標等・ドメイン名	不正競争防止法

PART I

PART II

PART III

PART IV

PART V

PART VI

(2) プロダクトマネージャーがおさえるべきポイント

　プロダクト開発では、他者の知的財産を侵害する可能性の確認および自社のアイデアの特許化検討が必要である。どちらも知的財産の調査が必要となるが、基本的には自社の法務部や特許事務所、弁理士などと共同で行うことになる。

　ただし、最後の意思決定はプロダクトマネージャーや CEO が行うことには留意したい。専門家はあくまでも彼らの専門に基づいたアドバイスを行うが、リスクと利益のバランスを考慮したうえでの意思決定を行うのは、プロダクトや事業の責任者である。どんなに調査をしても特許侵害のリスクはゼロにはならないことも多いが、それでもプロダクトとしてリスクのある機能を提供することもある。

　また、特許の場合、申請までの時間や手間を考えて、敢えて申請をせずにそのアイデアが搭載されたプロダクトをリリースすることもある。いずれも純粋に法的な観点では間違いかもしれないが、プロダクトや事業全体を考慮したうえでこのような決定を下すことは間違いではない。

知的財産権を出願する目的には守りと攻めの2つの側面がある。守りの目的としては、他社に先んじてそのアイデアの権利を得ることで、安心してそのアイデアをもとにしたプロダクトを提供できる。他社から権利を侵害したとして訴えられる可能性を軽減する効果もある。

　強い権利や強力な知的財産権をもっていると交渉力の向上に寄与するため、自社が競争力のある特許を多く保持する場合には他社もいきなり訴えてくることはない。訴えたら訴え返されるリスクがあるからである。もし訴えられた場合でも、自社の特許の利用を許諾する代わりに先方の特許を利用するというクロスライセンス契約を結ぶことも視野に入れて検討できる。

　攻めの目的としては、知的財産を積極的に他社との競争に使う例が挙げられる。他社が自社の知的財産権を侵害している場合にその利用を停止させることで、競争優位性を保てる。これをさらに進めて、知的財産をもとにしたライセンスビジネスを行うことや、売却して収益を得ることもできる。いずれの目的の場合でも、できる限り特許取得を進めることが必要となる。

（3）特許権

　特許権とは、発明や考案など目に見えないため、明示的に保有することができないものを保護する権利である。発明や考案を奨励し、技術内容を公開して利用を図りひいては産業の発展に寄与することを目的にしている法律が特許法である。

　プロダクトマネージャーは自社のプロダクトの守り、攻めのいずれの目的の場合でも、できる限り特許取得を進めることが必要となる。ただし、特許取得は金銭的なコストも人的なコストもかかるため、会社としての知財戦略を設け、それに沿って行う。スタートアップでプロダクトのPMFを行わなければいけないときに、特許の充実に多くの時間を費やすことは、自社がディープテックといわれるような先端技術をコアコンピタンスとする会社でもない限りはあまり得策ではない。

　また、リバースエンジニアリングが容易ではない業界においてはあえて特許を出願しないという戦略を取ることもある。競合がその特許を侵害しているのかどうかが判断できない場合には、特許を出願することで自社の手の内を公開することになり情報を競合に提供するだけで終わってしまう可能性がある。特許を取得

するかについては事業として戦略的に検討をする必要がある。

(4) 意匠権

　意匠権とはデザインに対して与えられる権利である。ソフトウェアプロダクトであったとしても、その UI が特徴的であれば意匠権を獲得することができる。もっとも意匠権を獲得している企業の 1 つに Apple がある。同社はデバイスはもちろん、付属品や商品の陳列棚に至るまで意匠を取得している。

　2011 年に始まった Apple と Samsung の訴訟についても、その大半が意匠権に関わるものであった。Apple は Samsung に対してアイコンや UI の類似性について指摘をし、Samsung 側も Apple に対して別の特許侵害を主張するなどの複雑な訴訟となった。このように、互いに強い特許や商標をもっていれば、クロスライセンスによる和解の可能性も生まれるだろう。

(5) 商標権

　商標を取得すれば、指定する商品またはサービスに対して、その商標を独占的に利用することができるようになる。一方、他社が取得している商標で同一の指定商品またはサービスのプロダクトを開始してしまうと、最悪の場合にはプロダクトの継続ができなくなってしまう可能性がある。商標権が保護する範囲はまったく同一である場合のみだけではなく、たとえば「外観」「称呼」「観念」の観点で類似する範囲も対象になる。

　また、ユーザーに与える印象や連想などの具体的な取引状況も含め総合的に判断される。これらは特許庁の審査だけでなく、万が一商標を巡っての係争になった場合にも事実関係が肝となる。無用なリスクを抱えないためにも、プロダクトのロゴやサービス名については必ず商標を取得する必要がある。

(6) 著作権

　著作権とは、著作物（思想又は感情を創作的に表現したものであって、文芸、学術、美術又は音楽の範囲に属するもの）を保護するための権利である。プロダクトのユーザーの著作権の扱いにも注意しなければならない。

　たとえば、ユーザーが書いた小説を他のユーザーと共有できるプロダクトの場

合、ユーザーがアップロードした小説の著作権はアップロードしたユーザーにあり、プロダクト側にはない。プロダクト側がその小説を利用したい場合にはあらかじめ利用規約で著作権の扱いを明示し、ユーザーから著作権の譲渡を受けるか、その著作物の利用許諾を取らなければならない。

(19.4.2) 知的財産権を保護する

(1) ユーザーとの権利関係を明確にする

　ユーザーがプロダクトを利用する際、知的財産がどのようように扱われるのかについては利用規約に記載をしてあらかじめ知らせておくことで、権利関係のトラブルに備えることができる。たとえば、ユーザーが第三者の著作物を無断でプロダクト上にアップロードした場合に、プロダクト運営者が著作者から対処を求められたり、プロバイダ責任制限法に従ったりする必要がある場合もあるため、利用規約には知的財産の扱いについての記載も必要になる。

➡ 20.3 プライバシーポリシーと利用規約をつくる

(2) 協業時の権利関係を明確にする

　他社と協業を検討するときに、お互いに未発表の情報をもとに検討をすすめることがある。そういったときには、秘密保持契約（Non-disclosure agreement：NDA）を結ぶ必要がある。一般的にNDAは、開示した情報の使用範囲を制限し、その情報が他者へ漏洩しないことを義務づける目的で締結される。

　企業同士の協業時だけではなく、たとえばユーザーインタビューで未公開の機能をテストする場合などにも、インタビュー参加者にNDAにサインしてもらうことが有効となる。

　NDAを締結するときにも、知的財産の取り扱いに注意しなければならない。とくに共同開発の場合には、どのアイデアや技術がどちらの会社の所有物であるかといったコンタミネーション（情報の汚染）が起きてしまうことがある。このとき、その成果物の所有権がどちらに帰属するのかが不明確になってしまうことや、NDAの条文によっては意図せずその権利が他社に帰属してしまうことがあるため、注意が必要になる。

(3) ライセンスの扱い

　オープンソース（OSS）のライブラリーなどを利用する場合には、そのOSSが著作権をどのように扱うのかを確認しなければならない。OSSのライセンスには大きく3つの分類がある。

①コピーレフト型：誰でも自由に入手し改変することが許されているが、そのOSSへの改変部分や利用して実装した成果物を同じ宣言をして公開しなければならない。

②準コピーレフト型：OSSへの改変部分の公開は必須で同じライセンスの宣言が必要だが、利用して実装した成果物のコードの公開義務はない。

③非コピーレフト型：改変部分についても、利用した成果物についてもコードの公開義務がない。

　もし、プロダクト開発時にコピーレフト型のOSSを利用する場合には、そのプロダクトに関係するコードをOSSとして公開しなければならず、自社の成果物を独占できなくなるため、基本的にはプロダクトマネージャーが積極的にコピーレフト型のOSSの取り入れを推進することはないだろう。

　しかし、コピーレフト型のライセンスは自社の著作権を主張しながら他者の改変を許可することから、他者の積極的な改変を受け入れるOSSの性質上、技術の進歩を妨げることのないライセンスであるともいえる。OSSプロダクトを開発する場合には、各ライセンスの長所と短所を理解したうえでどう扱うのかについて検討してほしい。

PART I
PART II
PART III
PART IV
PART V
PART VI

Chapter 20

UX の基礎知識

エンジニア出身、もしくはビジネス系職種出身のプロダクトマネージャーの場合、デザインに関する知識や経験をどのように積み重ねていけばいいかわからないという人は多い。プロダクトチームによっては UX の専門家である UX デザイナーや UX リサーチャーがいる場合もある。プロダクトマネージャー自身が UX の設計をすることはないとしても、デザイナーの提案に対してコメントや意思決定をしなければならないこともある。

しかし、デザインの世界は広くて深いためすべてを理解することは難しい。そのため、Chapter 20 ではプロダクトマネージャーがデザイナーとのコミュニケーションを円滑に進行することを目的に、人に使ってもらうプロダクトをつくるための最低限のデザインに関する視点や考え方を解説する。

20.1 UI デザイン、UX デザインの基礎知識

20.1.1 デザインを学ぶときのマインドセット

ここで扱うデザインは芸術的なデザインではなく、プロダクトに関わる UI デザインと UX デザインのことを指す。プロダクトのデザインと向き合うときは、ただビジュアルを見るだけでは意味がない。ユーザー、意図、メッセージの 3 つの切り口から考察すると学びが深まる。

(1) ユーザー

　プロダクトマネージャーはユーザーが抱える問題の代弁者なので、デザインに向き合うときはユーザーとしてのスタンスをつねに保つ必要がある。プロダクトを使うのは誰か？　ユースケースはどのようなものか？　デザインはユースケースに対してストレスなく目的を達成できるものになっているか？

　こうした問いかけは、一見スタイルは洗練されているもののユーザーのためになっていないデザインに気づくきっかけとなる。

(2) 意図

　プロダクトやデザインの意図の理解も重要となる。なぜユーザーはプロダクトを使うのか？　プロダクトによってどのような問題が解決されるのか？　デザインは解決プロセスにおいてどのようにプロダクトを魅力的に見せてくれているのか？　ユーザーは対価を支払ってプロダクトを手にしてくれている場合もある。ユーザーには明確な課題があり、プロダクトによって解決されることを期待しているからである。

　デザインはその期待に対して、がっかりさせてはいけない。ユーザーが抱えている思いや期待を尊重し、「これは使える」「使ってよかった」と思ってもらえる印象を残さなければ失敗といえるだろう。

(3) メッセージ

　ここでいうメッセージとは、プロダクトが明示的もしくは暗黙のうちにユーザーに語りかける文字や視覚的メッセージのことを指す。説明の仕方や言葉遣い、フォント、色、画像やバナーがプロダクトがつくり出す世界観とマッチしているかともいえる。

　たとえばモバイルアプリを初めて起動した際に、詳しい説明もなく個人情報の記入を求められたらユーザーはどう思うだろうか？　小さな子どもに使ってほしいプロダクトであるにもかかわらず、言葉遣いが荒く、親しみにくい色使いだとしたらどうだろうか？　UX を価値あるものにするためどのような言葉を選択するか、どのようなメッセージを残すか、あるいは残さないか、情報がスムーズに消費されるために余白をどう活かすか？

こうした視点でデザインを見直すことは視覚的な視点だけでなく、プロダクトを使う、消費するという観点での体験を考えることにつながる。「説明不要」は究極のプロダクト体験だが、すべてのプロダクトがそれを実現できるわけではない。プロダクトで使われるさまざまなメッセージに気を配ることはユーザーの使用感を向上させる。

20.1.2 デザイン6原則

目に見えるデザインは、デザイナーにすべて任せてしまうことも当然ある。しかし、デザイナーと建設的な議論をするためにもドン・ノーマンのデザイン6原則を知っておくと、より UX の言語化がうまくなるはずである。

(1) 可視性

可視性とは、人がプロダクトを見たときに、プロダクトがどのような状態にあり、どのようなアクションを取ればよいかが説明なしにわかることを指す。プロダクトの状態と行動をストレスなく認識させてくれ、ユーザーが迷うことなく使えるのが狙いである。

たとえば E コマースウェブサイトでよく目にする購買のチェックアウトの画面では以下3点の可視性に優れている（図表20-1）。

①全体のステップの中でいまどこにいるかがわかる
②残りいくつのステップが残されているかがわかる
③次に取るべきアクションが明確である

(2) フィードバック

フィードバックとは、人が取った行動に対して何らかの情報を返すことで、プロダクトがいまどんな状態で、何らかの動作が完了したのかどうかを示すものである。視覚的に表示されるもの、音声やサウンドによる聴覚的なもの、バイブレーションといった触覚的なもの、さらにはそれらの複合的なものまでさまざまな種類がある。

フィードバックがあるおかげで、人はその後の行動を起こすことができる。た

とえばスマートフォンの画面に「Loading……」がずっと表示された状態が続く
とユーザーは非常にストレスを感じる（図表 20-2）。これはプロダクトが適切な
フィードバックをしておらず、ユーザーが次にどうすればよいかがわからないか
らである。

PART I

PART II

PART III

PART IV

PART V

PART VI

図表 20-1　可視性の例[※1]　　　　　図表 20-2　フィードバックの例

(3) アフォーダンス

　アフォーダンスとは、プロダクトの形や様子からそのものについての説明がな
くてもその使い方がわかる概念を指す。可視性はプロダクトの「状態と次の行動」
に焦点が置かれているのに対して、アフォーダンスはプロダクトの「使い方」に
注目する。

　たとえば図表 20-3a のような蛇口を見ると、水が出ていないという「状態」を
認識し、手を差し出すという「行動」を自然と思いつく。そして水が出ると手を
洗うという目的を達成する。蛇口の喉元にある黒い小窓はセンサーがあることを
想起させている。

　一方、手洗い場で図表 20-3b に示す蛇口のようなものを見たとき、どのように
水を出すのかわからない人が多いだろう。水を出すという「機能」が形状から認
識できないからである。これは図表 20-3c のように中央の突起の上部を押すと水
が出るようになっている。アフォーダンスが適切にデザインできていないと、ユ

※1　https://designmodo.com/wp-content/uploads/2016/10/Checkout-Form.jpg

ーザーは「使いづらい」と思い、継続的には使われなくなるだろう。

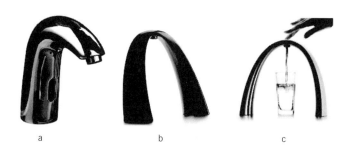

図表 20-3　アフォーダンスの例[※2]

(4) マッピング

　マッピングとは、プロダクトを使うときの制御方法とその帰結の関係性を示している。たとえばウェブサイトで飛行機の座席を選ぶ場面で、文字情報だけで「3A」や「32E」と表記されてもそれがどのあたりなのかわかりづらい。しかし座席のマッピングの絵とあわせて座席番号が表記されていると直感的に理解できる（図表 20-4）。

(5) 制約

　制約とは、デザインに限りを設けることである。プロダクトをつくる際は「あれもできたらいい、これもできると差別化になる」とあれこれ詰め込んでしまう場合がよくあるが、制約条件を設けることで機能や体験を絞り込み、ユーザーの迷いを減らすことができる。

　たとえば一般的なテレビのリモコンは狭い面積にさまざまな機能を表記しており、使いづらくなってしまいがちである（図表 20-5）。一方で Apple TV のリモコンはボタンの数に制約を設けることでユーザーがボタン操作に迷うストレスを軽減している。

※2　https://images.app.goo.gl/4SwUtzErxeG9th3k6
　　　https://www.trendhunter.com/trends/arc-faucet

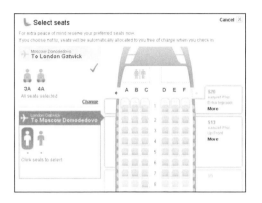

図表 20-4　マッピングの例[※3]

図表 20-5　制約の例[※4]

(6) 統一感

　統一感とは、ユーザーがプロダクトに触れるところすべてに一定のルールが存在することを示す。図表20-6に示す美的統一感、機能性、内部性、外部性の4つの観点が存在する。

図表 20-6　統一感の4つの観点

観　点	説　明	例
美的統一感	目に見えるスタイルや形態がさまざまなところで繰り返されると、人はそこにプロダクトやブランドに対する統一感やイメージを想起する。たとえば、ナイキのロゴがどのプロダクトについていたとしてもそれがナイキのプロダクトであること、そのクオリティーやナイキが解決しようとしている問題への解決策としての期待値が暗黙のうちに形成されている	ナイキの製品[※5]

※3　https://images.app.goo.gl/4vVqfwXixiY3mp2KA

※4　https://www.apple.com/jp/shop/product/MQGD2J/A/siri-remote

※5　https://www.nike.com/

機能性	音楽アプリやビデオプレイヤーなどでみかける再生や停止のアイコンに見られるように、一定の統一感があることでプロダクトの機能が明快に示すことができる	 プレイヤーの操作アイコン[6]
内部性	ユーザーが触れるプロダクトを越えて、そのプロダクトが含まれるサービスやシステム全体に感じることのできる視覚的に一貫したメッセージや体験のことである。ディズニーランドは、駐車場や入口ゲートといったテーマパークの中を体験する手前からわかりやすいビジュアル（ミッキーマウスなどのキャラクター）が配置され、システム全体として統一感がかもし出されている。こうした隅々にわたる統一感はユーザーのプロダクトやサービスに対する信頼度を高め、ユーザーへの深い理解や思いを伝えることができる	 ディズニーランド[7]
外部性	1つのプロダクトにおける体験がまったく別のシステムに移ってもユーザーがストレスなく使えることである。Appleは、外部パートナーが参画しても統一感を崩さないような詳細なガイドラインとその遵守を求めることで体験の統一性を保っている	 Appleの製品[8]

20.1.3 ビジュアルの階層化

　UIデザインに代表される視覚的に理解しやすいものに接するとき、ビジュアルの階層化を理解しておきたい。ビジュアルの階層化とは色、サイズ、深度、空間、近接によって視覚的な差異をつくり出したものである。

※6　https://www.dreamstime.com/set-ui-ux-audio-video-media-player-template-set-ui-ux-audio-video-media-player-template-vector-design-image113048139

※7　https://disneyland.disney.go.com/

※8　https://www.apple.com/

ユーザーがプロダクトを目にしたとき、どのように見てほしいのか、そのために どのように情報を整理すればよいのかを考えるにあたって、ビジュアルの階層 化は非常に効果的である。図表 20-7 で 5 つの代表的なポイントを概観しよう。

図表 20-7　ビジュアルの階層化の 5 つのポイント

視 点	意 味	例
サイズと色	サイズの大きいもの、色のはっきりしたものにユーザーは着目する。人間は心理的にこうした目立つものには重要な意味があると考える習性があるからである	
近接性	似たような文脈をもつものを近くに寄せる、グループ化するという手法である。物理的に近いものは関係性が深いと認識する人間の認知能力を使ったものであり、ユーザーにとって見やすくまとまっていると目を留めて見てくれたり読んでくれたり、さらには覚えてくれる可能性も高まる	近接性が低い　近接性が高い
並び	プロダクトの中の視覚的要素が何らかの規則をもつ線状に沿っていることである。スマートフォンの画面を開いたときに画像や文章が視覚的に揃っていなかったら違和感があるだろう。その違和感は並びがデザインされていないことが主因である	
繰り返し	プロダクトの中に共通したルール（色、形、視覚的印象など）をもつ視覚的要素が何度か現れることを示す。色や形をルールとして、各プロダクト間で表示させることで全体としての統一感を生み出すことができる	
コントラスト	形や大きさ、線の太さ、色などによって差異を際立たせ、ユーザーの目線を誘導することができる	

20.1.4 デザイナーとのコミュニケーション

　プロダクトマネージャーとしてデザインを考えるときやデザイナーに意図を的確に伝えるためには、3つのポイントがある。

(1) 立ち位置をそろえる

　プロダクトの対象となるペルソナに自分の立ち位置を揃えるところから始める。デザイナーにとってプロダクトマネージャーはペルソナを深く理解するためのインターフェースといえる。プロダクトマネージャー自身がデザインの良し悪しを考える以前に、「もし自分がペルソナだったら、このデザインに対してどう思うか」という視点が基本となる。

　たとえばプロダクトマネージャーとしての自分は IT リテラシーが高いのに、対象とするユーザーの IT リテラシーが低い場合、自分がよいと思ったデザインが対象とするユーザーにそのまま受け入れられる確率は当然低くなる。

(2) ものの見方を揃える

　ペルソナと立ち位置を揃えることができたら、ペルソナがどのようなものの見方をしているかを理解する。プロダクトが解決しようとするペインが生じてしまう背景や文脈をペルソナの立場で深く理解できているだろうか？　ペルソナとなるユーザーは普段どのようなアプリやツールに使い慣れているだろうか？　それらのツールで解決を代替していたり、もしくは解決策がなかったりする場合、そのイライラを言語化できているだろうか？　こうしたイライラを深く理解できた段階でデザインと向き合ったとき、どのくらい迷うことなくプロダクトを使えるだろうか？　そのときに注意を散漫させてしまう色使いや目立ったアイコンはあるだろうか？

　このような問いを通じてペルソナの理解を深め、デザイナーとコミュニケーションを取ってほしい。

（3） コンテキストを伝える

　一画面のワイヤーフレームだけではなく、画面遷移も表現できるとデザイナー
が考えるときの助けになる。このとき、ワイヤーフレームはあくまでデザインの
議論をする際のたたき台でしかなく、最終成果物ではないのであまり時間をかけ
る必要はないことに気をつけたい。手描きで簡易に済ませたり、デザイナーツー
ルやアプリを用いたりして、デザインにかかる作業負荷を下げることも大切で
ある。

　どうしてもワイヤーフレームを描くのに自信がないのなら、他の参考になる UI
を見せて説明してもよい。その際はどうしてその UI がよいと思うのか、逆にど
ういう UI はダメなのかを説明できるとデザイナーによく伝わる。

　デザインに関して意図を伝える際、ユーザーに見える部分だけの話ではないこ
ともある。情報の構造（Information Architecture：IA）もユーザーがプロダク
トを使いやすくするためのポイントである。たとえば靴の E コマースウェブサイ
トの IA は図表 20-8 のようになる。

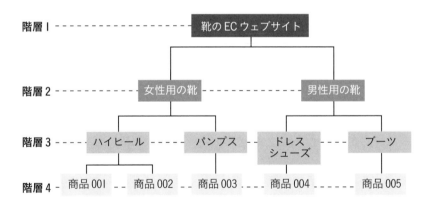

図表 20-8　E コマースのウェブサイトにおける IA の例

　階層 1 は E コマースサイトのトップページがあり、男性用と女性用の靴を選べ
るようになっている。次に靴の種類へと分岐し、各靴の商品のページへとつなが
っている。通常、情報の構造の階層は浅ければ浅いほどユーザーのストレスは少
なくなる。階層が深くなると、そこから戻ったり別のカテゴリーの商品と比べた
りする際はクリック数が多くなり、ユーザーの操作性は低くなってしまう。

プロダクトが使いづらいと思った場合は、UI や UX だけでなく IA も見直して
みるとよい。

20.2　マーケティング施策

　UX を検討するうえで、ユーザーが最初にプロダクトを知るきっかけをつくる
のがマーケティング施策である。プロダクトチームによっては PMM（プロダクト
マーケティングマネージャー）の担当範囲であることや、マーケティングチーム
が存在することもある。マーケティングの基礎をおさえて、議論ができる状態を
目指そう。

20.2.1　マーケティングとは

　米国マーケティング協会は 2007 年にマーケティングを以下に定義している[9]。
　　マーケティングとは、顧客、依頼人、パートナー、社会全体にとって価値のある提
　　供物を創造・伝達・配達・交換するための活動であり、一連の制度、そしてプロセ
　　スである。
　この定義は、プロダクトマネジメントの活動と多分に共通するところがある。
実は、プロダクトマネジメントは 1931 年に P&G 社のニール・H・マッケロイ氏
のメモから始まったともいわれており、プロダクトマネジメントの起源はマーケ
ティングにあるという説もある。
　現代では、ユーザーへのコミュニケーションや認知度向上へより焦点を絞った
ものがプロダクトマーケティングへと分岐し、プロダクト全体をステークホルダ
ーを巻き込んでつくるほうへと発展していったのがプロダクトマネジメントとな
った。9.1.3 項で PMM がプロダクトマネージャーの伴走者と説明したのにはこう
した背景がある。

---

[9]　https://www.ama.org/the-definition-of-marketing-what-is-marketing/

マーケティングと似た言葉にセリングという言葉がある。どちらも、プロダクトを販売して利益を出すことが目的の活動であるが、その違いは利益を出すための手段である。マーケティングは市場やユーザーを起点に、長期的にプロダクトを買ってもらう仕組みをつくり出すことを指す。

一方、セリングは短期的な利益を上げることが目的であり、ユーザーとの長期的な関係構築などは含まない。マーケティングは短期的な売上向上のための施策ではなく、プロダクトとユーザーの長期的な関係を構築するための手段として向き合わなければならない。

とくに本書の読者が想定しているようなITプロダクトは、プロダクトとユーザーがコミュニケーションを取る期間が他の商品に比べて長くなる。サブスクリプションモデルを採用している場合には、少なくともユーザーがプロダクトを利用している間は継続的にユーザーと良好な関係を築く必要がある。

そのために、新機能を出すときにどのようにユーザーに伝えるのかや、伝えるときの手管はプッシュ通知を出すのか別の方法にするのかなど、UXとも紐づけてマーケティングを捉えなければならない。

(20.2.2) マーケティング・ミックス

マーケティング・ミックスとは、どのようにマーケティングを打ち出していくのかを示す実行戦略のことである。主に4Pや4Cといったフレームワークを用いて検討されることが多い。

(1) 4P

4Pとは、製品 (Product)、価格 (Price)、広告・宣伝 (Promotion)、流通 (Place) の4つの単語の頭文字を取ったものである。この4つの観点からユーザーが魅力を感じるような設計になっていることを確認し、4つの整合性が取れていることが重要である。

製品は本書を通じて解説をしてきた通りプロダクトを指し、エレベーターピッチを用いて検討するとよい。価格については19.1節「収益、コスト、ビジネス環境の基礎知識」で述べた。

広告・宣伝については、ユーザーとのコミュニケーションをどのように設計するのかという観点であり、プロダクトのリリースをどのようにユーザーに伝えるのかを検討するべき部分である。流通については、リーンキャンバスの「チャネル」が該当する。マーケティングの施策は広告・宣伝を単体で検討するのではなく、この4つの観点で検討するとよい。

(2) 4C

4Pはプロダクトを提供する事業者が主語になった考え方である。これを以下のようにユーザーの視点に置き換えたものが4Cである。プロダクトを設計するときにプロダクト提供者の目線に立った場合とユーザーの目線に立った場合とで見えてくるものが異なるため、4Pのあとに4Cの概念が生まれた。

- 製品 (Product) → Customer Value
- 価格 (Price) → Cost
- 広告・宣伝 (Promotion) → Communication
- 流通 (Place) → Channel

20.2.3 消費行動モデル

消費行動モデルとは、ユーザーがプロダクトを利用する際の行動プロセスをモデル化したものである。もっとも有名なものは AIDMA だろう。AIDMA とは、以下に示すようにユーザーが何か商品を見知ったときの5つの心理状態を表したものである。

- Attention：あるものに注意を向ける
- Interest：それに興味をもつ
- Desire：それをほしくなる（欲求）
- Memory：それを覚える（記憶）
- Action：購入などの行動に移す

5つの要素の順にユーザーの購買決定プロセスがあるといわれている。AIDMAはインターネットの普及によりユーザーの行動形態が変わったことを反映し AISAS に変化した。

- Attention：あるものに注意を向ける
- Interest：それに興味をもつ
- Search：検索する
- Action：購入などの行動に移す
- Share：その結果を共有する

　AISAS は、2000 年代に電通が提唱したもので、従来の消費行動モデルとは異なり、Google などで検索し、購入などの結果をソーシャルメディア上で共有することが増えたことを表している。マーケティング施策を打つときには、どの心理状態からどの心理状態に移行するための施策であるのかを意識し、購買までの意思決定をサポートできるとよい。

20.2.4 メディアの種類

　インターネットを利用したマーケティング施策を実施するためにメディアを構築することは欠かせない。メディアにはアーンドメディア、オウンドメディア、ペイドメディアの大きく 3 つの種類がある。

(1) アーンドメディア

　アーンドメディア（Earned Media）とは、ユーザー自身がマーケティングのチャネルとなるメディアのことである。プロダクトを購買したユーザーが自ら SNS に投稿したポジティブなコメントや、アプリストアや口コミサイト上に書かれたレビューなどがこれにあたる。他のメディアとは異なり、実際にプロダクトを購買したユーザーからの評価であることから、支持や信頼を獲得することができるメディアである。

(2) オウンドメディア

　オウンドメディア（Owned Media）とは、自社で運用しているメディアのことである。自社の SNS アカウントやブログなどがこれにあたる。オウンドメディアは自社で構築するため、もっとも質が高いコンテンツを作成することが求められ、オウンドメディアがユーザーとのコミュニケーションの基盤となる。

PART I

PART II

PART III

PART IV

PART V

PART VI

(3) ペイドメディア

　ペイドメディア（Paid Media）とは、お金を払って購入したメディアのことである。テレビ CM や Facebook などの媒体への広告出稿や、Twitter や Instagramでインフルエンサーを利用したもの、タレントなどを起用したインタビューなどがこれにあたる。

　また、これらのメディアに接触せずに、検索結果などから自然に流入したユーザーのことをオーガニックユーザーとよぶ。とくにモバイルアプリの場合には、ペイドメディア経由であるのか自然に流入したのかを区別して測定し、広告ごとのユーザー獲得単価の計算に役立てる。

　インターネットを利用しないプロモーションではペイドメディアが中心であったが、今日ではアーンドメディアやオウンドメディアの活用も重要となっている。ペイドメディアを活用する場合には競合との資金力の戦いとなる。これは消耗戦となるので、オウンドメディアを中心にマーケティングをしっかりと実施してプロダクトのファンをつくり、アーンドメディアを獲得することが必要である。

20.3　プライバシーポリシーと利用規約をつくる

　プロダクトを運用する中で、多くの場合ユーザーのプライバシーに関わる情報を扱うことになる。ユーザーのプライバシーに関する情報がどのように扱われるのか、どのような規約であるのかは UX にも大きく影響を与える。プライバシーに関わる情報をユーザーに説明をしたうえで正しく扱うために必要となるのが、プライバシーポリシーである。

　また、プロダクトを使うためにユーザーが同意しなければならない事項を利用規約としてまとめる。プロダクトマネージャーはプロダクト全体や今後の成長方針を見越して、プライバシーポリシーと利用規約を準備するために、情報セキュリティの担当者や法務担当者と議論をする必要がある。

(20.3.1) プライバシーポリシー

(1) プライバシーポリシーとは

　プライバシーポリシーとは、ユーザーを識別することができる個人情報や、プロダクト上でのユーザーの行動履歴といったプライバシーに関わる情報を企業が扱う際の基本方針をまとめた文書である。

　基本的にはプライバシーポリシーは企業のサイトなど、ユーザーがいつでも閲覧可能なところに掲示しておく。日本の場合、個人情報の保護に関する法律は時代の変化に応じて、今後約3年に1度の見直しが行われることが決められている。

　法律の改正前後で何が追加され、何が変更になっているのかという定期的なチェックはプロダクトマネージャーとして必須であり、法の公布から施行までのタイムラグはプライバシー対応関連のプロダクト施策を行うときの優先度づけに影響してくる。もし日本以外の国に事業を展開しているのなら、その国独自の法規制が存在する可能性があるので注意が必要になる。シリコンバレーにある DLA Piper という法律事務所が公開しているサイト[10]にて、国別の法規制が確認できるため参考にするとよい。

(2) プライバシーポリシーのつくり方

　プライバシーポリシーを作成する作業はプロダクトマネージャーが直接手を動かすのではなく、法務担当者など専門的な知識をもっている担当者に遂行してもらうとよい。一方で、プロダクトマネージャーにしかできない作業もある。

　たとえば、ユーザーのプライバシーに関わるデータを第三者に提供する場合にはプライバシーポリシーにその旨を記載しておかなければならない。法務担当者はそのデータが社内だけで完結するのか、それとも第三者に提供されるのかを判断することは難しいため、プロダクトマネージャーはプロダクトの全体の構成やデータの流れを正しく法務担当者に伝える必要がある。

　プライバシーポリシーを作成するためにはユーザーがもつ権利を知っておく必

※ 10　https://www.dlapiperdataprotection.com/

要がある。2018年5月にEU加盟国で施行されたプライバシー法規制である
GDPRでは個人がもつ権利を図表20-9のように規定している。プライバシーポ
リシーでは以下の観点に対するプロダクトや企業の姿勢が問われている。

- ・プライバシー情報をどのように集めるのか？
- ・集めたデータはどのように使われるのか？
- ・データを提供する代わりにユーザーは対価として何を受け取るのか？
- ・データはどこに保持されるのか？
- ・データはサードパーティーにシェアされるのか？　されるとしたら誰か？

(3) ユーザーへの配慮

　ユーザーに対してプロダクトに提供する情報の選択肢をもたせることも必要で
ある。たとえば以下の2つのような選択肢が必要になることがある。

①プライバシーポリシーに明示的に同意せずにプロダクトを使うことができるか

図表20-9　GDPRが定める個人がもつ権利

権利名	概　　要
情報提供を受ける権利 (Right of inform)	どのような個人情報が収集されるかを知る権利
情報アクセス権 (Right of access)	収集された個人情報に対してアクセスできる権利
忘れられる権利 (Right to erase or to be forgotten)	収集されている個人情報を消すことができる
データ移動に関する権利 (Right of data portability)	たとえば医療機関Aから医療機関Bへデータを移すことを認めるか、拒否できる
データの取り扱い制限の権利 (Right to restrict data processing)	特定の個人情報（性別、地域等）を収集されることを拒否できる
異議を述べる権利 (Right to object)	個人情報が統計情報や調査研究、ダイレクトマーケティングなどに使われることに対して反対できる
訂正の権利 (Right to rectification)	収集された個人情報を修正できる
自動化された取り扱いに基づく意思決定の対象とされない権利 (Right to reject automated individual decision -making, including profiling)	リターゲティング広告に使われるなど、個人情報がサードパーティーで使われプロファイル化されたり、その結果として意思決定を促されたりすることを拒否する

プロダクトを使用開始するときにデフォルトではオプトアウト（選択されていない状態）か、それとも明示的に同意しないとプロダクトを使えないのか

②収集するデータの種類をユーザーが選択できるか

ユーザーがどのデータの収集に同意して、どのデータに同意しないのかを、データの種類ごとに個別にコントロールできるようになっているか

データの収集や利用にユーザーが同意しなかった場合、プロダクトとしてどのようにプライバシー法規に則るのかも考える必要がある。現実的には同意できなかったらそもそもプロダクトを使わせない、というのはとくに BtoC プロダクトではよくある話である。

プライバシーポリシーや利用規約でユーザーに同意を取っているからといって、すべてのデータを自由に扱うことができるわけではない。プライバシーに関する法規制があるため、社会的な常識を逸したデータの利用に対しては非常に高い制裁金を科される可能性がある。ユーザーがプライバシー情報をプロダクトで収集することに同意（オプトイン）したとしても、その収集メカニズムの実態がどのようになっているかを証明することが必要になる場合もある。

そして、ユーザーの同意と拒否については最新のユーザーの同意状態だけではなく、これまでの履歴を時系列で残しておく必要がある。仮に監査が入った場合、ログやトランザクションが時系列で並んでいないとプライバシー法規に則ってデータを集めていたとしても、それを証明できなくなってしまう。

データの扱いに関するユーザー同意の取得は、いわゆる炎上を起こしてしまうことがある。たとえば、ビデオ会議サービスを提供する Zoom は GDPR 施行前に全ユーザーに表示した画面が、ユーザーの混乱を招くことになった。

個人情報をマーケティング・コミュニケーションに使うことに同意を求める画面の選択肢が両方とも Yes となってしまっている（図表 20-10）。本来ならユーザーは拒否できる（オプトアウト）できる選択肢がなければならない。

（20.3.2） 利用規約

どんなプロダクトやサービスにも利用規約がある。利用規約とは、利用にあたっての条件、規則、約束事が記載されたものである。法律的には民法上の契約と

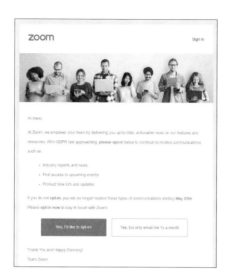

図表 20-10　Zoom が GDPR 施行時に表示した画面

なる。しかし実際には、利用者としてプロダクトを使うときに、利用規約を意識せずに、あるいは細部まで利用規約を読み込まずに利用してしまうことも多いだろう。それでもプロダクトに利用規約やユーザー同意が必要となる理由は大きく次の3つである。

（1）不適切な行為を防ぐ

　利用規約とそれに対するユーザーの同意は法的な責任関係をユーザーと企業間で発生させる。プロダクトを使うために、ユーザーは企業側が定めたルールやガイドラインに従うことに同意しなければならない。つまり、プロダクトを使うときに、ユーザーが守るべきガイドラインとなるものが利用規約である。

　たとえば、利用規約にはユーザーがプロダクトを利用して不適切な行為や濫用をしたときに、どのようなペナルティがあるのかを明記している。濫用とは、プロダクトの中で他ユーザーにスパムメールやフェイク投稿をしようとしたり、マルウェアを仕込んだりすることが不適切な行為として挙げられる。

　他にも、ソーシャル系の機能をもつプロダクトで、危険な表現を用いた投稿によって他のユーザーを不快に思わせてしまうようなときにも、そのユーザーには

ペナルティを課し、ペナルティをもってプロダクトの健全性を保つことになる。

ペナルティにはいくつかのレベルがあり、不適切な行為をしたユーザーのアカウントを凍結することやアクセスを禁止にすることで、一時的もしくは恒久的にプロダクトの使用を制限もしくは禁止することが一般的である。

こういった対処方法についてもあらかじめ利用規約に記載をしておき、不適切な行為をした場合にはそういったペナルティがあることに同意したユーザーだけがプロダクトを利用開始できる環境を設計しておく。

(2) 自社の知的財産権の範囲の明確化

プロダクトを世にリリースする際にロゴやコンテンツ、プロダクトデザインについてそれらが自社の知的財産であることを明記しプロダクトがコピーされるのを防ぐ目的がある。UGC(User Generated Content) のようにユーザーがプロダクト上でコンテンツを生成する場合は、ユーザーが生成したコンテンツの権利がユーザーに帰属する場合もある。

たとえば、ユーザーが小説を投稿するようなプロダクトはUGCとなり、コンテンツの権利はユーザーに帰属する。ただし利用規約に定めた範囲内でプロダクトが利用できるようにすることが多い。利用規約上で同意を取っていればユーザーが投稿した小説のキャッチフレーズを広告に利用できるが、あらかじめそのような利用規約になっていない場合には利用してはならないことになる。

(3) 責任範囲の限定

「本サービスに関して利用者に生じた損害については、事業社はその責任を一切負いません」といった一文に代表されるように、利用規約には免責事項を記載しておく。プロダクトを提供する企業側の責任を不必要に拡大しないためにも何かしらのエラーが確認された場合、企業側が責任をもつのか、もたないのか、もつ場合はどこまでかを示す。

しかし、「一切の責任を負わない」と記載していたとしてもプロダクト側に問題がある場合などにはその責任を負わなければならないケースがあることは知っておきたい（消費者契約法で全部の免責が禁止されることもある）。

PART I
PART II
PART III
PART IV
PART V
PART VI

Chapter 21

テクノロジーの基礎知識

　ビジネス系やデザイン系の職種からプロダクトマネージャーになった場合、プログラミング知識の習得の必要性を考えるかもしれない。結論からいえばプロダクトマネージャーが自らコードは書けなくてもいいが、エンジニアと議論するためにはテクノロジーに関する基礎知識は欠かせない。

　Chapter 21 ではテクノロジーに関する議論を円滑に行うために必要な知識を紹介する。

21.1　プロダクトの品質を保つ

21.1.1　プロダクトの品質との向き合い方

　プロダクトの開発が始まると、プロダクトマネージャーは品質についての意思決定をしていかなければならない。品質に対しての活動は品質保証または QA (Quality Assurance) とよばれる。これは完成したものの品質を確認する作業であると理解されることがあるが、品質を担保するために必要なすべての活動を含むこともある。

　開発が始まると、品質基準を満たさないと考えられる問題はバグとして管理することになる。バグは QA 担当者が見つけるだけではなく、プロダクトを公開する前にクローズドなベータテストを展開した場合には、ベータユーザーから報告が上がってくることもある。報告されたすべてのバグを修正してからユーザーにプロダクトを提供できるとよいが、リソースは有限である。どのバグを優先的に

修正するのかという優先度を決めることが、プロダクトマネージャーの役割となる。

優先度の判断基準はプロダクト開発の初期段階で、品質基準を議論し、チーム内で共有することが望ましい。初期段階では基準がまだ不明確な部分もあるかもしれないが、まずは基本方針などは共有し、詳細が明確になり次第、更新をするとよい。品質についての考えは個人やプロダクトに求められる水準によって異なるからである。エンジニアがバグだと考えていなかった品質を、プロダクトマネージャーがバグと判断するとチームのコミュニケーションを悪化させてしまうことにもつながるため、あらかじめ品質の認識を合わせておくとよい。

品質を向上させる優先度の判断基準もプロダクトの成功と同様に、ユーザー価値の向上と、事業収益の向上の2つの視点をもたなければならない。ユーザー価値の向上のために、バグがあることでユーザーの体験を阻害しないか、ユーザーへ届けるべき価値が損なわれないかを考慮のうえ、判断する。

同時に、事業収益を向上するために、報告された問題すべてに対応することは目指さないし、現実的にも不可能である。経営視点で考え、品質向上のためのコストとその見返りとなるリターンのバランスを考慮しなければならない。

21.1.2 品質の基準をもつ

プロダクトの品質はスケジュールやコストとのトレードオフになることも多く、プロダクトマネージャーとしての判断が求められることも多い。品質が不足していればユーザーの不満の種にもなるし、そもそも購入をためらったり、利用非継続の理由になったりすることもある。一方、ユーザーの期待以上の品質を追求しすぎると過剰品質となり、コスト増やスケジュール遅延の原因ともなる。

プロダクトのさまざまな局面において品質に関する意思決定をする際、プロダクトマネージャー個人としても、プロダクトチームやステークホルダーとの間の議論においても難しいのは、品質についての定義が明確ではない場合である。品質とは、国際標準 ISO においては「本来備わっている特性の集まりが要求事項を満たす尺度」とされている。

ここでいう「本来備わっている特性」とは機能のことであり、「要求事項」はユ

ーザーのニーズである。つまり、品質はユーザーニーズを満たせているかの尺度である。

（1）狩野モデルによる品質の分類

　ユーザーニーズを満たせているかの尺度としての品質を分類したものの一つに狩野モデルがある。狩野モデルは1980年代に当時東京理科大学に在籍していた狩野紀昭教授により提唱された、顧客満足度と品質との関係を表したモデルである。狩野モデルでは、図表21-1および図表21-2にあるように品質を3つの要素に分類する。

図表21-1　狩野モデルの3つの品質

品質名	説　明	例）自動車
あたり前品質 （基本品質）	備わっていてあたり前。ないと不満が大きくなる	・アクセルを踏めば進む ・ブレーキを踏めば止まる ・ハンドルを回せば曲がる
一元的品質 （性能品質）	あるなしではなく、良し悪しで満足度が変化する。「性能」「一元的」といわれる理由	・燃費
魅力品質	差別化要因となりうる品質。なくても困らないが、あれば満足を与えうる	・先進ドライバー支援システム ・ネット接続機能

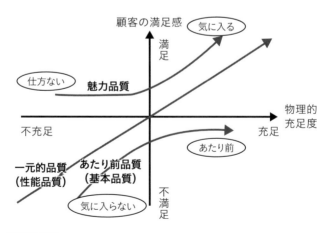

図表21-2　狩野モデル

あたり前品質はその名の通りあってあたり前の品質なので、ある一定レベル以上の充足度があっても、ユーザーの満足度向上には寄与しない。自動車の品質の場合、ブレーキがまともに動作しなかったならば、それは購入の対象としても選択肢に入らないだろうが、ブレーキの微妙な効き具合にこだわったとしても一般ドライバーにわからないレベルであれば、購入の動機づけにはならない。なければ気に入らないが、あってもあたり前というのがあたり前品質に分類される。

一元的品質は、物理的充足度、すなわち品質が高ければ高いほど魅力が増すものである。自動車の場合は、燃費がよければよいほど魅力は向上する。一般的なITプロダクトでは、パフォーマンスやセキュリティと分類されるものが一元的品質に含まれる。

魅力品質は差別化要因に相当するものであり、なくても困るものではないが、その機能が備わっていてユーザーの期待にも合致していれば、より気に入られる要因となる。一般的に新機能といわれるものは魅力品質に相当する。自動車の場合は、前方を走る車との車間を自動的にあける機能やレーンを逸脱していたら軌道修正する機能など先進ドライバー支援システム（ADAS）がこれにあてはまる。

プロダクトの品質を考えるときには、それが狩野モデルにおける品質のどこに分類されるかを考えるとよい。あたり前品質に分類されるものの充足度を一定のレベル以上に高めても、それはユーザーの満足度向上にはつながらない。過剰品質となってしまう。どの品質を伸ばすべきか、どのレベルまで伸ばすべきかの判断にも狩野モデルは有効である。

(2) 品質基準は時代とともに変化する

狩野モデルを使った判断も時間とともに変化することを忘れてはならない。これまで魅力品質に分類されていたものであっても、競合他社も同様の機能を提供するようになると差別化できなくなり、魅力品質からあたり前品質に変化する。自動車の場合、1980年代には高級車にしか装備されていなかったアンチロックブレーキシステム（ABS）が、2010年頃の新車の装着率が90%を超えているため、ABSをはじめとするブレーキ回りの基本的な安全機能などは魅力品質からあたり前品質に変化した。

品質がどの要素にあたるかを知りたいときは、同じ内容のものを肯定的な質問

と否定的な質問にしてユーザーから回答を得ることで判断できる。たとえば自動車のエアコン品質の要素を確認したい場合には、次の2つの問いを用意する。

- 【肯定的な質問：充足例】もし、あなたの自動車のエアコンの状態が、よかったならば（たとえばすぐに冷えるなど）、あなたはどう思いますか？
- 【否定的な質問：不充足例】もし、あなたの自動車のエアコンの状態が、悪かったならば（たとえばなかなか冷えないなど）、あなたはどう思いますか？

どちらの質問に対しても回答の選択肢としては「気にいる」「当然である」「なんとも感じない」「仕方がない」「気に入らない」「その他」の6つを用意する。「その他」は判断ができないので、それ以外の5つの回答をマトリックスにすると、品質の要素の判定が可能となる。たとえば自動車のエアコンの状態がよくても、それを当然と思い、悪かった場合には気に入らないと思う人が多いようであれば、エアコンはあたり前品質と判定される。

図表21-3　品質の要素の判定

充足 ＼ 不充足	気に入る	当然	なんとも感じない	仕方がない	気に入らない
気に入る	懐疑的品質	魅力品質	魅力品質	魅力品質	一元的品質
当然	逆品質	無関心品質	無関心品質	無関心品質	あたり前品質
なんとも感じない	逆品質	無関心品質	無関心品質	無関心品質	あたり前品質
仕方がない	逆品質	無関心品質	無関心品質	無関心品質	あたり前品質
気に入らない	逆品質	逆品質	逆品質	逆品質	懐疑的品質

図表21-3には、先に説明した3つの要素の他に懐疑的品質と逆品質、無関心品質が示されている。懐疑的品質とは通常ではありえない回答であり、質問に問題があるか、回答者が質問の対象についての理解が足りない可能性がある。

逆品質は充足しているのに不満を感じていたり、逆に不充足なのに満足していたりする状態であり、提供者側の意図通りに評価されていない状態となる。無関心品質は充足であっても不充足であっても満足度には影響を与えない要素である。

21.1.3 ソフトウェアテスト

　エンジニアは品質保証にあたって、品質に達していない状態を生み出さないための設計や実装を行い、成果物を複数名で確認するレビューのプロセスなどを実施する。実装したソフトウェア品質が要求されているレベルに達していることを確認する作業をソフトウェアテストとよぶ。

　ソフトウェアテストは人の手で実施することもあれば、プログラムを使ってプログラムが正しく動いていることをテストすることもある。プログラムを使ってソフトウェアテストを自動化することで、手作業で毎回確認しなくともプログラムが正しく動いていることを保証することができるが、すべてのテストを自動化するのも難しい。ソフトウェアテストの詳細はプロダクトの状況に合わせて、エンジニアやQA担当者により適切な手法が選択され、計画・実施される。プロダクトマネージャーは必要なレベルの品質確認が行われているかを理解するために概要を把握しておくことが望ましい。

　ソフトウェアテストには、プログラムのどこからどこまでを確認するのかによって3つに分類される。これをテストスコープとよび、テストスコープによる分類は図表21-4のようになる。たとえば、単体テストがうまくいっていて、結合テストがうまくいっていない場合には、組み合わせた部分に問題があることがわかる。プロダクト全体のテストだけではなく、構成する単体でのモジュールもテストしておくことで、どこのプログラムを修正したことで問題が起きているのかすぐわかるようになる。

　テスト手法には図表21-5の3種類がある。また、テストの目的も複数ある。一般的には機能をテストすることが目的となるが、性能（パフォーマンス）やセキ

図表21-4　テストスコープによる分類

テストスコープ	内　容
単体テスト	エンジニアがプログラミングした最小のモジュール単位での動作を確認するテスト
結合テスト	複数のモジュールを組み合わせた単位でのテスト
システムテスト	プロダクト全体のテスト。エンドトゥエンドテストともよばれる

ュリティ要件をテストすることや特定ユーザー向けの機能、たとえば、視覚障害者のためのアクセシビリティ機能をテストすることもある。ソフトウェアテストはやればやるほど品質の向上が期待できるが、時間やコストとのトレードオフとなる。開発した内容やリリースする機能の影響範囲に合わせて、どこまでのテストが必要かを判断する必要も出てくる。

図表 21-5　3 つのテスト手法

分　類	内　容
ブラックボックス テスト	プログラムの中身が見えない状態で行うテスト。外部からの入力に対する出力結果を見て、判定する。実際の利用者（ユーザーやそのモジュールを利用する側）の実態に即したものに近くなるが、網羅性は保証されない
ホワイトボックス テスト	プログラムの中身を把握したうえで行うテスト。内部構造の妥当性を確認する。網羅性は高いが、利用者の欲求を満たしているかの確認がホワイトボックステストだけでできるわけではない
グレーボックス テスト	ブラックボックステストとホワイトボックステストの双方の特徴をあわせもつテスト。内部構造を理解したうえで、外部入力に対する出力を判定する

(21.1.4) QA 担当者とのかかわり

　プロダクトの品質に責任をもつのが QA 担当者である。組織の規模がある程度大きい場合には、必ず QA 担当者や QA グループを置くとよい。QA 担当者を置く場合には、QA 業務を QA 担当者 1 人に任せきりにしないことに注意してほしい。ユーザーが求めている価値を損なわずに提供することが品質の役割であるとするならば、その責任はプロダクトチームのメンバー全員が負うべきものとなる。

　しかし、QA 担当者が確認をしてくれるという期待があると、時にエンジニアが品質をおざなりにしてしまうことがある。すると、望まれる品質が満たされなくなる危険性は高くなる。やがて、品質が満たされないことの責任をエンジニアとQA 担当者が押しつけ合い、信頼関係を損ねることも起こりかねない。QA 担当者がいたとしても、QA は全メンバーで推進するべき業務であると徹底しなければならない。

　一方、プロダクトマネージャーにとっては、QA 担当者は自らのプロダクトマネ

ジメント業務をサポートする心強い存在となる。プロダクトの機能や UI を検討する場合、どうしても想定する操作フローに基づいた視点に偏りがちになる。そんなとき、QA 担当者による品質担保の観点からの指摘は、見落としてしまいかねないさまざまな落とし穴を回避するきっかけとなる。もし、QA 担当者がいない場合には、プロダクトマネージャーは正常系の操作フローだけではなく、品質を保持するためにさまざまな観点からの機能や UI を確認する場面を構築しなければならない。

(21.1.5) 技術的負債

　開発が進行するにつれて、技術的負債が溜まっていくことも理解をしなければならない。技術的負債とは、開発から時間が経つと、プロダクトに当初想定していなかったことが起きたり、時間がない中での対症療法的な解決策を続けたりしてきたことによって、プログラムの設計が複雑になったり、可読性が下がることである。

　簡単そうに思える機能を 1 つ追加するにしても、技術的負債が溜まっていると非常に多くの手間がかかり、バグを生み出す可能性が高くなることがある。一見簡単に思える機能追加がエンジニアにとっては難易度の高い作業である場合がある。技術的負債が溜まることは仕方がないことであり、エンジニアチームには何の罪もない。エンジニアチームはプロダクトの開始当初には設計思想をもってコードを書き出し、機能を追加するときにも気を使って追加をするが、知らず知らずのうちに技術的負債は蓄積し、新しい機能を追加するための必要な時間はどんどん長くなってしまう。

　定期的に技術的負債を解消することで、機能を追加するために必要な工数を削減し、品質を安定化させることができる。どのタイミングで技術的負債を解消するのかについては、エンジニアリングマネージャーと議論をして決定するとよい。プロダクトマネージャーとしては、次々に新しい価値検証を実施したいと考えるだろうが、技術的負債を後回しすることで結果的に検証できる価値の総量が下がってしまう。プロダクトのロードマップを検討するときには、技術的負債に対応する時間も考慮に入れてほしい。

21.2 開発手法の基礎知識

21.2.1 DevOps

　開発手法の「開発」が扱う範囲は、開発と運用を分けて扱う考え方と、開発と運用を一体化して進行する考え方の大きく2つがある。現在では多くのソフトウェアプロダクトが後者を採択するようになってきており、これはDevOpsとよばれる。

　開発と運用を分けて扱うときには、開発はソフトウェアとしての成果物を最終目標とした場合、期待される機能と品質を確保したソフトウェアが完成し終わった段階で終了する。開発終了後は、保守や運用とよばれる担当者に引き継がれ、開発とは別のチームにより運用される。これは、たとえばパッケージのソフトウェアなど、一旦ユーザーに提供するとその後の改修が難しかった時代によく取られていた形態である。現在でもハードウェアプロダクトなどでは同様の形態を取っていることも多くある。

　開発と運用を分けたほうが進行しやすいプロダクトもあるが、インターネット接続があたり前となったいま、プロダクトは日々進化させていくことができる。開発が終了したとしても、それは第一弾がユーザーの手元に提供されただけである。

　プロダクトのリリースはユーザーの利用状況を把握・分析し、そこから新たな仮説を構築し、改めて検証を図るという、改善活動のスタートとなる。そのため、一度リリースしたからといって運用部隊に引き渡すのではなく、継続して開発していくDevOpsが現在では主流になってきている。

　DevOpsは、クラウドや運用監視、データ分析などの技術や手法と、さまざまなオペレーションの自動化、これらを実践する組織、そして絶えず改善をし続けるという組織文化から構成される。

PART I

PART II

PART III

PART IV

PART V

PART VI

21.2.2　ウォーターフォール開発とアジャイル開発

(I)　ウォーターフォール開発とアジャイル開発の違い

「アジャイルとは状態である」とよくいわれる。Do Agile ではなく Be Agile、すなわちアジャイルはするものではなく、状態なのである。アジャイルな状態になるための開発手法として、スクラムやカンバンなどといったものが挙げられる。

　アジャイル開発の基本的な考えは「アジャイルソフトウェア開発宣言」や「アジャイルソフトウェアの 12 の原則」に記載されている。これらはウェブで公開されているため、ぜひ参考にしてほしい。

　ウォーターフォール開発とアジャイル開発の大きな違いを 1 つ取り上げるとすると、それは計画との向き合い方である。ウォーターフォール開発では、プロジェクト開始時にプロジェクト完了までにどんな機能をどのような要件でつくるのかという計画を立ててその計画通りに進行することを正とする。

　アジャイル開発でも同様に計画を立てるが、計画に従うことよりもその計画を柔軟に変更していくことを正とする。もちろん、無闇やたらに計画を変更するのではなく、たとえば小さな単位で開発を進めてその単位ごとにユーザーと対話をして、ユーザーからのフィードバックをもとに計画を変更していく、といったやり方である。

「うちの会社はウォーターフォール開発なので古い。いまどきはスピード感をもってアジャイル開発をしなければいけない」という発言を聞くことがある。確かに、アジャイル開発がウォーターフォール開発に比べてスピード感のある仮説検証ができる開発手法であることは事実であるが、ウォーターフォール開発とアジャイル開発は前提としている対象が異なる。

　ウォーターフォール開発ではプロダクトの Core、Why、What をあらかじめ定義してから、プロダクトの How に取りかかる。一方でアジャイル開発では本書で解説してきたフローと同様にプロダクトの Core から How の階層を上下に行き来しながら仮説検証をすることができる。本書を通じて何度も伝えてきた通り、「プロダクトをつくることは仮説検証をすること」であるため、プロダクトをつくるうえでアジャイルなアプローチは必ず必要になる。

しかし、たとえば要件の変更がなく、プロジェクトの効率が求められる場合には、あらかじめプロダクトの What をどのように実現するかの設計をつくり込んでからプロダクトの How を計画通り進行するウォーターフォール開発のアプローチが求められることある。そういった場合には、アジャイル開発であってもウォーターフォール開発のエッセンスを取り入れて、設計や計画に時間をかけるアプローチを採択することができる。プロダクトマネージャーとしては、プロダクトの仮説検証を実施するためにアジャイルな状態を維持することが重要であるとともに、必要に応じてウォーターフォール開発を採択することもある。そのため、一概にウォーターフォール開発が古いというわけではない。

(2) スクラム

　スクラムとはアジャイルな状態になるためのもっとも有名なフレームワークの1つである。開発するためのルールが決まっているため、初めてアジャイル開発に取り組む際に適している。新しいチームメンバーを迎え入れるときにも、「スクラムをしている」といえばおおよその開発体制を理解してもらうことができるので、開発手法を表す共通言語としても有用である。また、とても軽量なフレームワークでもあるため、TDD（テスト駆動開発）やペアプログラミングなど技術的な手法についてはその範囲外であり、さまざまなプラクティスや手法を取り入れることができる。

　スクラムのルールは「スクラムガイド」としてウェブで公開されている。スクラムガイドは数年に一度、更新されルールが改善される。本書では簡単にスクラムの特徴とプロダクトマネージャーとのかかわりについてのみ取り上げるため、正式なルールについてはスクラムガイドも合わせて参考にしてほしい。

　スクラムを取り入れる場合、開発者は 10 名までを推奨している。この人数を超える場合はスクラムチームの分割を検討すべきである。本書では取り上げないが、複数のスクラムチームを運用するための手法として、スクラム・オブ・スクラムズや LeSS (Large-Scale Scrum) などがあるため、組織が大きくなる場合には検討してほしい。

　スクラムでは、プロダクトオーナー、スクラムマスター、開発者の大きく3つの役割が定義されている。プロダクトオーナーはプロダクトの価値の最大化に責

任をもち、スクラムマスターはサーバントリーダーとしてスクラムが機能することを支援する。

　プロダクトオーナーはプロダクトマネージャーと責任領域が重複する場合がある。スクラムを採択していない組織でも、プロダクトマネージャーの上位の役職をプロダクトオーナーと名づけていることもあるため、「プロダクトオーナー」と一言でいっても人によって想定する役割が異なることもある。スクラムにおけるプロダクトオーナーは、「スクラムチームから生み出されるプロダクトの価値を最大化」することが役割であるため、プロダクトマネージャーが兼任してもよい。とくに小さいプロダクトであれば分ける必要もない。

　大きなプロダクトになると、プロダクトを小さな単位に分けてプロダクトを階層構造にして、プロダクトマネージャーがプロダクトを広く見て、その一つひとつはプロダクトオーナーが責任をもつような構成もある。これには定められた答えがないため、プロダクトや組織の状況に応じて意思決定をしてほしい。もし、プロダクトマネージャーとプロダクトオーナーを分けるのであれば、プロダクトオーナーに「プロダクトの価値を最大化」できるような権限を与える必要がある。

(3) カンバン

　アジャイル開発の手法としてカンバンという手法も挙げられる。日本のトヨタ生産方式にその起源をもつ。

　図表21-6のように、カンバンでは左から右に付箋に書かれたタスクが進んでいく。シンプルな場合にはTODO、DOING、WAITING、DONEといった流れでタ

TODO	DOING	DONE
タスク5 ……	タスク3 ……	タスク1 ……
タスク6 ……	タスク4 ……	タスク2 ……
タスク7 ……		

図表 21-6　カンバン

スクの工程が表される。ソフトウェア開発に特化する場合には TODO、PLANNING、DEVELOPING、TESTING、WAITING、DONE といった行程になる。

各工程には WIP(Work In Progress) という概念があり複数のタスクに同時に取りかかることを防ぐため、各工程で一度に取りかかることができるタスクの数に上限を決めておく。カンバンを作成するときに、WIP の上限数の付箋だけが貼れるように線を引いておくと意識せずとも上限を守ることができる。また、タスクが一番左から右に流れる速度を計測し、タスクが完了するまでの時間の短縮、もしくは維持を目指していく。

カンバンを用いることで、各人が担当するタスクの前後関係を意識することができ、プロダクトに対して横断的なコミュニケーションが取りやすくなる。ウォーターフォール式に大きなタスクを流すのではなく、小さな機能単位で各工程を繰り返すことで、アジャイルな意思決定をサポートしてくれる。

カンバンはスクラムに比べて非常に軽量で自由度が高く、小規模なチームであれば導入コストも低い。スクラムはスプリントという単位を用い、たとえばスプリントが 1 週間であれば 1 週間ごとに計画〜開発、ふりかえりのサイクルを繰り返す一方、カンバンにはスクラムでいうスプリントの概念（タイムボックス）がない。これはカンバンがシンプルな開発手法であることに起因し、ここにスプリントという概念をもち込んではいけないわけではない。たとえば、スクラム開発でスプリントバックログを管理するためにカンバンを用いることは一般的である。

(4) CI と CD

現代におけるソフトウェアプロダクトは継続的に価値をユーザーに届け続けることを重要視するため、ソフトウェアプロダクトマネジメントやアジャイル開発との親和性は非常に高い。

ソフトウェアを開発するためのプログラミングは基本的にエンジニアごとに個人で行われる。そのため、ソフトウェアは複数のエンジニアによるプログラムが組み合わさってできることになる。このとき、継続的インテグレーション(Continuous Integration：CI) とよばれる仕組みを導入しておくと、各人のプログラムの修正が入るたびに、自動的にテストを実施できるようになる。

また、プログラムを変更するだけでは文字列が変更されただけなので、プログ

ラムをソフトウェアとして利用可能にするためのビルドとよばれる作業や、サーバーへソフトウェアを適応するデプロイとよばれる作業も自動的に実行することができる。

CI の仕組みを導入しておくことで、エンジニアはプログラムに修正を入れるたびに、その修正に問題がないかを確認できるため、コードを書く仕事に集中できる。他のエンジニアと同時にプログラムを修正しても、順次テストが実行されるため待つ必要もなく、プロダクトマネージャーもつねに最新のソフトウェアを開発用の環境で試してみることができるようになり、ソフトウェアの品質を担保することができるようになる。

こうして組み上げたソフトウェアは定期的にリリースされることになる。このときに使われる概念が CD（Continuous Delivery, Continuous Deployment）である。CD には継続的デリバリーと継続的デプロイメントの 2 種類があるが、定期的にリリースするという意味ではこの 2 つに大差はない。継続的デリバリーは出来上がったプロダクトをリリースする際に、リリースプロセスを経る部分で多少なりとも人が介在する。そのため往々にして 1〜2 週間単位、月単位、四半期単位というサイクルでリリースされる。継続的デプロイメントは完全にリリースプロセスが自動化されるため、Amazon のように 1 日に 23000 回以上のデプロイが可能になる[1]。

(21.2.3) プロジェクトマネジメント

プロダクト開発の進め方はエンジニアリングマネージャーやプロジェクトマネージャーと議論する必要がある。とくに、プロジェクトマネージャーがいる組織の場合には、実際のタスク管理はプロジェクトマネージャーの担当領域になる。プロジェクトマネージャーにすべて委任することになるとしても、プロダクトマネージャーも開発の流れや考え方を理解していなければ、プロダクト全体を円滑に進めることは難しい。ここでは、プロジェクトマネジメントの代表的な概念をいくつか紹介する。

---

[1]　https://opensource.com/article/19/4/devops-pipeline

(1) ガントチャート

　ウォーターフォール開発のスケジュール管理でもっとも幅広く使われている手法は、ガントチャートである。ガントチャートとは縦軸にタスク、横軸に時間を記載して、どのようにプロジェクトが進行するのかを期日ごとに可視化するものである（図表21-7）。開始時にすべてのタスクの洗い出しと見積りを実施したうえで作成することを前提としている。企業によっては線表や工程表とよばれることもある。ガントチャートをつくるためのExcelテンプレートや、ウェブサービスも多くあり、実際に作成する場合にはそれらを活用するとよい。

　ガントチャート作成のメリットは、すべての作業とそれらの依存関係が1つの表にまとまっていることで自身の作業がその後の工程にどのように影響するのかや、プロジェクトの全体像を俯瞰しやすいことである。タスクの遅延やそれによって起きる問題も把握しやすい。各タスクの列に担当者や担当チームを記載することでタスクの割当てを表すこともあり、担当者やチームの稼働率を同時に表すこともできる。

　営業やカスタマーサポート組織の構築、マーケティングの開始など、開発以外の工程管理にガントチャートを用いることもある。

タスク名	2021年2月																	
	1	2	3	4	5	6	7	8	9	10	11	12	13	14	15	16	17	18
アイデア出し			担当者：Aさん															
企画						担当者：Bさん												
開発									担当者：Cさん									
テスト												担当者：Dさん						
リリース																		

図表21-7　ガントチャート

(2) プロジェクトバーンダウンチャート

　スケジュール管理とは別に、プロジェクトの進捗を表すものがバーンダウンチャートである。プロジェクトバーンダウンチャートは、プロジェクト全体の見積りのうち、現在どれくらいのタスクを完了しているのかを、理想の状態と現状と

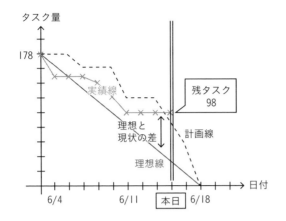

図表21-8　バーンダウンチャート

を比較する目的で可視化する図である（図表21-8）。

　どんな開発手法を取っていても、開発は計画通りには進まないものである。新しいプロジェクトでは開始直後にスピードが出ないこともあるが、開発が進行するにつれてコミュニケーションや使用するツールに慣れてくることでスピードが上がることもある。現状の進行が予定と比べてどれくらいの成果を出せているのかをこまめに把握し、進捗を改善していくことができる。

21.3　ソフトウェアの基礎知識

　対象とするプロダクトが機械系、セキュリティ系、AI系などどのようなテクノロジーに立脚しているかにもよって必要となるソフトウェアの知識は異なるためすべてを網羅する必要はない。

　ただし、ソフトウェアが動く仕組み、ネットワーク、データベースの3つはソフトウェアプロダクトを成り立たせる根幹であるので、これらの最低限はおさえておきたい。これらの基礎をおさえておけば、他のソフトウェアテクノロジー分野への応用を利かせることができる。

21.3.1 ソフトウェアの中の仕組み

(1) プログラムとライブラリー

ソフトウェアを動かすときは、プログラミング言語を使ってコンピュータに指示を出す必要がある。Python、Java、Go、C++ などが数多くのプログラミング言語が存在する。プログラミング言語はソフトウェアに一定の処理をさせるための命令文がたくさん含まれている。

たとえば print という命令文を使うと、その後ろの括弧内に書いた文字を表示することができる。print("hello world") と括弧内に文字を書くと、「hello world」と画面に表示される。このとき、print という命令文のことを関数、表示された hello world のことをアウトプット、括弧内に指定するものを引数もしくはインプットとよぶ（図表 21-9）。プログラムはインプットに合わせてアウトプットが出てくる設計となっている。

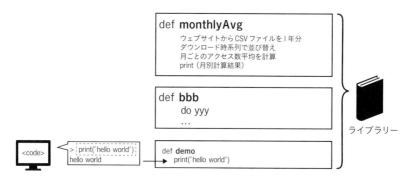

図表 21-9　1 つの関数とライブラリー

関数はあらかじめ用意されたものだけでなく、さまざまな処理や関数を組み合わせて自分なりの関数をつくり、名前をつけることができる。図表 21-9 では新しく demo という名前の関数を定義（def という命令文）して、demo という関数が実行されたときに、print("hello world") がよび出されるように記載されている。たとえば、hello world と 3 回出力したいときに、demo という関数の中で 3 つの print("hello world") をよび出していれば、これからは demo という命令文を書く

だけで3回の hello world を出力できるようになり、何度も print の命令文を書く必要がなくなる。

これを応用すると、たとえば CSV ファイルをウェブサイトから取得し、月ごとのアクセス数を計算して print の命令文を使って表示する monthlyAvg という自作の関数をつくることもできる。こうして名前をつけた関数をたくさん束ねることで、複雑な処理が可能になる。複数の関数をライブラリーという単位でまとめることで、複雑な処理を多くの場所で転用できる。

(2) RPC と API

プロダクトのプログラムはたくさんの関数やライブラリーで成り立っている。インターネットを介して他のプログラムから必要な関数やライブラリーをよび出すことができ、これをリモートプロシージャコール（RPC）とよぶ。プログラムの中に外からよび出されることを前提につくった関数のことを、API(Application Programming Interface) とよぶ。これはプログラムに外からアクセスしてもらうドアのようなもので、最近はインターネット越しで API を叩くことが普通である。

たくさんの RPC や API を応用すると、ネットワークにつながった多くのコンピュータを同時に使うことができる。この仕組みを利用して1つの目的のため各マシンに分けて処理を行うことを分散処理とよぶ。

分散処理のうち、すべてのマシンが同等の処理を行うことをピアツーピアとよび（図表21-10）、片方が多くの複雑な処理をすることをクライアント・サーバー型とよぶ（図表21-11）。この場合多くの処理はサーバー側で行われ、クライアント側は UI や UX を通じてユーザーに結果を表示したり、アクションを求めたりする。

図表21-10　ピアツーピアにおけるリモートプロシージャコールと API

ユーザー　　　　インターネット　　　ウェブサーバー

図表 21-11　クライアント・サーバー型

(3) フロントエンドとバックエンド

　ウェブを介していろいろな情報を得られる背景には、ウェブブラウザがウェブ
サーバーにアクセスして引き出したい情報のリクエストを送り、その結果を得る
仕組みが動いている（クライアント・サーバー型）。ウェブブラウザ以外がウェブ
サーバーに処理を依頼することもできる。ウェブサーバー側の処理はウェブ API
とよばれる入り口（インターフェース）を通じて行う。

　ユーザーから直接目に見えたり、手に触れたり、声で話しかけられるクライア
ント側をフロントエンド、ユーザーから目に見えないサーバー側をバックエンド
とよぶ（図表 21-12）。フロントエンドとバックエンドをつなぐものがネットワー
クである。たとえばリモート環境でメールやチャットの送受信ができない、ウェ
ブサイトにアクセスできないといったトラブルの主要な原因は、クライアントと

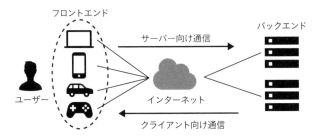

図表 21-12　ウェブにおけるフロントエンドとバックエンド

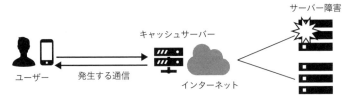

図表 21-13　サーバー障害とキャッシュサーバー

サーバーの間にネットワークがあることと、サーバー側に負荷がかかっていて処理が遅れていることが挙げられる。

そこで図表 21-13 のようにユーザーの手元に近い場所にキャッシュサーバーとよぶものを用意し、本来ならばサーバーから取得するはずの情報をここに一時的に置いておく（一時的に置いた情報が劣化していることにならないような仕組みは別途ある）。稀に、サーバー側を更新してもクライアント側（ブラウザなど）で更新されないのは、キャッシュがまだ古い情報を保持しているためである。

図表 21-14　ブロッキング処理

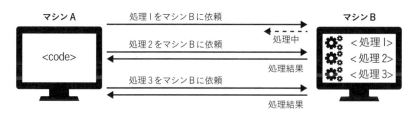

図表 21-15　ノンブロッキング処理

　別のプログラムに処理を依頼した結果を待つ場合、ユーザーや他の処理を待たせてしまうことがある。こうした同期処理において次の処理が止まってしまうことをブロッキングとよぶ（図表 21-14）。これに対して、1 つの処理を依頼していても、その間に他にやることがあれば実行してもらい、それらが先に終了したならばその通知を受けて、その処理結果を使った処理をすることをノンブロッキングとよぶ（図表 21-15）。

　このように複数のプログラムの協調動作をするのが一般的だが、プログラムをどこまで細分化するか、どこまで相互依存性をもたせるかがソフトウェアの全体設計の肝になる。こうした複数のプログラムからなるソフトウェアコンポーネントの依存関係が高い場合を密結合、そうでない場合を疎結合とよぶ（図表 21-16）。

それぞれによい点・悪い点があるのでどちらがプロダクトに適しているかはエンジニアの判断を仰ぐ必要がある。

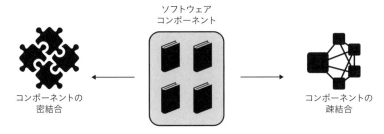

図表 21-16　ソフトウェアコンポーネントの設計

(21.3.2)　ネットワーク技術の基本

(1) ネットワークの仕組み

　リモート環境にあるマシンとインターネットを介して通信するには、互いの場所を特定する必要がある（図表 21-17）。インターネットの世界における住所のような概念が IP アドレスである（たとえば Google 検索で "what is my ip" と検索すると、その端末に割り振られている IP アドレスを調べることができる）。IP アドレスは数字や文字の羅列になっているので、ウェブサイトにアクセスするたびに覚えておくことは難しい。

　そこでアドレスの通称を使うことになる。これが「www.〜〜」で表されるドメインネームとよばれるものである。たとえば www.google.com にアクセスする

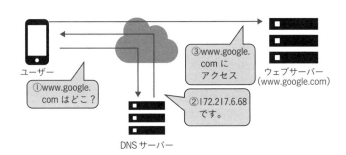

図表 21-17　ドメイン名から IP アドレスを解決する

とき、その IP アドレス（宛先 IP アドレス）を最初に知る必要がある。この情報は、通信プロバイダーや政府機関、教育機関などによって運営されている DNS サーバーを通して取得することができる。日本人と外国人が話すためには言語を合わせなければ自由に意思疎通することができないように、ネットワークの世界ではネットワーク機器間のデータ送受信の基準を統一することによって、国や言語の違いを乗り越えた通信を可能にしている。

この統一された基準は、物理的な通信ケーブルの仕様から IP アドレスの扱い方、データ転送のタイミングや暗号化、圧縮方式、アプリ上でのデータ表示の仕方など、さまざまなテクノロジーが階層化され世界共通規範として定義されたものである。たとえばウェブサービスでよく聞く TCP や HTTP という用語はデバイス間でデータを送受信するために使う共通言語のようなものである。日本にいながら外国のウェブサービスを使えるのは、こうした世界で統一された通信プロトコルがあるためである。

(2) ネットワークのパフォーマンスに影響を与える要素

現在使われるソフトウェアプロダクトの多くが、何らかのデータをネットワーク越しにやりとりして成り立っている。ブラウザでサイトを開くのに時間がかかったり、動画が途中で止まってしまったりする事象にはさまざまな原因があるが、ネットワークが原因で起こることがよくある（図表 21-18）。このとき、ネットワークのパフォーマンスが何で決まるかということを理解しておく必要がある。一つは帯域幅とよばれ、1 秒間にどのくらいのデータ量を送り出せるのかを表す。

もう一つは遅延とよばれ、送信元から宛先までデータが届くのにどのくらい時

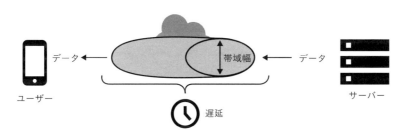

図表 21-18　ネットワークのパフォーマンスに影響する要素

間がかかるのかを表している。帯域幅は大きければ大きいほどよく、遅延は小さければ小さいほどよい。物理的距離の遠さは遅延の増大につながり、帯域幅の大小によってもアプリの動作が遅い、重いと感じることにつながる。

　現実のプロダクト体験は、使っているデバイスの利用できる帯域幅が場所や時間帯によって異なったり、ウェブサービスのアクセス先が日本なのか、外国なのか、使っているプロバイダーのネットワークが混み合っていたりする（輻輳するとよぶ）など、目に見えているソフトウェアの外側で起こっていることに多分に影響される。そのためユーザーの近くにキャッシュサーバーを置く、データを圧縮して送る量を減らす、クライアントにあらかじめある程度のデータをもたせるなど、ネットワークの特徴を踏まえた工夫をする必要がある。

(21.3.3) データベースの基本

(1) データベースの構造

　これまで「サーバー側」とよんできたものは実際にはデータセンターやクラウド環境を意味することがほとんどであり、実態は1台のマシンではなくさまざまな役割をこなすサーバーがネットワークでつながった巨大なコンピュータといえる。数多くの種類があるサーバーの中でもソフトウェアの基礎知識として理解しておきたいのがデータベースの仕組みである。

　データベースとは整理された情報の集まりである。データベースがあることで、ユーザーのアクセスログ、会員情報といった情報が逐次データベースに表形式で保存されていき、必要なデータを取り出したり、分析に使うことができたりする。データベースはデータの格納先をテーブルという表単位で保存している。図表21-19では従業員（Employees）テーブルに従業員番号（EmployeeID）と従業員氏名（Name）と連絡先（Home Phone）が格納されている。

　複数のテーブルがある場合は、互いのテーブルを参照し合うことが可能になっている。従業員（Employees）テーブルの従業員番号（EmployeeID）を参照元としたとき（これを主キーもしくはプライムキーとよぶ）、給与（Compensation）テーブルの従業員番号（EmployeeID）は従業員（Employees）テーブルから埋める必要がある（これを外部キーもしくはフォーリンキーとよぶ）。外部キーは勝

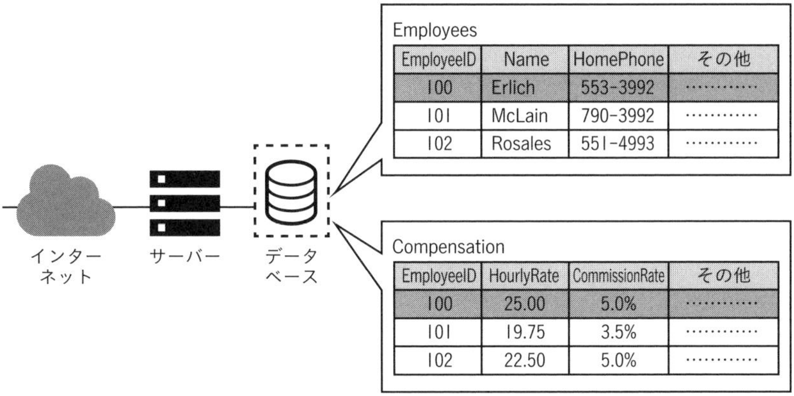

図表 21-19　データベースの構造

手に埋められないという制約をもつことによって、参照した際の整合性が保たれている。こうした仕組みをリレーショナル・データベースという。

(2) SQL と NoSQL

　表形式のように、ある種の構造のもとに集まったデータを取得するために使う言語が SQL(Structured Query Language) である。SQL には決まった文法があり、ルールに従って書くことによって表からデータを取得することができる。ここでは SQL の基本的な構文を 3 つ紹介する（図表 21-20）。

図表 21-20　SQL の 3 つの基本的な構文

構文名	概　要
SELECT	テーブルの中の列を指定する (* とするとすべての列を指定)
FROM	データベースとテーブルを指定する
WHERE	列に格納されたデータに対してフィルターをかける

たとえば Joe さんに関するデータを取得したい場合は、

SELECT *

FROM Employees

WHERE Name = "Joe"

とすることで、Joe さんに関するデータを取得することができる。このように、SQL
を使うときは必ず WHERE でフィルターをかける必要がある。たとえば、

SELECT *

FROM Employees

としてしまうと、従業員（Employees）テーブルの行と列のすべての情報を取
得しようとする。万単位の行数の場合、データベースのデータ取得処理に大きな
負荷がかかり、他のユーザーに影響を与えることもあるので注意したい。

　SQL が使えるようになると、Google Analytics や Firebase といったツールでは
取得できないデータを分析できたり、エクセルの上限を超えてビッグデータを扱
えたりと、より高度な分析ができるようになるという利点がある。もちろん、サー
バーにあるユーザー情報を SQL を使って扱う場合には、プライバシー情報の取
り扱いに問題がない閲覧や利用であるのかを十分注意してほしい。

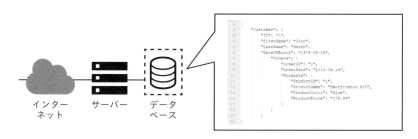

図表 21-21　NoSQL 型のデーターベース

　SQL とよく比較されるデータベース形式に NoSQL とよばれるものがある。図
表 21-21 のようにデータの格納方法が表形式の SQL に対して、JSON や XML と
いう形式でデータを保存するものが代表的である。NoSQL ではデータを Key と
Value というペアでデータを保存する。そのため取得は SQL ではなくプログラミ
ング言語を使って行う。

　SQL は複雑なデータ構造を管理することに向いているが、既存の表に新たな列
を追加するといった対応は、他のテーブルとの関連を考慮する必要があり慎重を
要する。NoSQL はプログラミング言語を通してデータを取得する方法もあり、そ
の性能はアプリの品質に依存する。Google BigQuery のように NoSQL のデータ

ベース形式であっても SQL のクエリーと同様に情報を取得できる方法もある。

(3) トランザクション

　SQL、NoSQL に関わらずデータベースの中で重要な概念がトランザクションとよばれるものである。たとえば E コマースウェブサイトで自転車を販売していて、もし在庫が 1 台しかない場合、あるユーザーが購買手続き途中であるにもかかわらず、他のユーザーがその自転車を買えるようになっていては問題になる。最初のユーザーが購買完了になるまでその自転車のデータへのアクセスを制限するような方式をトランザクション処理という（図表 21-22a）。

　トランザクション処理の終了時にデータベース更新の内容を確定させることをコミットという。最初のユーザーが商品の購買をキャンセルした場合、かごに入っている商品を在庫に戻す必要がある。これまでのトランザクション処理をすべてキャンセルし、無効にすることをロールバックとよぶ（図表 21-22b）。

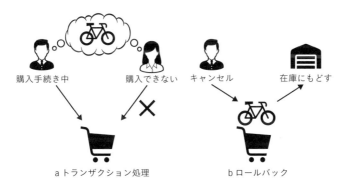

購入手続き中　　購入できない　　キャンセル　　在庫にもどす

a トランザクション処理　　　　b ロールバック

図表 21-22　購買およびキャンセル時のトランザクション

21.4　セキュリティを強化する

21.4.1　セキュリティとは

　セキュリティには広く安全や保安という意味があるが、ここでは IT 系のプロダ

図表 21-23　情報セキュリティで確保する 3 つの観点

観　点	概　要
情報の機密性	認可された者だけが情報にアクセスできる
情報の完全性	情報が完全で正確である
情報の可用性	情報の必要時に利用できる

クトにとって必要となる情報セキュリティを取り上げる。情報セキュリティは情報の機密性、完全性、可用性を確保することと定義されている（図表 21-23）。

　情報セキュリティを徹底するために、プロダクトマネージャーはセキュリティ上のリスクを理解し、リスクの原因となる脆弱性や脅威の把握に努める必要がある。プロダクトチームがつねにプロダクトのセキュリティ状態を把握し、セキュリティのインシデント（セキュリティによる事案）の発生に対して適切な対処を取れるように、日頃からその対策とオペレーションを確立しておかなければならない。

　これには、運用に関わる人や運用を行う施設への人的および物理的なセキュリティも視野に入れる必要がある。プロダクトの「部品」にあたるハードウェアやOS、ミドルウェアのみならず、プロダクトがユーザーの手元に届くまでの流通網や経路に相当するネットワークなども対象とするより広い範囲を考慮して備えておきたい。

21.4.2 セキュリティの基本

(1) 認証

　パソコンを自分以外の人に触らせたくなかったり、中のデータを自分以外の人に見せたくなかったり、見せてもよいけれど変更はさせたくないことがある。そのために、パソコンに「自分」を認識させる必要がある。

　具体的には、パソコンの OS の中にユーザーを識別するための合い言葉のようなパスワードを格納したデータベースをもち、ユーザーがログイン時に入力したパスワードとの比較を行う。パスワードがデータベースのものと一致したら、OSの中でそのユーザーとして識別される（図表 21-24）。この処理のことを認証とよぶ。

Ａさん　　　　　　Ａさんのパソコン

図表 21-24　パスワード認証

　ユーザーのデータベースにパスワードが誰でも読める状態のまま保管されていると、悪意のある人がそのパスワードを悪用する可能性がある。そのため、パスワードは生のまま（ユーザーが入力した際のもとの文字列のまま）保存しないというのが鉄則である。生のままのテキストのことを平文とよぶ。

　パスワードはある関数によって別の値に変換して格納する。変換した値から逆にパスワードを算出することもできない。このような処理を施すことで、別のユーザーに盗み見られても不正ログインされることはない。

　ユーザーの認証手段としては、ユーザーが知っているもの、ユーザーがもっているもの、ユーザー自身の証明となる生体情報の３つがある。

　ユーザーが知っているものによる認証には、上述のパスワード認証がある。

　ユーザーがもっているものによる認証には、ユーザーが所有しているスマートフォンを用いる SMS 認証がある。あらかじめ登録してある携帯電話番号に一時的な数字列などの情報を送り、それを入力してもらうことで認証を行う。

　ユーザー自身の証明となる生体情報による認証には、指紋認証や虹彩認証などがある。

　これらの認証を複数組み合わせることで、たとえ１つの認証が破られたとしても、別の認証によって守ることが可能となるのでセキュリティ上推奨される方法である。これを多要素認証とよび、2 要素認証とはこのうちの２つを組み合わせることである。

　認証はユーザーに対してのみならず、デバイスに対しても行われる。IoT では、特定のデバイスに対してのみ機能を提供することも行われるが、その際に必要となるのはデバイス認証である（図表 21-25）。デバイス認証が行われないと、契約

図表 21-25　デバイス認証

外のデバイスから機能を使われたり、不正なアクセスによりデータを盗まれたり、機能が損なわれたりする恐れがある。

(2) 認可

　ユーザーごとにアクセスを許可したり、拒否したり、許可する内容だけを読み取ったり、変更も可能にしたりすることは、ユーザーを識別しそのユーザーに対しての権限を付与することにより可能となる。この仕組みを認可とよぶ（図表 21-26）。

図表 21-26　認可

(3) 暗号化

　ある情報を読まれないようにすることを暗号化という。暗号化したものを再び読めるようにすることを復号化という。復号化の鍵をもたない人はその情報を読むことはできない。

　情報をあるところから別のところに転送する場合など、途中で情報を盗み取る悪意のある第三者に対して、情報を暗号化することで第三者の盗み見や改ざんを防ぐことが可能である（図表 21-27）。

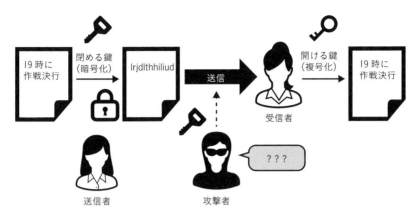

図表 21-27　暗号化と復号化

　暗号化と復号化に同じ鍵を用いるのが、秘密鍵暗号方式や共通鍵暗号方式、対称鍵暗号方式とよばれる技術である。しかし、暗号化と復号化に同じ鍵を用いる場合には、鍵を安全に受け渡す手段がなければ、途中で情報を読み取る悪意のある第三者に鍵も盗まれてしまう。

　秘密鍵暗号方式に対し、暗号化と復号化で異なる鍵を用いる暗号技術が公開鍵暗号方式である。ユーザーは暗号に用いる公開鍵と復号に用いる秘密鍵のペアを生成し、自分に情報を送ろうとする相手に公開鍵を渡す。これは誰に使われてもよいので、個別に渡すのではなく公開されている場所に置いてもよい。公開鍵で暗号化された情報が渡されたら、自分のみがもつ秘密鍵で復号化することができる。

（4）改ざん防止

　ある情報を送る際に、途中にいる悪意のある第三者に中身を改ざんされることを防ぐ 1 つの方法としても暗号化が用いられる。他にも改ざん防止のために、情報から生成される一意な値を付与することで、改ざんされた場合にそれを検出する方法もある。

　受け手も同じ手段を用いて値を生成することで、もし情報が改ざんされていれば生成された値と受け取った値が異なることから、改ざんに気づくことができる。

(5) ウェブセキュリティ

　ウェブにおけるセキュリティでとくに重要なことは、正しいサーバーにアクセスしているか、通信を盗み見や改ざんされていないかである（図表 21-28）。

　自分がアクセスしているサーバーが正しいサーバーであるかは、第三者により発行された証明書で確認するができる。通信の暗号化は、この証明書に含まれる公開鍵暗号方式の公開鍵により行うことが可能である。

　この仕組みは TLS（Transport Layer Security。以前は SSL（Secure Socket Layer）とよばれていた）とよばれる仕組みで行われる。ブラウザでは「https://」で始まるアドレスとなっている。

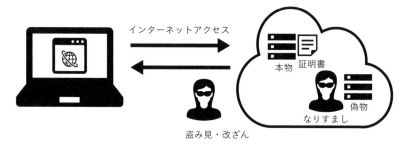

　　インターネットアクセス
　　本物　証明書
　　なりすまし　偽物
　　盗み見・改ざん

図表 21-28　ウェブセキュリティ

(6) 攻撃手法

　プロダクトへのセキュリティ攻撃はいくつかの種類があるが、ここでは DoS 攻撃、DDoS 攻撃、ブルートフォース攻撃および辞書攻撃を紹介する（図表 21-29）。

　普通ではありえないほどの負荷をかけることで、プロダクト（サービス）の利用が困難な状況に陥れる攻撃を DoS 攻撃（Denial of Service Attack）という。DDoS 攻撃（Distributed Denial of Service Attack）とは、複数のマシンを踏み台として使い、それらのマシンから普通ではありえないほどの負荷をかけることで、プロダクト（サービス）の利用が困難な状況に陥れることである。

　パスワードや暗号のための鍵になる暗証番号などを推測する攻撃がある。ブルートフォース攻撃または総あたり攻撃とよばれるのは、取りうる組合せをすべて試す方法であり、辞書攻撃とよばれるものはよく使われる可能性の高い候補から順に試していく方法である。

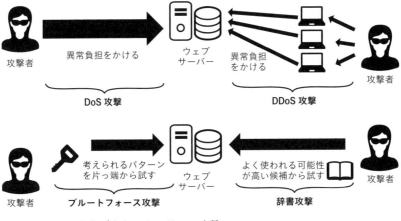

図表 21-29　さまざまなセキュリティ攻撃

PART I

PART II

PART III

PART IV

PART V

PART VI

21.4.3　セキュリティインシデントへの対応

(1) セキュリティインシデントの重大性

　セキュリティ障害は日本語で事件（インシデント）ともいわれるように、社会事件化することも多く、障害の中でもその影響範囲や重特性が非常に大きいものである。対応を間違えると事業停止に追い込まれたり、ユーザーの離脱、損害賠償責任などに及んだりすることもある。

　日本ではセブンイレブンの関連会社であるセブン・ペイが開始したキャッシュレス決済サービスである 7pay がセキュリティの問題が発生したことでサービス停止となった。7pay では登録ユーザーがアカウントのパスワードリセット時に登録時とは異なるメールアドレスにパスワードリセットのための URL を送るようになっていたため、生年月日と電話番号、登録時のメールアドレスを知っていればパスワードの再設定が可能であった。また、パスワード変更時にユーザーにその通知を行うような機能もないなど、設計の不備も発覚した。

　セブン・ペイはこの問題に対して修正を行ったが、ウェブの見た目の修正（CSSというウェブのデザイン部分のみの修正）にすぎなかったため、ウェブの知識がある人であれば引き続き容易にパスワードを変更することが可能な状態であった。

セブン・ペイはスマートフォンを用いている人がキャリアメールを登録時に用いていた場合、パソコンからパスワード変更ができないため、登録時のメールアドレスとは異なるアドレスを用いてパスワードを変更できる仕様にしたといっているが、セキュリティの基本的知識があればこのようなことは防げる。他にも業界の認証サービスのためのガイドラインなどを把握すれば防げたであろうことも指摘されている。

(2) セキュリティインシデントから守るべきもの

セブン・ペイの事例から学べることは、プロダクトマネージャーもセキュリティに対しての正しい知識をもつこと、専門家を組織に含めること、そしてインシデント発生時に適切な処置を迅速に行うことである。

プロダクトのセキュリティを考えるうえで、何を守るかを明確にしたい。プロダクトが事業の中核になったいま、守る対象は包括的に考えなければならなくなった。図表 21-30 に具体的な守るべき対象を示す。

図表 21-30　プロダクトが守るべきもの

プロダクトが守るべきもの	内　容
資産	・ユーザーに関するデータ ・コンテンツ、商品、ユーザーからの預かり資産 ・ソフトウェアのソースコード ・その他テクニカルリソース（クラウド、オンプレミスに関わらず自前で運用しているサーバー、ネットワーク、ストレージなど）
人	・プロダクト資産にアクセスする人 ・ユーザー ・コミュニティー
金銭	・収益 ・運用コスト

プロダクトの収益はセブン・ペイの事例で見た不正使用に伴う支払いのようなセキュリティ攻撃で損害を被る。また、プロダクトの基盤となるサーバーに大量の負荷を与える DoS 攻撃によりサービスが継続できなくなったり、その対策に予想外のコストが発生したりすることもある。セキュリティインシデントの影響は

資産、人、金銭のどれか単体だけでなく、多くの場合はそれら複数に影響を与えるため、しっかりとした対策を講じなければならない。

(3) セキュリティの脆弱性の原因

セキュリティの脆弱性の原因は、内部的な脅威と外部的な脅威に分類できる。内部的な脅威とはプロダクトに関わるメンバーだけではなく、自社や関連会社の社員の内部犯行や、セキュリティに対する知識やスキルが不足することによる不適切な判断に起因するものである。外部的な脅威とは社外からのサイバー攻撃などのことである。セキュリティ意識の低い社員から言葉巧みにシステムの内部情報を引き出し、それをヒントに攻撃を行うソーシャルエンジニアリングのような複合要因のものもある。

これらの対処には物理的なセキュリティや社員へのセキュリティ教育という会社としてのコーポレートセキュリティが前提となるが、プロダクトとしての対策も別途講じなければならない。たとえば、2要素認証（パスワードと携帯番号認証のように、ユーザーが知っているもの、ユーザーがもっているもの、ユーザー自身の証明となる生体情報のうち2つを使った認証）といったユーザーの目に触れる部分のセキュリティもあれば、APIコールハイジャック（たとえばスマートフォンとサーバーのやりとりからデータを盗み出したり、異なるデータを埋め込んだりすること）のように目に見えない部分のセキュリティもある。

(4) セキュリティインシデントへの対応

セキュリティインシデントに対しても上で述べたようなヘルスチェックやインシデント発生時に関連部署への迅速な連絡と対応が欠かせない。セキュリティ固有の部分としては、プロダクトの設計時からセキュリティを考慮した設計を行うプロセスの確立とそのためのレビュー体制となるセキュリティバイデザインとよばれる手法も提唱されているので、確認してほしい。

セキュリティインシデント発生時の対応については、まずインシデント発生前から体制とフローを決めておくことが重要となる（図表21-31）。プロダクトマネージャーだけで判断することがあってはならず、どんなインシデントであっても関係者に周知徹底し、きちんと記録するようにする。そして、事前訓練も徹底す

る。災害発生時を想定した避難訓練と同じように、さまざまな攻撃が行われ、障害が発生したと仮定し、その対応を事前に確認する。

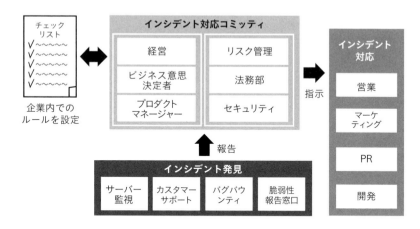

図表 21-31　セキュリティインシデント発生時の対処体制とフロー

　外部の人間がプロダクトの脆弱性を発見した場合、しかるべき機関（日本ではIPA や JPCERT）に報告することが推奨されている。そのような機関から報告があった場合の対応についても事前に決めておく必要がある。また、個別に会社に連絡が送られてくることもあるが、セキュリティ専門の対応窓口が用意されていない場合、対応にあたった広報部署が不適切な対応をしたために対応が遅れたり、報告者がしびれを切らしてその脆弱性を公開してしまったりすることもある。そのため、関係者は報告を受ける可能性のあるすべての部署を含めなければならない。

　会社によっては脆弱性を積極的に募集するところもあり、中には内容に応じて報告者に報奨金を与えることもある。これはバグバウンティプログラムとよばれる。悪意あるサイバー犯罪者からの攻撃を防ぐために、社員だけでなく、外部の専門家の知見も活用し、セキュリティ上の穴を事前に塞ごうという考えである。プロダクトが攻撃された場合の損害の大きさによっては、このようなプログラムの必要性も検討するとよい。

　セキュリティは対応が後手に回るとその損害も大きい。プロダクトマネージャーは社内の専門家とともに、先手必勝でセキュリティを考えるようにしたい。

21.4.4 セキュリティを理解しておくべき理由

セキュリティ関連の不適切な対応が原因でプロダクトの信頼性が大きく損なわれることがある。中には社会問題化し、事業停止に追い込まれることもある。

(1) プロダクトの信頼性が損なわれたさまざまな事例

ビデオ会議で急成長をした Zoom は数多くのセキュリティ上の懸念があり、多くの国や企業が利用を停止した。通信は暗号化されてはいたものの、暗号化のための鍵が Zoom のサーバーで保管されていたため、Zoom により解読することが可能であったり、その鍵が利用者の意図せぬ形で中国のサーバーで管理されていたため、中国への情報流出が懸念されたりした。また、利用者の知らないところで Facebook に情報が共有されていたり、Windows 版ではセキュリティ上の脆弱性が見つかったりすることもあった。

日本人の多くが使う LINE も以前は SMS（ショートメッセージサービス）による認証のみで使えるようになっており、SMS 認証番号を聞き出す詐欺が横行した。また、古くは mixi においてある URL をクリックすると「ぼくはまちちゃん！」という日記がユーザーの意図に反して投稿される、俗にいう「はまちちゃん事件」が発生したが、これはウェブアプリの脆弱性を突く攻撃によるものだった。

他にも、ヤマト運輸ではユーザー名とパスワードのリストをもとにして侵入を試みる不正アクセスの被害にあったり、仮想通貨事業者のコインチェックは仮想通貨を扱う場合には行うべきとされている数々の対策を採っていなかったために仮想通貨の流出を招き、利用者の資産を減少させてしまったりすることもあった。

(2) プロダクトに潜むセキュリティの諸問題

昨今は IoT の利用も盛んだが、IoT 機器ではセキュリティの初期設定が問題になることもある。ネットワークカメラの出荷時に設定されているユーザー名とパスワードをそのままの状態で使うユーザーが多いことから、外部からアクセス可能となっているものが多い。また、IoT 機器が利用するクラウド側の脆弱性により、IoT ユーザーに不利益が生じることもある。たとえば、あるスマートウォッチに偽のメッセージが送信されるという事件が起きたが、これなどはそのスマートウ

オッチが用いていたクラウド側に脆弱性があり、そこを攻撃されたものだった。

これらの問題の多くは以下のような複合的な要因がある。

①プロダクトの仕様や実装の問題

　・仕様が不適切

　・実装時に不具合（バグ）に気づかずに放置

　・使っているハードウェアや OS、ミドルウェアの脆弱性

②オペレーションの問題

③対処の問題

プロダクトの仕様の問題とは、2 段階認証や 2 要素認証を行わないような仕様面での不備のことをいう。

プロダクトの実装の問題とは、ソフトウェアの実装時の品質に起因する問題や適切なセキュリティ対策を講じた実装を行わなかった不備のことである。セキュリティに一見関係ないように思われる不具合であっても、攻撃者の対象となることがあるので注意が必要になる。

ソフトウェアが一時的に保持するメモリー領域の境界を越えたアクセスすることで、本来はソフトウェアが実行されるメモリー領域に書き込みが生じ、その結果、攻撃者の意図するふるまいをするように挙動が変更されることもある。これなどは、メモリーの扱いの不具合がセキュリティ問題を引き起こす古典的な例といえる。

自社が利用する「部品」に相当するハードウェアや OS、ミドルウェアなどにセキュリティの問題があった場合、部品であってもユーザーには区別はつかず、自社開発のものでも自社が利用したにすぎないものであっても、ユーザーにとってはすべてプロダクトの問題となることに注意しなければならない。これまでにも、Intel や AMD という著名企業の主要プロセッサーすべてに共通する問題が発覚したこともあったり、セキュリティの要となる認証や暗号化で用いられるオープンソースのライブラリーの問題が発見されたりしたこともあった。実装の問題ではなく、仕様の問題の場合、その特定の技術の使用を断念しなければいけないこともある。

また、プロダクトを運用する人や施設が攻撃されることもある。コールセンターのオペレーターを騙すことでユーザー情報を入手したり、データセンターに侵

入したりして、プロダクトをダウンさせられることもある。

　以上のようなさまざまな要因で起こるセキュリティ上の問題を完全に防ぐことは難しい。被害を最小限に食い止めるには、問題が発生してからの対処が重要となるが、セキュリティの問題が発生していることを隠ぺいしたり、プロダクトの稼働を一時停止して原因究明することを怠ったりするなど、セキュリティに関わる対処方針もセキュリティ問題の1つである。

　このようなセキュリティ問題を引き起こさないためには、プロダクトマネージャーや経営トップを含めた会社全体のセキュリティリテラシーの向上を行う必要がある。プロダクトマネージャーはプロダクトの意思決定に必要となるセキュリティの基礎知識を学び、経営レベルでは全社のセキュリティを所管する担当役員の配置を経営トップに働きかけるのがよいだろう。

PART I

PART II

PART III

PART IV

PART V

PART VI

Appendix 1

プロダクトマネージャーのための
セルフチェックリスト

□プロダクトが目指すべきビジョンをもっているか？

□自社独自の価値がはっきりしているか？

□市場をつくり上げる気概をもっているか？

□ユーザーとの対話の機会をもっているか？

□ユーザーのいっていることから、なぜそれが求められているかを深く考えているか？

□チームメンバーやステークホルダーとの関係に気を配っているか？

□関係者とは調整ではなく、相談・交渉・説得できているか？

□いわれたことであっても、自分が納得したうえで実行しているか？

□ No というべきときは、No といえているか？

□プロダクトの方向性やターゲットユーザーを考えたうえで、競合を意識しているか？

□ユーザーのニーズに合わせてプロダクトを変容させているか？

□適正価格を見つけることにしかるべき時間をかけているか？

□優先度をつけているか？

□失敗を価値ある学びに変えられているか？

□データを活用しているか？

□直感に頼る前に時間の許す限り調べたか？

□ふりかえりを続けながら磨き上げているか？

□つねに学び続けているか？

Appendix *2*
プロダクトの 4 階層とフレームワークの対応表

本書で紹介したフレームワークはツールにすぎない。フレームワークを活用してどのように思考するかがより重要である。プロダクトの 4 階層とフレームワークの対応を整理した一覧表を示す。

フレームワーク	Core	Why	What	How
リーンキャンバス	✓	✓	✓	
PEST 分析		✓	✓	
SWOT 分析		✓	✓	
ファイブフォース分析		✓	✓	
STP 分析		✓	✓	
ペルソナ		✓	✓	✓
メンタルモデルダイアグラム			✓	
カスタマージャーニーマップ		✓	✓	
ビジネスモデルキャンバス	✓	✓	✓	
North Star Metric			✓	
ユーザーストーリーマッピング			✓	✓
プロダクトランドスケープ		✓		
モチベーション分析		✓	✓	
4P、4C		✓	✓	✓
AIDMA、AISAS			✓	✓
狩野モデル			✓	✓
スクラム			✓	✓
インセプションデッキ	✓	✓	✓	✓

Appendix 3
推薦図書と講座

　プロダクトの4階層およびプロダクトマネジメント全般の理解を深めるための推薦図書を挙げる。

(1) プロダクトの Core
・プロダクトの世界観をつくる
『ビジョナリー・カンパニー』ジム・コリンズ、ジェリー・ポラス著、山岡洋一訳（日経BP）1995

　・事業戦略
『ブルー・オーシャン・シフト』W・チャン・キム、レネ・モボルニュ著、有賀裕子訳（ダイヤモンド社）2018

(2) プロダクトの Why
・「誰」を「どんな状態にしたいか」
『バリュー・プロポジション・デザイン』アレックス・オスターワルダー、イヴ・ピニュール著、関美和訳（翔泳社）2015

　・プロダクトの Why を検証する
『Lean Analytics』アリステア・クロール、ベンジャミン・ヨスコビッツ著、角征典訳（オライリージャパン）2015

(3) プロダクトの What
・ユーザー体験
『マッピングエクスペリエンス』ジェームス・カルバッハ著、武舎広幸、武舎るみ訳（オライリージャパン）2018
『メンタルモデル』インディ・ヤング著、田村大監訳（丸善出版）2014

　・ビジネスモデル
『ビジネスモデル・ジェネレーション』レックス・オスターワルダー、イヴ・ピニュール著、小山龍介訳（翔泳社）2012

・KPI

「プロダクトマネジメント実践講座：シリコンバレーの現役プロダクトマネージャーが
　伝授する、世界の最前線で使われる KPI 」曽根原春樹（https://www.udemy.com/
　course/practical_kpi/）

・プロダクトの What を評価する

『ユーザビリティエンジニアリング 第 2 版』樽本徹也著（オーム社）2014

(4) プロダクトの How

・ユーザーインターフェース

『ノンデザイナーズ・デザインブック 第 4 版』ロビン・ウィリアムズ著、吉川典秀訳
　（マイナビ出版）2016

(5) ステークホルダーをまとめ、プロダクトチームを率いる

「プロダクトマネジメント実践講座：シリコンバレーの現役プロダクトマネージャーが
　伝授する、伝わるプロダクトアイデアの書き方」曽根原春樹（https://www.udemy.
　com/course/practical_prd/）

(6) プロダクトマネジメント全般

『ソフトウェアファースト』及川卓也著（日経 BP）2019

「プロダクトマネジメント入門講座：作るなら最初から世界を目指せ！シリコンバレー
　流 Product Management」曽根原春樹（https://www.udemy.com/course/introduction-
　to-pm/）

『Running Lean』アッシュ・マウリャ著、角征典訳（オライリージャパン）2012

『HIGH OUTPUT MANAGEMENT』アンドリュー・S・グローブ著、小林薫訳（日経
　BP）2017

『アジャイルサムライ』ジョナサン・ラスマセン著、西村直人、角谷信太郎監訳（オー
　ム社）2011

『SCRUM BOOT CAMP THE BOOK 増補改訂版』西村直人、永瀬美穂、吉羽龍太郎著
　（翔泳社）2020

あとがき

　本書の製作に着手し始めた 2019 年 12 月頃は、アメリカではナスダックやその他マクロ経済を示す数値が最高値を更新し、世界の主要株指数も上昇していた。世界のマクロ経済環境はおおむね順調に推移しているかに見えていたが、それからわずか 2ヶ月後、世界の人々を巻き込むコロナショックが吹き荒れる。

　いったい誰がこのような状況を予測できただろうか？　ビジネスの世界で勝利の方程式を求める人は多いが、その方程式が通用するのは非常に限られた条件が揃わなければ成り立たない。

　ましてや今日の世界を VUCA（Volatility、Uncertainty、Complexity、Ambiguity の頭文字で、物事が変動し続け不安定かつ予測不能なことを表す）と表現するように、我々を取り巻く環境は安定するどころか、不安定感がつねにどこかに渦巻いている状態となった。世の中のさまざまな場面で複雑かつ可変要素があふれている中で、プロダクトを通して企業を成功に導くため、社内外の状況を把握し柔軟に動けるプロフェッショナルが求められている。それがプロダクトマネージャーである。

　ところが筆者がシリコンバレーに渡米し本場のプロダクトマネージャーを志し始めた頃、巷にはどのようにしてプロダクトマネージャーになればよいのかが解説されたものはほとんどなかった。そのため人づてにどんなことを学べばよいかを聞き、一つひとつリソースを選び抜いては学んでいくという、いま考えれば非常に時間がかかるプロセスだったと思う。

　あれから 10 年近くの時を経て、プロダクトマネージャーとして働くために必要な部分のうち、普遍的なものについてはお伝えすることが可能だと気がついた。日本でスタートアップ企業が勢いを増す中、プロダクトマネージャーという仕事も少しづつ知られるようになってきたが、見渡せばプロダクトマネージャーを目指す人、もしくはすでに実践している人の力になるようなまとまった情報が日本には少ない。

　こうした人々にさらなる武器を与えたい。そして自分のやるべきことに自信をもち、迷いがなくなる状態をつくりたい。そんな思いで我々執筆者陣は思いを形

にした次第である。

　本書の製作にあたって、我々執筆陣は本書で解説したプロダクトマネジメント
のプロセスをそのままもち込んだ。市中にある和書・洋書に関わらず広くプロダ
クトマネジメントの参考になる書籍をマッピングし、これから我々が書く書籍は
どのような位置づけにするのがよいかを明らかにしつつ、本書が最初に目指すべ
きビジョンや、読んでいただきたい読者を想定した。

　こうした人々がどのような問題に直面しているのか、本書がどのように解決策
となりうるのか、こうした観点を往復しながらベストなポジショニングや書籍の
輪郭を明らかにしていった。書籍の内容を書くにあたり、仮説を立てては翔泳社
さんの助けを借りて ProductZine に記事をテスト的に掲載させていただき、その
反応を見ては検証していくという作業を続けていった。

　ときには一度書き上げた文章を大幅に削り落としたり、原型がなくなるほど改
変するなど、絶え間ないブラッシュアップを繰り返した。これなどはまさに、本
書で紹介した Fit&Refine の実践に他ならない。

　本書はこうしたおよそ 1 年にわたる議論の積み重ねの集大成である。日本にお
けるプロダクトマネジメントに関して、本書が道しるべとなることを願い、業種・
業界を越えて皆さまの手に届けば幸いである。

　いつの日か、本書を手にとったプロダクトマネージャー諸氏から世界に轟くプ
ロダクトが続々と生み出されることを我々執筆陣は心待ちにしている。

　2021 年 2 月

曽根原春樹

謝　辞

　本書の製作にあたり、以下に示す皆さまからをはじめ、多くのフィードバックをいただけたことは我々にとってかけがえのない財産となった。長期にわたって続いたプロジェクトを日に影に支えてくれた家族、本書を担当してくださった翔泳社の渡邊康治さん、ProductZine連載を担当してくださった翔泳社の岡田果子さんと齊木崇さん、同連載にフィードバックをいただいた読者の皆さま、これまで一緒にプロダクトをつくり育ててきたプロダクトチームの皆さまに心より感謝し、支えていただいた皆さまに対してこの場を借りて感謝の意を表したい。

及川卓也・曽根原春樹・小城久美子

石田 隼	塗矢 眞介
稲田 隼人	原田 光太郎
香月 雄介	深田 紘平
坂田 一倫	宮下 竜大郎
髙本 寛将	森山 大朗
田沼 聡美	山野 良介
為矢 明日香	山本 啓喜
中島 功之祐	横道 稔
永野 玲	吉羽 龍太郎
西山 夏樹	渡邉 優太

（五十音順・敬称略）

索　引

数　字

0 → 1	6, 221
1 → 10	6, 223
10 → 100	6, 224
4C	356
4P	355
6R	64

欧　文

AARRR モデル	322
ABCDE フレームワーク	268
AB テスト	331
ACL	325, 326
ACV	325, 328
AI	261
AIDMA	356
AISAS	357
API	381
APM	291
ARPU	325
ARR	325
BMC	102
BtoB	236
BtoC	232
CAC	296
CD	376
CI	376
CJM	99
CPO	290
CV	325
DACI	165
DDoS 攻撃	394
DevOps	372
DoS 攻撃	394
EOL	227
Fit	23
GDPR	360
GTM	141
IoT	258
IP アドレス	384
I 型	278
KGI	113
KJ 法	70
KPI	111, 157, 182
LTV	296
MRR	325
MVP	39
NDA	342
North Star Metric	114, 129
NoSQL	387
NPS	323
OKR	197
PEST 分析	59
PMM	148, 165, 168
PPM	50
PRD	202
PREP 法	208
QA 担当者	18, 166, 364
RACI	166
Refine	23
RPC	381
SCAMPER	42
SLA	137
SLI	137
SLO	137
SMART	112
SQL	387
STP 分析	64

SWOT 分析 60, 81
T 型 278

UI 18, 92, 344
UI デザイナー 18
UX 8, 18, 91, 318, 344
UX デザイナー 18, 92
UX リサーチャー 18, 248

VPC 56, 251

WTP 145
W 型 279

π 型 278

あ 行

アーンドメディア 357
アイデア 40, 42, 55, 339
アウトソース 185
アジャイル開発 135, 373
アソシエイトプロダクトマネージャー 291
あたり前品質 366
アップセル 305
アフォーダンス 347
暗号化 392

育成 270, 288
意思決定関与者 19
意匠権 338, 341
一元的品質 366
イノベーター系プロダクトマネージャー 221
インセプションデッキ 192

ウォーターフォール開発 373
運用 372

営業 12, 19, 149
影響力 178
エキスパートトーク 253
エレベーターピッチ 193
エンジニア 18, 118, 150
エンドオブライフ 227

オウンドメディア 357

オークション 297
オプトアウト 360

か 行

買切りモデル 295
解決策 31, 90
改ざん 393
外部要因 152
価格 144
可視化 21, 35, 109, 165
カスタマー 32
　――アダプション 217
　――サクセス 19, 149
　――サポート 12, 149, 236
　――ジャーニー 98, 125
　――ジャーニーマップ 99
　――セグメント 36, 103
　――の仕事 56
　――プロフィール 56
仮説検証 23, 26, 34
肩書 290
狩野モデル 366
関数 380
ガントチャート 378
カンバン 375

技術的負債 371
キックオフ 189, 192, 196
機能型組織のマネージャー 19, 169
キャプティブライシング 301
キャリア 290
狭義のプロダクト 12
競合と代替品 63, 83

クライアント・サーバー型 381
クラッシュコース 253
グレーボックステスト 370
グロース系プロダクトマネージャー 223, 286
グローバル展開 244, 246
クロス SWOT 分析 61, 82
クロスセル 305

計画力 26, 284
継続率 318
ゲイン 56

ゲインクリエイター 58
結合テスト 369

公開鍵暗号方式 393
好奇心の3軸 278
広義のプロダクト 12
コーチング 204
コスト構造 306
固定費 306
コホート分析 319

さ 行

サービスレベル契約 137
サービスレベル指標 137
サービスレベル目標 137
サイバー犯罪 398
最終意思決定者 19, 200
最頻値 335
サブスクリプション 295, 324

事業 12, 18, 49, 294
事業収益 3, 18, 30
事業責任者 18, 165
事業戦略 44, 49
市場分析 59
システムテスト 369
実行力 26, 284
シニアプロダクトマネージャー 290
収益モデル 295, 301
従量課金 298
障害 150, 382
消費行動モデル 354
商標権 119, 339, 341
ジョブディスクリプション 270
人工知能 261
人材モデル 278, 284
心理的安全性 183
親和図法 70

スクラム 374
ステークホルダー 8, 18, 165
ステージ 214
ストーリーポイント 140

脆弱性 397

生体認証 391
セキュリティ 389, 395
セキュリティインシデント 395
セグメンテーション 64
全社戦略 49

相関図 167
属性分解 42
ソフトウェアコンポーネント 383
ソフトウェアテスト 369

た 行

ターゲットユーザー 55, 76
ターゲティング 64
帯域幅 385
大切なものランキング 47, 195
ダイナミックプライシング 297
対立スコープ 251
ダウンビルダー系プロダクトマネージャー 224
タックマンモデル 187
段階型プライシング 299
単体テスト 369

チームビルディング 182
チーム構築力 27, 284
遅延 385
知的財産 338, 342
中央値 334
著作権 338, 341

ディープラーニング 262
データベース 386
データ分析 317
デザイン6原則 346
テスト 331, 369
テックトーク 253
デバイス認証 392

透明性 154, 185
ドキュメンテーション 202
特許権 119, 338, 340
トップダウン 176
ドメイン知識 242, 249
トランザクション 389
トレードオフ 252

トレードオフスライダー 195

な 行

内製度 185
内部要因 152

認可 392
認証 390

ネゴシエーション 210
ネットワーク 303, 384
ネットワーク効果 303

は 行

ハードウェア 257
パートナーエコシステム 313
パートナーシップ 311
バグバウンティプログラム 398
パスワード認証 391
発想 40, 42
発想力 25
バックエンド 382
バリュー・プロポジションキャンバス 56
バリューマップ 56, 58

ピアツーピア 381
ビジネスの基本構造 294
ビジネスモデル 101
ビジネスモデルキャンバス 102
ビジュアルの階層化 350
ビジョン 2, 45
ピボット 46, 228
秘密鍵暗号方式 393
評価 111, 289
品質 364, 366

ファイブ・イン・ファイブ 254
ファイブフォース分析 59
ファイヤーサイドチャット 254
ファシリテーション 205
ファネル分析 322
フィッシュモデル 296
フェージング 109
不気味の谷 263
復号化 392

プライシング 146, 295
プライバシーポリシー 358
ブラックボックステスト 370
フリートライアル 304
フリーミアム 304
ふりかえり 158, 199
プリンシパルプロダクトマネージャー 290
ブルートフォース攻撃 394
プレゼンテーション 207
プログラム 369, 376, 380
プロジェクト 14, 109, 189
プロジェクトマネージャー 15, 18, 377
プロジェクトバーンダウンチャート 380
プロダクト 10
　――群 11
　――コンセプト 203
　――サンセット 227
　――志向 15, 267
　――戦略 203
　――担当 VP 290
　――チーム 17, 166
　――ディレクター 290
　――バックログ 135
　――バックログアイテム 136
　――ビジョンステートメント 203
　――ヘルスチェック 151
　――ポートフォリオマネジメント 50
　――マーケットフィット 5
　――マーケティングマネージャー 148, 165, 168
　――マネージャー 2, 8, 18, 27, 290
　――マネージャーの 1 日 273
　――マネジメントディレクター 290
　――ライフサイクル 215
　――ランドスケープ 250
　――要件 203
　――ロードマップ 203
プロダクトの
　――4 階層 21, 24, 269
　―― Core 30, 44
　―― How 33, 134
　―― What 33, 90
　―― Why 30, 54
　――成功 2
　――世界観 45
ブロッキング処理 383

フロントエンド 382
分散 335, 381
分散処理 381

ペアデザイン 43
平均値 334
ペイドメディア 358
ペイン 56
ペインリリーバー 58
ペネトレーションプライシング 300
ペルソナ 94
変化率 337
変動費 306

法務 19, 142
ポジショニング 64
ボトムアップ 176
ホワイトボックステスト 372

ま 行

マーケティング 147, 168
マーケティング・ミックス 355
マーケティング施策 147
マイルストーン 37
マネジメントスタイル 176
マンダラート 42

見積り 139
ミッション 45
魅力品質 366

メンタルモデル 96
メンタルモデルダイアグラム 97

モチベーション分析 251

や 行

ユーザー 32
──インターフェース 18, 92, 344
──インタビュー 66, 104
──価値 3
──継続率曲線 320
──ストーリー 135
──ストーリーマッピング 137
──データ 328

──フィードバックレポート 157
優先度づけ 136, 153

ら 行

ライブラリー 280
ランチ・アンド・ラーン 253

リーダーシップ 175
リードプロダクトマネージャー 290
リーンキャンバス 35, 73, 83, 84, 87, 132
リスク管理力 27, 284
離脱率 321
リフレクティブリスニング 204
リモートプロシージャコール 381
利用規約 142, 342, 356, 359
リリース 34, 109, 150, 156, 377

累積確率分布 336

レベニューシェア 301

ロードマップ 107, 129, 203

わ 行

ワイヤーフレーム 100, 126

会員特典について

　本書の読者特典として、「プロダクトマネジメントクライテリア」をご提供します。プロダクトマネジメントクライテリアとは、企業がプロダクトを成功に導くために必要な要素を多面的かつ具体的に、チェックリストの形式で記載したものです。

　本書を通して基礎的なプロダクトマネジメント知識を学んだあとは、このクライテリアを利用して現在のプロダクトチームの状況を可視化することで、次の一歩が踏み出せるようになっています。プロダクトマネジメントの現状を評価し、もし点数が低い項目があれば本書の内容をもとに改善策を練ってみてください。

　以下のサイトからダウンロードして入手してください。

https://www.shoeisha.co.jp/book/present/9784798166391

※ 会員特典データのファイルは圧縮されています。ダウンロードしたファイルをダブルクリックすると、ファイルが解凍され、ご利用いただけるようになります。

●注意

※ 会員特典データのダウンロードには、SHOEISHA iD(翔泳社が運営する無料の会員制度) への会員登録が必要です。詳しくは、Web サイトをご覧ください。

※ 会員特典データに関する権利は著者および株式会社翔泳社が所有しています。許可なく配布したり、Web サイトに転載することはできません。

※ 会員特典データの提供は予告なく終了することがあります。あらかじめご了承ください。

●免責事項

※ 会員特典データの記載内容は、2021 年 2 月現在の法令等に基づいています。

※ 会員特典データに記載された URL 等は予告なく変更される場合があります。

※ 会員特典データの提供にあたっては正確な記述につとめましたが、著者や出版社などのいずれも、その内容に対してなんらかの保証をするものではなく、内容やサンプルに基づくいかなる運用結果に関してもいっさいの責任を負いません。

本書に関するお問い合わせ

　このたびは翔泳社の書籍をお買い上げいただき、誠にありがとうございます。弊社では、読者の皆様からのお問い合わせに適切に対応させていただくため、以下のガイドラインへのご協力をお願いいたしております。下記項目をお読みいただき、手順に従ってお問い合わせください。

●ご質問される前に

弊社 Web サイトの「正誤表」をご参照ください。これまでに判明した正誤や追加情報を掲載しています。

正誤表 https://www.shoeisha.co.jp/book/errata/

●ご質問方法

弊社 Web サイトの「刊行物 Q&A」をご利用ください。

刊行物 Q&A　https://www.shoeisha.co.jp/book/qa/

インターネットをご利用でない場合は、FAX または郵便にて、下記 " 翔泳社 愛読者サービスセンター " までお問い合わせください。電話でのご質問は、お受けしておりません。

●回答について

回答は、ご質問いただいた手段によってご返事申し上げます。ご質問の内容によっては、回答に数日ないしはそれ以上の期間を要する場合があります。

●ご質問に際してのご注意

本書の対象を超えるもの、記述個所を特定されないもの、また読者固有の環境に起因するご質問等にはお答えできませんので、あらかじめご了承ください。

●郵便物送付先および FAX 番号

送付先住所　　〒160-0006 東京都新宿区舟町 5
FAX 番号　　　03-5362-3818
宛先（株）　　翔泳社 愛読者サービスセンター

著者紹介

及川卓也（おいかわ・たくや）

Tably 株式会社代表。グローバルハイテク企業でソフトウェア開発に従事した経験を活かし、スタートアップ企業から大企業に至るさまざまな組織への技術アドバイス、開発組織づくり、プロダクト戦略支援を行う。著書に『ソフトウェア・ファースト』（日経BP）。

曽根原春樹（そねはら・はるき）

シリコンバレーに在住し現地のスタートアップや外資系大企業におけるプロダクトマネージャーとして BtoB、BtoC 双方の領域でプロダクト開発とその世界展開を行う。現在は SmartNews 社 US オフィスにて日本発プロダクトの米国市場展開の一翼を担う。在住15 年以上の知見をまとめたプロダクトマネジメント講座を Udemy にて展開、各種講演、日本の大企業・スタートアップへの顧問活動などプロダクト開発や組織づくり支援も積極的に展開。

小城久美子（こしろ・くみこ）

ソフトウェアエンジニア出身のプロダクトマネージャー。ミクシィ社、LINE 社でソフトウェアエンジニア、スクラムマスターとして従事したのち、BtoC プロダクトを中心にいくつかの新規事業にプロダクトマネージャーとして携わる。そこでの学びを活かし、Tably 社にてプロダクトマネジメント研修の講師、登壇などを実施。

装丁・DTP　八木麻祐子・齋藤友貴（Isshiki）

プロダクトマネジメントのすべて

事業戦略・ＩＴ開発・ＵＸデザイン・マーケティングからチーム・組織運営まで

2021 年 3 月 3 日 初版第 1 刷発行

著者	及川 卓也・曽根原 春樹・小城 久美子
発行人	佐々木 幹夫
発行所	株式会社 翔泳社（https://www.shoeisha.co.jp/）
印刷	昭和情報プロセス 株式会社
製本	株式会社 国宝社

ISBN978-4-7981-6639-1　　　　　　　　　　　　　　　　　Printed in Japan